新訂

# 船舶安全学概論

改訂版

船舶安全学研究会 著

成山堂書店

# まえがき

今から，40年程前に，商船高専における，新教科「船舶安全学」の構想がなされている。そして，各校でこうした教科による授業や実習が行われるようになったが，ここで，航海学，舶用機関学，造船学，防災工学，人間工学等の各所に関連する「船舶安全学」の全範囲を網羅し，かつ学生の授業や自学自習に適したコンパクトな教科書が求められるようになってきた。

こうした中，当時の富山商船高等専門学校の山崎祐介教授が中心となり，鳥羽，弓削，広島，大島の商船高専の教員に呼びかけ，船舶安全学研究会を設立し，「船舶安全学概論」の執筆を行い，この初版が平成10年5月に発行された。そして，平成20年6月には「船舶安全学概論（改訂増補版）」が発行されている。

本書は，この「船舶安全学概論」で定義されている船舶安全学の考え方，学ぶべきこと，展開方法等のポリシーを継続し，新改訂版の作成を行ったものである。そこで，初版本の執筆者で，既にご退官されている方のご後任には，各校の海上実務経験にたけた教員の方々への執筆をお願いさせて頂いた。そして，本書の取りまとめ役は，山崎祐介先生から，富山高等専門学校商船学科の千葉が引き継がせて頂いた。

本書の執筆者全員が，旧航海訓練所の遠洋航海を含めた乗船実習の経験者である。私は，帆船「日本丸」で，神戸～サンフランシスコ～ハワイ～東京という経路での遠洋航海を行っているが，この帆船実習による経験が，その後の人生において非常に大きな財産になっていることを感じている。例えば，私は学校卒業後に十数年の建築現場を中心とした陸上職であったが，安全学という観点から見ると，帆船実習での経験がさまざまな場面で生かされた事を実感している。「船舶安全学概論」で山崎祐介先生が書かれた「安全第一」に関する記述は，本書の1.1.2でも使わせて頂いた。私が，乗船実習の頃から建築現場勤務に至るまで，頻繁に口にしていた「安全第一」であるが，前版を読むことにより，この考え方には，人間工学や信頼性工学をベースとした理論体系があり，このための労働安全衛生関連の法整備がなされていることが理解できた。

また，私が商船学校の学生時代には，活発に海での活動を行っていたことから，学生の運用による小型舟艇の事故を何度か間近に見た経験があり，前版で詳しく知ったインシデントやヒヤリハットを多く経験している。ある事故に，自分が上級生として責任者的立場で深く関連し，その反省をきっかけとして，当時の大学の図書館で海難関連の書籍や報告書をかなり読んだ経験もある。その中に，ある学生が起こした事故についての，当時の捜索指揮担当教官の報告書があった。ここでは，事実の時系列的な記載，その時の気象海象や捜索方法に対する考察等が詳しく示されている。また，こうした事件が起こった時の，実習船や事務スタッフを含めた関係者の組織的な対応の有効性が示されている。この報告書より，事故が起こった場合にはいかに冷静かつ的確な，そして組織的な対処が重要であるか，またこの記録を残すことの重要性を痛感したものである。また，こうした書籍や報告書を読むと，非常時においては，当時者である海技者は，自分がもつ知識や技術をどう的確に活用していくことが重要であるかも感じた。「船舶安全学」は，もしもの時に，現場で迅速に活用できる知識を伝授することが大きな目的である。もちろん，本書の内容のすべてを記憶することは不可能であるが，その記述されている内容の概要をつかんでいてもらえれば，非常時に対応を検討する場合の端緒にはなると信じる。

そして，最も大事なのは，平素から事故が発生しないような，気配りや対処が行えるよう，本書で記載されている内容を良く理解して頂くことだと思う。このため，本書は商船学校の学生の講義用に，船舶安全学に必要と思われる内容を，コンパクトにまとめたものである。各章の内容について，学生の卒業研究等で実際の事例やより詳細な理論体系を調べるのも非常に興味深い事であり，これは将来の職務においても役立つものになることは間違いないと思える。

最後に本書を作成するに当たり，富山商船高等専門学校名誉教授の山崎祐介先生からは多くの貴重なご意見を頂きました。そして，山崎祐介先生を中心に初版本のご作成を頂きました皆様に，ここに敬意と謝意を示させて頂きます。また，運輸安全委員会の業務については，同委員会委員の庄司邦昭先生より多くのご教授を頂きました。そして，株式会社成山堂書店の小川典子社長，編集グループの皆様には大変にお世話になりました。ここに厚く御礼申し上げます。

平成30年２月

富山高等専門学校教授　千 葉　　元

# 改訂版発行にあたって

本版を平成30年に発行してから，約3年がたとうとしている。この間にも，多くの海難事故が発生している。これらは台風等の自然の驚異が直接的要因であっても，やはり間接原因として，何らかの現場や管理サイドでのヒューマンエラーがあったことが確認できる。海難を発生させない，また発生しても被害を最小限にするためには，本書で示す内容についても，常に最新の内容にしていく必要があると心掛け，本改訂版の作成を行った。この3年の内に著者の組織移動等があり，一部，執筆分担の変更を行っている。

令和３年２月

大島商船高等専門学校教授　千 葉　　元

# 著者略歴

**千葉　元**（ちば はじめ）**第1章　1.1～1.2　第2章　2.1～2.4**
1964年7月生まれ　1987年3月東京商船大学商船学部航海学科卒業　同年9月同大乗船実習科航海課程修了　1990年3月同大商船学研究科航海学専攻修士課程修了　同年4月清水建設株式会社入社，情報通信・映像メディア施設，海洋テーマパーク等の実施設計・建築施工管理業務に従事　1999年3月豊橋技術科学大学工学研究科電子・情報工学専攻博士課程修了，博士（工学）　2003年4月富山商船高等専門学校商船学科助教授　2009年4月富山高等専門学校商船学科准教授　2010年10月同教授　2013年8月～2014年3月東京大学大気海洋研究所にて国立高専機構内地研究員　2018年4月大島商船高等専門学校商船学科教授

**齊心俊憲**（さいしん としかず）**第3章　3.1～3.5**
1968年生まれ　1989年鳥羽商船高等専門学校航海学科卒業　1990年関西汽船株式会社入社　2014年鳥羽商船高等専門学校練習船鳥羽丸一等航海士，助教　2016年鳥羽商船高等専門学校練習船鳥羽丸船長，准教授

**小島智恵**（こじま ちえ）**第1章　1.3～1.8，第2章　2.5～2.9**
1981年生まれ　2002年9月鳥羽商船高等専門学校商船学科航海コース卒業　2005年3月東京海洋大学商船学部商船システム工学課程航海学コース卒業　2007年3月東京海洋大学大学院海洋科学技術研究科海運ロジスティクス専攻修了　2007年4月航海訓練所助手　2010年4月航海訓練所講師　2014年4月鳥羽商船高等専門学校商船学科助教　2015年4月鳥羽商船高等専門学校商船学科准教授

**山野武彦**（やまの たけひこ）**第2章　2.5～2.9，第3章　3.6**
1977年生まれ　1998年鳥羽商船高等専門学校商船学科機関コース卒業　1998年田淵海運株式会社入社　2004年関西汽船株式会社入社　2015年鳥羽商船高等専門学校練習船鳥羽丸一等機関士，助教

**清田耕司**（せいだ こうじ）**第4章**
1964年生まれ　1985年9月広島商船高等専門学校航海学科卒業　1986年1月～1989年3月運輸省近畿運輸局勤務　1989年4月文部省出向　広島商船高等専門学校航海学科助手　1990年4月練習船広島丸二等航海士，商船学科助手　1994年4月練習船広島丸一等航海士　2010年3月近畿大学法学部法律学科卒業　2011年4月広島商船高等専門学校練習船広島丸船長，准教授

**大内一弘**（おおうち かずひろ）**第4章**
1974年生まれ　1994年9月広島商船高等専門学校機関学科卒業　1994年10月～2011年3月関西汽船株式会社　2011年4月広島商船高等専門学校練習船広島丸一等機関士，助教　2019年4月広島商船高等専門学校練習船広島丸機関長，准教授

**古藤泰美**（ことう やすみ）**第5章**
1954年生まれ　1976年9月大島商船高等専門学校航海学科卒業　1976年10月大島商船高等専門学校助手　1987年4月同講師　1993年4月同助教授　2006年4月同教授　2017年3月同定年退職　2017年4月大島商船高等専門学校名誉教授

**本木久也**（もとぎ ひさや）**第5章　5.2〜5.6**
1982年生まれ　2003年大島商船高等専門学校商船学科航海コース卒業　2003年〜2006年九州郵船株式会社　2007年〜2018年大島商船高等専門学校練習船大島丸一等航海士，助教　2018年〜内航海運航海士　一級海技士（航海）

**多田光男**（ただ みつお）**第1章　1.10，第6章**
1957年生まれ　1978年9月弓削商船高等専門学校航海学科卒業　同年12月同助手（練習船「弓削丸」航海士兼務）1984年3月中央大学法学部卒業　1988年4月弓削商船高等専門学校講師　1993年4月同助教授　2002年3月博士（情報工学）　2003年4月航海訓練所助教授（練習船航海士）　2004年4月弓削商船高等専門学校教授

**坂本眞人**（さかもと まこと）**第1章　1.9**
1984年3月東京商船大学卒業　1987年3月同大学院卒業，同年4月大島商船高等専門学校航海学科助手　1996年4月同商船学科講師　1999年3月工学博士，同年4月同助教授　2001年4月宮崎大学工学部情報システム工学科助教授　2007年4月宮崎大学工学部情報システム工学科准教授　2013年4月宮崎大学工学教育研究部（情報システム工学科担当）准教授　2016年4月宮崎大学農学工学総合研究科博士課程数理情報研究ユニットリーダー　2017年4月放送大学非常勤講師

# 目　次

## 第2章 海難と海難審判及び原因究明の制度

## 第3章　非常・応急措置

## 第4章 火災と消火

# 第5章 洋上生存

# 第6章　船内労働災害

# 第1章　総　　論

近年，外航・内航船の①大型化・専用化・高速化，②省力化，機器システムの高知能化（特に，AIS（船舶自動識別装置）とECDIS（電子海図情報表示装置）の法制度化），③外航船の混乗化等の変革が進み，また④沿岸の海洋レジャーも継続して活発に行われている。ここで，⑤インターネット等の情報通信技術の普及が，海事産業やマリンレジャーの活発化や事故防止の軽減に貢献してきた面は大きい。そこで，従来の海難論から幅を広げた，新しい海上安全学が育ってきている。

## 1.1　安全とは

### 1.1.1　安全の語源，安全の意味

「安」：家の中にいる女→安らかにして静か

「全」：人と王の合字で王の本字は玉→手中に蔵する珠玉で完全無欠な状態

すなわち，安全とは安静にして危なくない状態が完全な状態にまで達しており，再び欠けることのないさまを表しているといわれている。この意味は，「災いや危険が現に存在しないこと」である。「建設・工場等の生産」や「船舶の航海」の場のみならず，日常生活の場における危険性，有害性を常に0％にすることはできない。なぜなら，安全には人間と機械，そして環境が関わり，それらが次々と生み出し，またこれらが絡み合う危険要因を0％にすることは困難であるからである。したがって，安全とは，人間を含めた生産の場のみならず生活の場において，人間や物に襲いかかる危険性，有害性から，限りなく遠ざかった状態である。しかし，「安全」は，常に究極の目標としておくべき存在であり，これが次項に示す「安全第一」という言葉で表現される。

### 1.1.2　安全第一（Safety First）

1906年アメリカのU. S. Steelのゲリー社長は「従業員の生命自体を犠牲に

することが必要な生産ならばむしろ，これを抹消し去ることが至当である」と発言した。この理念が日本に輸入され，当初は日本人の好きな標語となって従業員に安全を呼びかけるキャッチフレーズとして使われた。当時の日本では経済的余裕がなく，「生産第一」「品質第二」「安全第三」であったように思える。具体的には，建築土木や造船の作業所において，一番に大事なのは納期を守ることで（この行き過ぎが，俗にいう「突貫工事」），二番目には設計図面に示された通りの品質のものを作ることであるが，納期を大事にするあまり，品質管理が不備になった場合（俗にいう「手抜き工事」）がありえたかもしれない。そして，納期や，品質保証を重視することにより，作業員の労働時間が過剰になったり，安全設備の不備が発生したりすることがありえた。

幸いにも現代の日本では，「人間の命は地球より重い」という世論と経済的な余裕が生まれ，「安全」が商品価値の1つになろうとしていることなどから環境保全問題とリンクして，安全の順位が上に移行しつつある。

事故，災害が起こると，災害コスト（Accident cost）といわれる費用が発生し，また，その災害発生を予防するためには災害予防コスト（Accident preventative cost）が必要となる。一般的に，生産現場で災害が起こると，この災害の次発防止と原因究明のために，生産が停止される。つまり，「安全」に支障が生じると，「生産」や「品質」にも，大きな影響を及ぼすのである。このように，生産性と安全性は，独立に捉えられ，後者は前者の前提条件としての「建前」であるが，ひとたび膨大な環境被害等が生ずると「本音」となる。

そこで，災害予防コストはどの程度が適当かということになるが，一般的には，災害コストと災害予防コストをそれぞれ独立に考えるのではなく，それらの合計の最小値に相当する安全度以上で考慮されるべきであるとされている。特に海上安全に関して，船舶輸送は大規模な環境汚染に至る海難（第2章に事例を示すタンカーからの大量の原油流出等）を起こす可能性を有していることを認識すべきである。今，海上輸送という経済活動に伴う環境保全の課題が全世界的に求められている。まさに，地球の環境保全のためにも，「海上安全第一」の意識が重要である。

図1-1に示すように，多くの船舶では，「安全第一」を重視する意味から，船体に大きくわかりやすく，この語が表示されている。

**図1-1　船舶における，SAFETY FIRST（安全第一），NO SMOKING（禁煙）の船体への表示**（写真提供：JX オーシャン株式会社）

## 1.1.3　災害と事故

安全ではない状態を意味する用語に「災害」「事故」があるが，その相違を把握しよう。「災害」とは災い（天然災害と人為災害がある）により人間が傷つくことであり，ILO（International Labour Organization：国際労働機関）の国際労働家統計会議においては，「災害とは人が物体，物質もしくは他人と接触するか，または人が物体もしくは環境条件下にさらされるか，または，人の行動により，その結果として人の障害を伴う出来事である」と定義されている。「事故」について，アメリカの安全の権威であったR. P. Blakeは「当面する事象の正常な進行を阻止または，妨害する出来事である」と定義している。事故と災害を定量的に明らかにしたのはアメリカのTraveler's Insurance Co.の研究部長であったH. W. Heinrichである。彼は約半世紀にわたる50万件以上のデータの統計解析の結果，図1-2に示すとおり，1回の重傷災害が起きたとすれば，29回の軽傷災害が起き，同じ性質の無障害事故を300回伴っているという「1：29：300」の法則を証明した。

また，F. E. Bird Jr.は，175万件にのぼる事故報告を分析し図1-2に示す「1：10：30：600」の法則を発表した。

本書では，損失を労働科学的な狭い視点からの人身傷害に限定するということをやめ，広くとらえ，「災害（Disaster）は，事故（Accident，不慮の出来事）の結果として，何らかの物的または人的損失を生じた事象」と考えることにする。無損失事故は未然事故(2.7等で示すインシデント，ニアアクシデント，ニアミス，ヒヤリ・ハット体験）と同意義であることから，この法則を使用して，未然事故を検討して，起こりうるであろう事故の原因を事前に探ることができる。

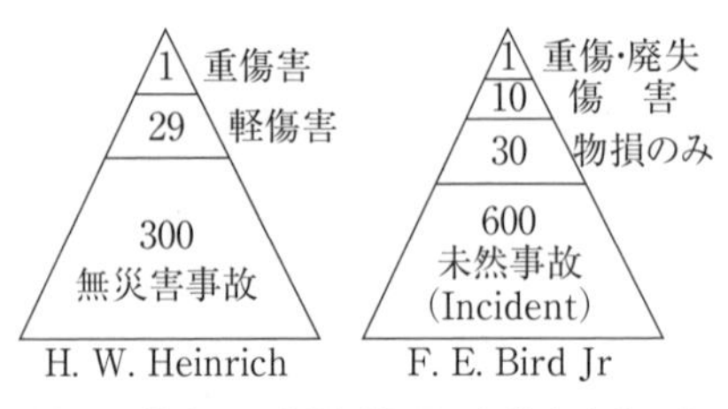


図1-2 災害の三角形（底辺の無災害事故・未然事故から，頂点の重傷害・重傷・廃失）

例えば，ある学校において，校内での学生のサンダルやスリッパの着用を許可していて，外から入る時の靴底ふき等が徹底していなければ，雨天で廊下が滑りやすい日では，300件ほどの滑りかかりがあり，29件は実際に滑って軽い怪我をして，１件は滑って打ち所が悪く，重い怪我をするということである。ここで，学校側が，靴底ふきを徹底するようにし，サンダルやスリッパの使用禁止策をとれば，下位の300件の無災害事故が格段に減り，重災害の発生可能性を限りなく０に近づけることができる。

## 1.2 安全工学の概念

### 1.2.1 安全工学の定義

「安全工学とは主として近代社会において発生する災害の原因及び経過の究明と，その防止に必要な科学及び技術に関する系統的な知識体系をいう」(安全工学便覧)。つまり，産業のみならず日常生活に関係して発生する各種の災害原因，経過および対策を科学技術としてとらえ，それらの知識の体系化によって，将来起こるべき災害を防止しようとする学問である。

また，人間の不注意による事故，災害が多いことに着目して，「安全工学は人間の注意力のみに依存しないで工学に依存して生産の条件を安全化する体系である。」といわれている。つまり，人間のミス（不注意，錯誤，過失）は人間と外界との関係の上で成立する心理学的正常現象とすることが前提となっている。この考え方の終局的な目標は，人間に頼らないフールプルーフ（Fool Proof)，フェールセーフ（Fail Safe）方式を開発して災害から遠ざかろうとすることである。ここでフールプルーフとは，人間の操作手順の誤り等，ヒューマンエラーをカバーする安全装置に関するもので，フェールセーフは機械設備の中の安全設計である（両者の詳細については，1.10 信頼性工学的アプローチに示す）。

すべてをフールプルーフ，フェールセーフにすることは不可能であろう。そこで，フールプルーフシステム・フェールセーフシステムと並行して次の対処が必要となる。人間の特性（癖）として，ミスをなくすことはできないので，人間のミスを少なくすること，そして肝心なときに人間のミスが発生しないようにする，きめ細かい教育・訓練と人間管理が必要となる（この基盤として，1.9に示す人間工学が重要となる）。

### 1.2.2　安全工学の対象

災害は，天然災害（天災，自然災害）と人為災害（人災）の2つに大きく分類できる。天災（例えば地震，地震による地盤沈下，津波，暴風，洪水，積雪，凍結，異常渇水，気圧変動，火山爆発等）は，現代の技術では未然に防止することはできない。また，仮に台風の進路を変更したり，勢力を弱めることはできたとしても，地球環境における大気の循環が乱れたり，人間生活にとって重要な水の供給に大きな異変が起こってしまう。天災に対しては予報・予知と，襲来した場合のハードとソフトの対策立案が重要で，発生すると予測される被害を最小限にくいとどめるしか方法はない。こうした，災害を予測して，最適な対策の立案を行うのが，防災工学である。

一方，人災は原則的には予防可能である。このための学問が安全工学である。海難は安全工学における人為災害として認知されている。しかし，現実には，天災が直接的加害要因となる災害がある。例えば，「大時化→操船の誤り→遭難」という場合，「大時化」という自然の力による直接的被害と，「大時化のなかでの操船の誤り」という人為的間接加害要因を区分して後者を主に安全工学の対象とする。

### 1.2.3　船舶安全学と安全工学の関連

前述したように，海難という災害は安全工学の対象である。図1-3に示すように，広い安全工学の分野の1つに運動形態をもつ機械・人間系（陸上走行，航海，航空）における安全の分野がある。この分野の災害生起頻度は他の分野に比べて高い。船舶安全学は，航海における船舶安全という安全工学の1分野を含んでいる。また，ここには船舶運航の面から海難の実状と原因の調査を行う海難論が含まれる。つまり，船舶安全学は，船体・航海機器・機関等のハードの取り扱いにかかる工学という一面に加えて，人間科学的なアプローチが必要不可欠な一面をも有しており，その内容も本書の目次に見るとおり広い。したがって，安全工学の概念を知ったうえで，船舶安全学を学ぶことが系統的で有効である。

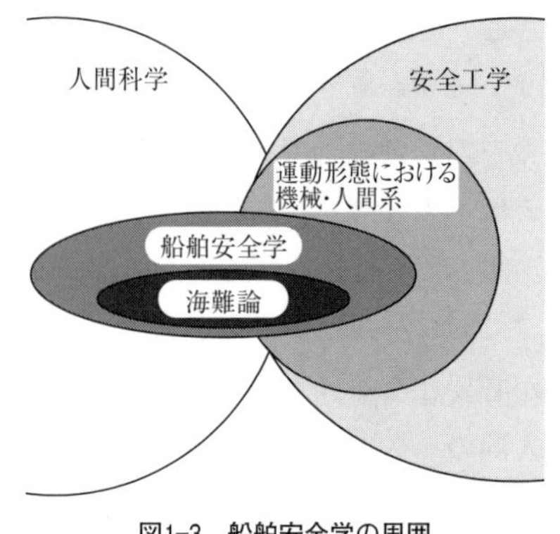


図1-3　船舶安全学の周囲

船舶安全学を前述した安全工学の定義に準拠すると，「船舶における災害の原因および経過の究明と災害の防止に必要な技術に関する知識体系」となる。船舶は特殊な環境にあるが，最近では，船舶は情報通信技術の進展によって，大洋上においても，もはや孤独ではないこと，船舶運航に関して海事専門技術者による陸上支援や陸上における運航管理の傾向が増大しつつあることなどを勘案すると，運航に関する知識・技術体系という航海系，機関系の専門学とは別に，船員のみならず，船舶の運航に関連する海事専門技術者に共通する災害防止に関する普遍的な学問分野が必要となる。したがって，「船舶安全学とは，船舶乗組員のみならず，船舶運航に携わるすべての海事専門技術者に対して，船舶運航に伴って発生する災害の防止に必要な技術に関する知識体系」ということができよう。ここで，船のハードを知るための，機械工学や電気工学をベースとした船舶工学・舶用機関学，海難の主なる外的要因である自然災害を知るための，気象学・海洋学等によるアプローチも重要であるが，これを扱うソフトである，人そのものを知るために，以下のアプローチが重要となる。

①船内の人間を集団（組織）としてとらえることが必要であり，組織論，行動科学からの追求

②「誰にでもできる」安全対策である必要があることから，教育学，心理学からの追求

③多くが人災であり，人間の能力を把握するための，生理学，心理学，人間工学からの追求

④ハードとソフトを結ぶ接点として，最近の自動化・省力化から，機器の信頼性が求められることから，信頼性工学からの追求

が必要となる（こうした追求すべき基礎分野を解説するために，1.9 安全と人間工学，1.10 信頼性工学的アプローチを設けた）。

### 1.2.4　ダメージ・コントロール（ダメコン）

この船舶安全学の先がけとなった事実が，各国の海軍で取り組まれている“ダメージ・コントロール Damage Control”（「応急防御」または「損傷制御」：通称，ダメコン）である。これは，軍艦が戦闘で損傷した際に，なるべく迅速に破損箇所を応急処置し，戦列に復帰できるべく，艦体や搭載機器の構造を工夫し，非常時を想定した乗組員の教育・訓練等を行うものである。鋼汽船の軍艦が通常となる時代から，各国海軍でこうした検討が続けられ，1924年に米海軍のマンニング造兵少佐が，こうした応急防御を，“ダメージ・コントロール”と名付けた。そして，第二次世界大戦前のドイツは，このダメコンの先進国であり，1937年頃に応急設備，損傷処理計画，損傷処理用具が開発され，戦艦ビスマルク号に応用された。戦艦ビスマルク号は1941年のデンマーク海峡海戦で全英国艦隊を相手に戦い，英戦艦フッド号を轟沈し，プリンス・オブ・ウエールズ号にも大損傷を与えた。ビスマルク号は砲弾を無数に受けても沈没せず，最後に6発の大型魚雷によって沈没した。この強さを英米が，効果的な損傷処理計画と教育・訓練された乗組員によるものであると注目し，この研究と実装化に積極的に取り組んでいった。

日本海軍でも，明治の創設期以来，軍艦の応急防御には着目していて，乗組員の職務分掌において，保安・応急防御の関連事項が定められている。そして，日清戦争，日露戦争での海戦経験から，ダメージ・コントロールに本格的に取り組んでいく。その後，太平洋戦争のミッドウェイ海戦において，空母4隻を爆撃による火災の延焼で失うという事実から，より効果的な対策の検討と

実施に取り組んでいっている。戦艦大和が，1945年に九州坊ノ岬沖海戦で米軍航空機の猛攻により沈没したが，沈没までに無数の爆弾と雷撃に耐えられたのも，当時の日本海軍における最高の応急防御装置を練達の乗組員達が駆使したためと評価されている。

ここで，表1-1に第二次世界大戦における日米の艦船の損傷・沈没概要を示す。両海軍共にダメージ・コントロールに真摯に取り組んでいたが，日本海軍における，軍艦の艤装や乗組員配置における兵装優先の思想と，米国との工業力の差により，こうした効果の差が出たと思える。

**表1-1 第二次世界大戦における日米の艦船の損傷・沈没**（山岡正美氏）

| | 損傷隻数(a) | 沈没隻数(b) | 割合(b/a) |
|---|---|---|---|
| 日本 | 551 | 447 | 8割 |
| 米国 | 550 | 183 | 3割 |

## 1.3 運動形態の機械・人間系における安全

安全工学を，エネルギーを主体とした体系に分類すると，基本的に力学的エネルギーにおける安全，熱エネルギーにおける安全，化学エネルギーにおける安全，電気エネルギーにおける安全，放射エネルギーにおける安全，運動形態の機械・人間系における安全の６つに大別できる。

船舶の安全は，このうちの，運動形態の機械・人間系における安全の範疇に存在する。簡潔にこの系における安全を説明する。

### 1.3.1 形 態

近代社会においては，人間は通常，機械という道具を使い生産活動を行うが，そこに機械・人間系における安全問題がある。そして，その場が特定の場所に固定している場合，（例えば陸上の工場，発電所等）と，輸送等が生産目的であるときには，その場が動いている場合が存在する。運動形態をもつ機械・人間系は大別して次の３つである。

○ 陸上走行する機械・人間系（特定の軌道によってのみ走行するもの

と，軌道がなく自由に走行可能なもの）

○　海上航行する機械・人間系

○　空中飛行する機械・人間系

**表1-2　3交通の比較**（福島　弘氏）

| | | 道路交通 | 空中交通 | 海上交通 |
|---|---|---|---|---|
| 交通路 | | 1．道路は限定された指向性のある構築物<br>2．自然現象の影響少<br>3．道路の専用，立体交差が可能<br>4．道路以外に特別な施設は不要 | 1．航空路は空間にあって外形上の形態なし<br>2．自然現象の影響大<br>3．航空路の専用，立体交差が可能<br>4．空港が不可欠で多数の航空路が一本の滑走路に集中 | 1．航路は，水面上にあって外見上の形態なし<br>2．自然現象の影響大<br>3．航路の専用，立体交差不可能<br>4．港湾施設が必要 |
| 交通機関 | 物理特性 | 1．道路を支えとし道路面に密着（抗力） | 1．空気を支えとする飛行性（推力，揚力） | 1．水を支えとする浮揚性（浮力） |
| | 移動性 | 1．安定かつ固定的<br>2．高速力が可能。速度の加減，急停止，後進が可能 | 1．安定かつ固定的な移動が非常に困難<br>2．超高速が可能。ヘリコプターを除き，停止と後進が不可能 | 1．安定かつ固定的な移動が困難<br>2．高速力は不可能。速度の加減等は可能だが困難 |
| | 積載性 | 1．積載能力に限度 | 1．積載能力に限度 | 1．大量の積載が可能 |
| その他 | | 1．交通管制が容易<br>2．運転技術が容易<br>3．国際性なし<br>4．短時間運転 | 1．交通管制が不可欠<br>2．運転技術が高度<br>3．国際性が大<br>4．短時間航行 | 1．交通管制が容易でない<br>2．運転技術が高度<br>3．国際性が大<br>4．長時間航行 |

海上交通の特性を道路交通，空中交通と比較すると表1-2のとおりとなる。

### 1.3.2　運動形態の機械・人間系の災害ポテンシャル

機械・人間系が運動形態を有すると，時間の経過とともに外的条件が変化する。瞬時といえども適正に対処しないと衝突してしまい，生産の場が固定された機械・人間系に比較して災害発生のポテンシャルは必然的に高くなる。

これを（1.1）式で表すことができる。

$$A_c = f\ (S_d,\ T_i,\ V_e) \qquad (1.1)$$

$A_c$：災害生起の頻度

$S_d$：走行移動距離

$T_i$：走行移動時間

$V_e$：走行移動速度

この中で最も致命的なファクターは $V_e$ であるといわれている。

この運動速度と操縦性には系のタイミングが大きな要素となる。この一例を単純に（1.2）式で表す。

$$S_d=(t_0+t_1+t_2)\ V_e \qquad (1.2)$$

$t_0$：障害物を認識する時間

$t_1$：人間系の大脳からの指令が機械系に伝わるまでの時間

$t_2$：機械系における効果器までの伝達時間と作動が有効となるまでの時間

いま，機械・人間系から障害物までの距離を $S_{d0}$ とすると災害生起について $S_d$ との関係は次のとおりになる。

$S_{d0}>S_d$…………災害は回避される

$S_{d0}=S_d$…………無災害の限界

$S_{d0}<S_d$…………災害生起

自動車を例にとると，注意力を運転に集中している場合の反応遅れに通常の人間では0.2秒，アクセルからブレーキペダルに踏み変える時間は0.4秒で，ブレーキ機構が働いてタイヤにブレーキがかかるまでが0.2秒，したがって，危険信号が発生してから車が減速し始めるまで約1秒を要し，タイヤの道路上のスリップ等を考えなければ，毎時60㎞の速度では約17m以内の出来事には対応できない。このように高速移動走行時における操縦が人間にとって困難な限界を有することは分かりやすい。

船舶においては，大型化と低速航行によって操縦性能が鈍くなり，時間遅れ（特に $t_2$）が大きな問題となっており，状況の認知，操作，反応という一連の経過を人間の感覚で対処することが困難な状況になっている。

## 1.4　災害防止の原則

安全工学において，次の4つの原則が大前提となっている。

(1)　予防可能の原則

人災の特徴は，天災と違って，原則的に予防可能である。安全工学において災害の未然予防に重点が置かれるのはこの原則に基づいているからである。物的な面のみならず比較的困難な人間的な面についても原因探求を行い，この原則を信じて未然予防のための対策を考えなければならない。災害や事故の原因の１つとして不可抗力という言葉があるが，安全工学においてこの言葉の存在は好ましくない。

⑵　損失偶然の法則

事故があり，災害に発展して損失が生じる。事故と災害・損失との間に確率則があてはまる。１つの事故の結果として生じた損失の大小，損失の種類は，偶然によって決まる。

前述した「1：29：300」の法則（参照：1.1.3，図1-2）によれば，例えば転倒という同じ事故を繰り返したとすると，無災害が300回，軽傷が29回，重傷が１回の割合で起こる（前述のピラミッド図）。

⑶　原因継起の原則

事故は必然的な原因があって起こる。事故発生とその原因は必然的な因果関係で結ばれている。したがって，事故原因を解明できれば事故予防は可能なはずである。

⑷　対策選定の原則

前述する災害の原因構造における，技術的原因，人間的原因，管理的原因に対応する防止対策として，以下に示す３つの対策があり，「安全対策の３E」と称されている。

⒜　技術的対策（Engineering）

危険防止に対する安全策を技術的に解決して機器・施設を設計すること，また，このような機器・施設の点検・保全を計画どおり実行することが必要となる。

⒝　教育的対策（Education）

産業界だけでなく組織的な学校教育の中での安全教育を実施することが必要となる。

⒞　規制的対策（Enforcement）

国の法律規制の他，工業規格，安全指針，作業基準等を守らせることが必要となる。

この3つの対策のうち，船舶では最近の事故原因の傾向から，技術的対策に比較して教育的対策，規制的対策，つまり，ヒューマンファクターに関する原因が着目されつつある。

## 1.5　災害生成の過程

災害の発生原理としてドミノ理論が有名である。Heinrichによる古典的ドミノ理論とその後のF. E. Bird Jr.による最新のドミノ理論を紹介する。

(1)　古典的ドミノ理論

図1-4に示すように，5個のドミノの連鎖で災害生成の過程を説明し，Hazard（危険要因）をなくせば災害は起こらないというものである。

(a)　人間エネルギー系：特性（人間としての癖）を持った人間自身。

(b)　人間の意思的行動：人間が「こうしよう」というように行動する。

(c)　ハザード：そこに危険要因が待っている。

(d)　事故：事故が起こる。

(e)　災害：損害，傷害が発生する。

このような(a)→(b)→(c)→(d)→(e)の連鎖の中で，取り除く努力ができるのは(c)であるが，すべてを取り除くことは困難である。(c)と(d)の間に安全装置を挿入して(d)が起きにくくすることや，(d)と(e)の間に保護具・装置を挿入して被害や人間の傷害を減らすことができる。

(2)　新しいドミノ理論

図1-5に示すように，災害が発生する過程が原因の連鎖によって表現されている。

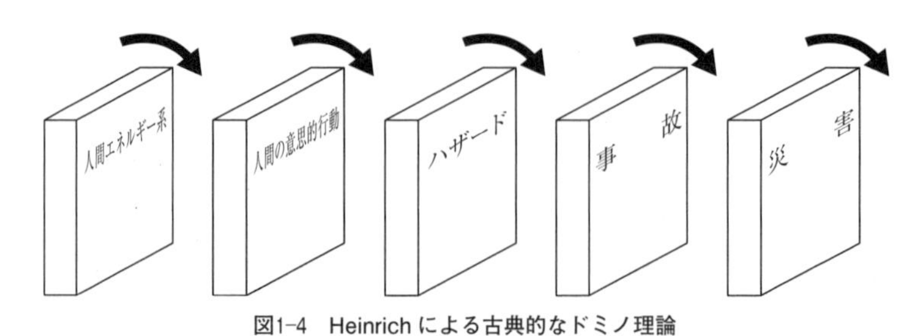


図1-4　Heinrichによる古典的なドミノ理論

(a)　管理欠陥：安全管理者の管理不十分，例えば，旅客船における運航基準不適・不備

(b)　基本原因：個人的な知識・技能不足，不適当な動機づけ，肉体的・精神的問題，機械設備の欠陥，不適正な作業体制等，例えば船橋当直中の飲酒，過労や睡眠不足

(c)　直接原因：不安全行動，不安全状態，例えば船橋当直中の見張り不十分や居眠り

(d)　事故：例えば，他船に衝突

(e)　災害：例えば，その船が沈没

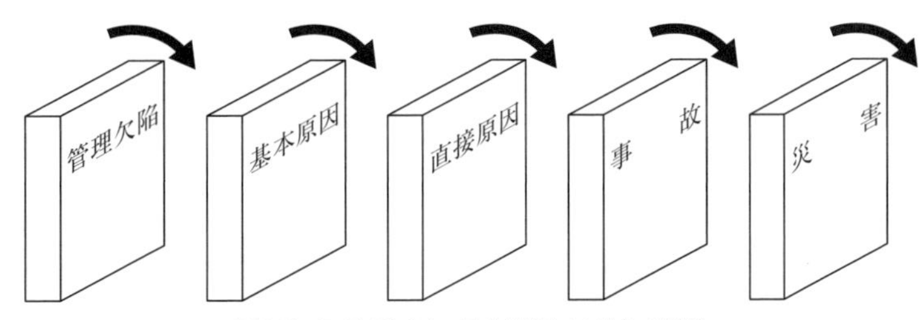


図1-5　F. E. Bird Jr. による新しいドミノ理論

古典的なドミノ理論は，災害生成の過程を端的に表したものであり，新しいドミノ理論は災害に至る原因の連鎖を表現したものである。

新しいドミノ理論の(b)と(c)において基本原因（間接原因）と直接原因の関連を明らかに打ち出されたことは注目に値する。(d)と(e)をなくすためには，(c)に着目して，(a)や(b)を取り除かなければならないことがわかる。

(3)　災害原因の結合タイプ

次の３つのタイプに分けられる。

(a)　集中型：それぞれ独立な各原因が一時に集中して作用する。

(b)　連鎖型：ある原因が発生するとその結果として次の原因が生まれ，さらにそれが次の原因を生むというように発展していくタイプである。

(c)　混合型：集中型と連鎖型の混合タイプで現実的にはこのタイプがほとんどである。

混合型の例として次の事象の集中・連鎖を図1-6に示す。

①　沿岸航行中で，一航士は荷役・航海当直と大変忙しかった。

② 一航士は睡眠不足状態であった。

③ 一航士はたまたま，風邪をひいたので当直前に風邪薬を服用した。

④ 船橋当直は１人当直であった。

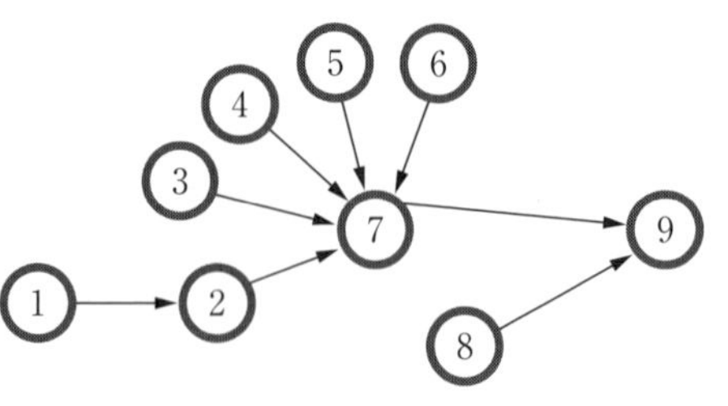

図1-6 災害原因の集中・連鎖

⑤ 船橋はポカポカと暖かかった。

⑥ さきほどまで多くの他船がいたが，今は他船も見当たらなくなったので一安心して自動操舵に切り替えた。

⑦ 一航士は船橋前面窓にもたれて居眠りをはじめた。

⑧ 潮が予想以上に強く，浅瀬に近づいた。

⑨ 船が浅瀬に乗り揚げた。

## 1.6 災害の構造

一般に災害原因は直接原因（起因）と間接原因（誘因），人的原因と物的原因の組み合せからなっている。

事故発生の間接原因として古くから安全工学便覧に北川徹三氏（元日本安全工学協会会長）らによって次の７つの原因が指摘されている。

(a) 技術的原因：主として装置，機械，建物等の設計，点検，保全等の不備

(b) 教育的原因：安全に関する知識・経験不足で無知，無理解，軽視，訓練未熟，悪習慣，経験不足

(c) 身体的原因：身体的欠陥，例えば頭痛，めまい等の病気，近視，難聴等の身体障害，睡眠不足，疲労，泥酔

(d) 精神的原因：怠慢，反抗，不満等の態度不良，焦燥，過緊張，恐怖，不和等の精神動揺，偏狭，頑固等の性格，知的障害等の知能的欠陥

(e) 管理的原因：安全管理者の責任感不足，作業基準の不明確，点検整備制度の欠陥，人事適正配置の不備，勤労意欲の沈滞等の管理上の欠陥

(f) 学校教育的原因：小・中・高・大学等の組織的な教育機関における安全

教育の不徹底

(g)　社会的または歴史的原因：安全に関する法規または行政機構の不備，産業発達の歴史的経過等

これらの原因によって図1-7に示すように，災害経過を表現している。

現実的な調査のためには，技術的原因，人間的原因，管理的原因という分類が用いられており，直接原因と間接原因の組み合せを図1-8に示すように考えなければならない。

ここで不安全行動とは，「災害・事故を起こしそうな要因を作り出した作業者の行動」をいい，不安全状態とは，「災害・事故を起こしそうな要因を作り出した物理的な状態または環境」をいう。1988年の旧労働省における労働災害の直接原因の調査によれば，不安全な状態が83%，不安全行動が92%，両者の共存が78%であった。これらの原因の連鎖を断つことができれば事故，災害を未然に防止できる。ここで重要なことは，直接原因を探りあてても，その間接原因を探りあててそれを消去しなければ，事故・災害は防止できず繰り返すことになってしまう。

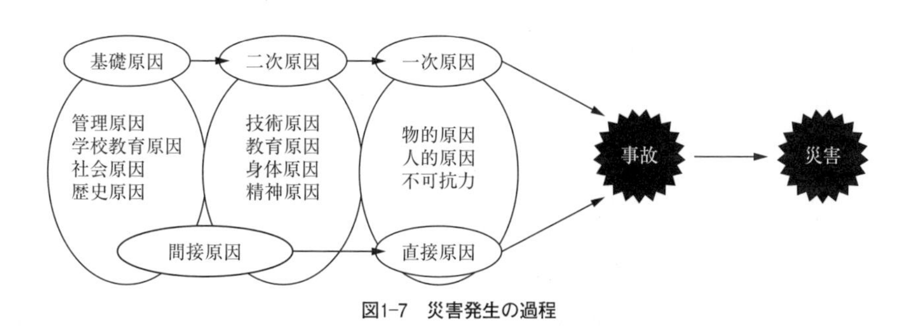


図1-7　災害発生の過程

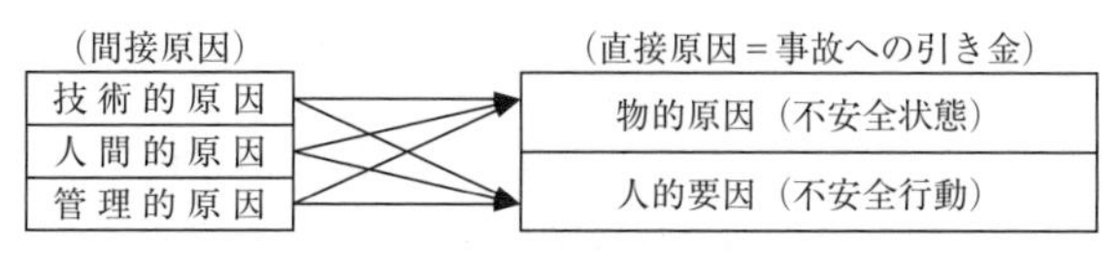


図1-8　間接原因の組み合せによる直接原因

# 1.7　事故原因究明・事故対策手法

大原則として，事故に対しては図1–9に示す原因追求型でなければならず，太枠で囲った過程と太線が重要であり，「なぜ」の箱の中身は，直接原因のみならず，間接原因が調査されなければならない。

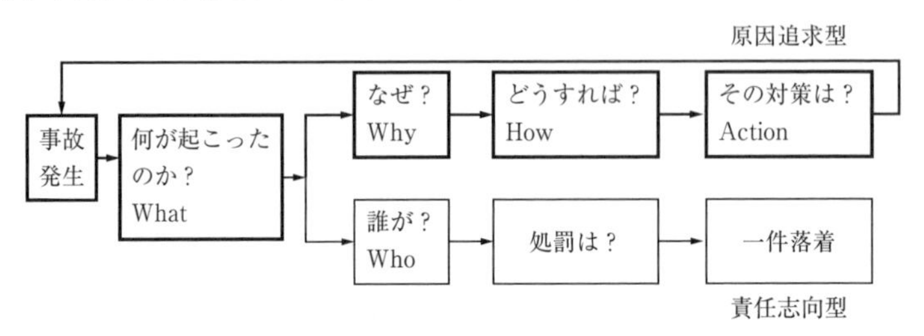


**図1–9　事故発生時の思考傾向**（黒田　勲氏）

## 1.7.1　NTSB（アメリカ国家運輸安全委員会：National Transportation Safety Board）による調査

アメリカ国家運輸安全委員会（NTSB）は事故調査の際に，4つのM方式に基づいて事実調査と解析を行っている。

① 事故に重大な関わりのあったすべての事柄を時系列で洗い出し，それらの連鎖を明らかにする。

② この事柄が4つのM，すなわちMan（人間要因），Machine（機械設備の欠陥，故障），Media（作業情報，方法，環境要因），Management（管理上の要因）のどれに該当するかを検討する。

③ 事故を構成した諸要因のうち，最も主要なものを絞る。

④ 誰が，何を，いつまで（即時または長期的に）実施するかを勧告として明記する。

ここで，4つのMとは次に示すとおりで，間接原因を構成する要因がうまく整理されている。事故発生の過程は図1–10に示すとおりとなる。

(1) Man（人間一般）

(a) 心理的要因：場面行動（他の事柄に気づかず前後の見境いもないまま行動する），忘却（ど忘れ），考えごと（家族の病気，借金等），無意識行動

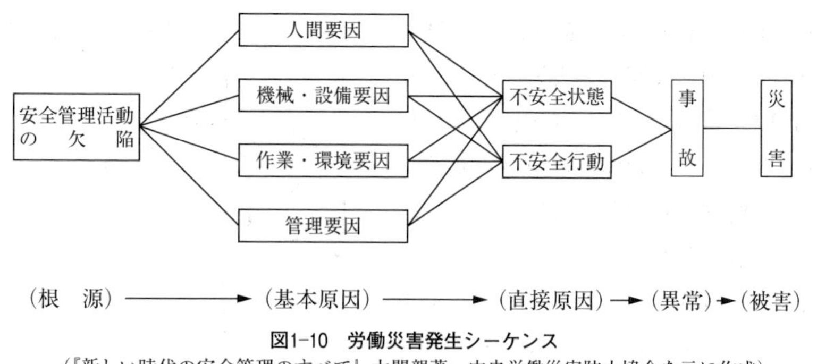


**図1-10　労働災害発生シーケンス**
（『新しい時代の安全管理のすべて』大関親著，中央労働災害防止協会を元に作成）

（例えば無意識に熱いお茶をゴクリ），危険感覚のズレ，省略行為，憶測判断，錯誤（ヒューマンエラー）

(b)　生理的要因：疲労，睡眠不足，アルコール，疾病，加齢

(c)　職場的要因：人間関係，リーダーシップ，チームワーク，コミュニケーションでこの部分が重視される。

(2)　Machine（設備一般）

機械設備の設計上の欠陥，危険防護の不良，人間工学的配慮不足，標準化不足，点検整備不足

(3)　Media（マンとマシンをつなぐ媒体）

作業情報不適切，作業動作の欠陥，作業方法不適切，作業空間不良，環境不良

(4)　Management（管理）

管理組織の欠陥，規定，マニュアル不備，教育・訓練不足，部下に対する監督・指導不足，適正配置不十分，健康管理不足

この４Mの手法を取り入れたときの災害発生のシーケンスは，図1-10のようになり，災害の直接原因である不安全状態や不安全行動を発生するもととなる基本原因が，４つのMであるということになる。

### 1.7.2　m-SHEL モデル

日本でヒューマン・ファクターについて早くから研究していた黒田勲博士は，国連の下部機関である国際民間航空機関（ICAO：International Civil Aviation Organization）が公表した「SHEL」モデルに国内の民間研究成果も加えて，「m-SHEL」モデルとして紹介し，事故・災害はこれらの要素が相互に関連しながら，時間の経過とともに連鎖して発生すると説明した。

m-SHELの概念は，事故・災害の背景には多くの危険があるが，事故・災害は不安全状態と不安全行動の組み合せ，及び管理上の欠陥の中で発生するものであると示している。

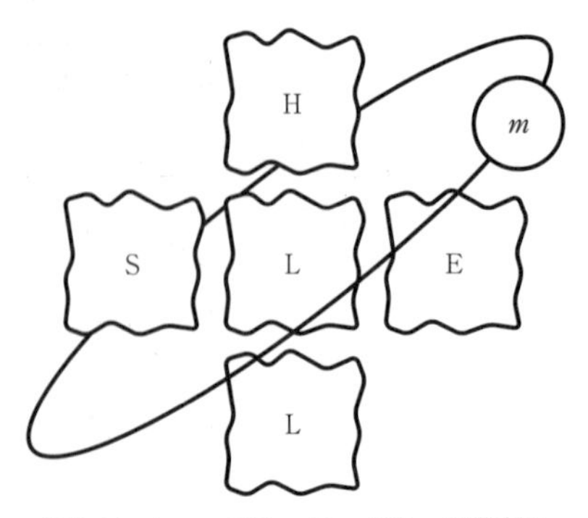


**図1-11 ヒューマン・ファクターの概念図**
（『新しい時代の安全管理のすべて』大関親著，中央労働災害防止協会を元に作成）

### 1.7.3 スイスチーズ・モデル

ジェームス・リーズン教授は，1990年に「事故の原因を個人に限定することは適当ではなく，その原因は組織にある」との考えのもとに，スイスチーズ・モデルによる組織事故論を提唱した。これが世界に広がり，日本においても原子力発電所事故，医療・介護事故，航空機事故，列車事故等の解析と対策，そして近年では，情報セキュリティなどの面で広く活用されている。この理論は，巨大システム（組織）が活動している中では何らかのリスク（潜在危険）が伴うので，多重の防護（抑制，防止，軽減）措置（スイスチーズの壁）がとられているが，それぞれの防護措置は完全無欠とはいえず当事者（労働者など）エラーと組織エラーが原因でいとも簡単に穴が開き，各穴が一直線上に並んだ時にリスクから発せられた光が貫通し，大きな事故（災害など）が発生するという

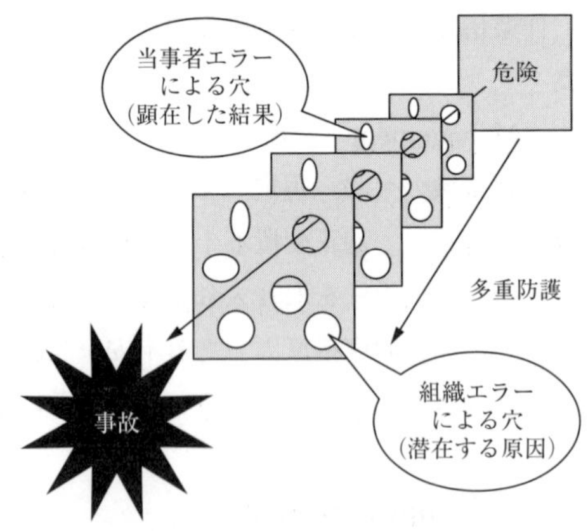


**図1-12 スイスチーズ・モデル**
（『新しい時代の安全管理のすべて』大関親著，中央労働災害防止協会を元に作成）

ものである。

## 1.8 人間の特性によるヒューマンエラー

事故原因に占める人的要因の割合は海難84％，製造業80％，航空機73％，列車52％，石油コンビナート55％といわれている。また，海上における船舶の災害は99.9％が人災であるともいわれている。ヒューマンファクター（事故原因としての人間要因）は長い間，「それはヒューマンファクターの問題である（だから難しい）」というようにとらえられていたが，今日では，ヒューマンファクターズという学問（人間に関わる多くの学問領域での知見をシステムの安全性や効率向上に実用的に活用しようとする総合学問）が生まれ，産業界で実用化されつつある。

事故要因であるヒューマンファクターとヒューマンエラーについて簡単に説明する。ヒューマンファクターは「機材あるいはシステムがその定められた目的を達成するために必要なすべての人間要因」（黒田勲氏）である。簡単にいうと，事故における１件１件の人間的要因をいう一般用語である。

多くの場合，システム等の目的が達成できない要因の１つとしてヒューマンファクターの負の面が取り上げられるが，ヒューマンファクターには正の面もある。困難な状況に直面して神技のような能力を発揮する場合もあり，負の面のヒューマンファクターをいかに正の面に振り向けるかが，事故対策の重要なポイントでもある。つまり，ヒューマンファクターはシステム等に関わる人間的要因すべてを意味し，ヒューマンエラーはその負の部分を意味するのである。

### 1.8.1 ヒューマンエラーの起源

ヒューマンエラーはどこからきたかについて，旧国鉄で疲労や労働負担の研究に従事した橋本邦衛氏は次のように３つのポイントを指摘している。

(1) 感情によるミス

人間の大脳は理性の脳（新しい脳）と感情の脳（古い脳）の二重構造となっていて，巨大な人間システムの機能と行動を統制している。古い脳は生きるための脳で，食本能と性本能が主体となっている。この本能をたくましく駆動するものが感情である。感情がなかったら人間はとうに滅びていたし，個性の豊かさや人情の機微もない。しかし，感情は新しい脳の理性を揺さぶり，ミスを誘いだす。

(2)　人間の能力限界を超えるためのエラー

例えば，人間は2つのことに同時に集中できない。2つ以上のものに注意を分配することはできるが，注意力が弱くなってしまい，もう少し確実にみようとするとその瞬間に対象は1つに限定され，他のものはみえなくなってしまう。

(3)　人間のもつ優れた長所の裏側の問題としての弱点からくるエラー

人間は動物の中で，最も進化した大脳をもち，その自主的な思考判断と意思決定によって自分の行動を律している。体が動く限りどんな行動でもとることができる。優れて高級な性能を発揮できるからこそ，楯の裏面でエラーを起こす。つまり，人間の長所（強さ）が逆に弱点を生み，それがエラーにつながる。この詳細を表1-3に示す。さらにヒューマンエラーは，大脳を中枢処理機関とする情報処理系の活動に依存しているとされており，表1-4に示す意識レベルは有名である。

意識レベル1は単調作業，意識レベル2は定例作業，意識レベル3は創造作業に適し，いかにしてレベル3を持続させるかではなく，いかにして要所をレベル3にするかが問題となる。

この意識レベルを上下させるものとして次の要因が知られている。

(a)　サーカディアンリズム（概日リズム）：一般的に生理機能（体温，血圧，心拍数等）は24時間周期で変動して意識レベルを動かし，8時～20時頃は意識レベルを上昇させ，20時から8時までは意識レベルを下げるという，Sineカーブをなしている。

(b)　疲労，単調さ，アルコール，温暖，快適，満腹，風邪薬は意識レベルを下げる。

(c)　目新しさ，刺激，怒り，カフェイン等は意識レベルを上昇させる。

また，産業心理学者の狩野広之氏は次のように述べている。

「心理学上では，不注意現象は異常なものではなく正常な心理現象である。

**表1-3 人間の強さ・弱さ**（橋本邦衛氏）

| 特性 | 強さ | 弱さ |
|---|---|---|
| 感覚入力特性 | 1．感覚器は単独：複合して対象の質的特徴を分析する<br>2．パターン認識能力により対象を直感的に認知する<br>3．予測と注意によってノイズから必要信号を選択する | 1．物理現象の中のごく限られた対象しか知覚できない<br>2．パターン認識にもとづく錯視錯覚が起きやすい<br>3．予測しない事態に引き込まれて見逃す，予測過剰で注意を省略 |
| 運動出力特性 | 4．二本立ちと動作・歩行・運搬の自由度は極めて大きい<br>5．両手指による多次元動作と適応処理の自在性＝器用さ | 4．立位による不安定のために転ぶ，落ちる，立ちくらみ等がする<br>5．出力には機械的な限界がある。パワーを加えると動作が乱れる |
| 中枢処理特性 | 6．知識と体験の豊富な記憶，学習能力が優れている<br>7．前向き思考による柔軟な判断や論理思考により合意的に判断<br>8．状況に応じ，速やかに判断を切り替える，意志による抑制<br>9．創意工夫・形式否定による現状見直し，発想と創造，好奇心に富む<br>10．主体的活動を好む，意識とやる気で能力は倍増，社会への自己犠牲 | 6．類似の記憶のために混乱や忘却，知っていても思い出せない<br>7．判断時間か遅く，急迫場面で判断ミス，パニック化<br>8．判断を要しない単純動作の反復に弱く，すぐ意識ボケを起こす<br>9．従来の習慣やルールを軽視または無視<br>10．自己欲の満足には手段を選ばず感情的に自己主張 |

注：パターン認識能力：例えば群集の中から一目で友人を見分ける等対象が何かをその特徴から認知する能力で，人間の強さを代表する特性の１つである。

**表1-4 意識レベル**（橋本邦衛氏）

| 意識レベル | 注意状況 | 生理状態 | 誤操作比率 |
|---|---|---|---|
| 0 無意識・失神 | なし | 睡眠，脳発作 | — |
| 1 意識ボケ | 不注意 | 疲労，単調，居眠り，酒酔い | 1/10以上 |
| 2 休息 | 受け身前向き | 安静起居，定例作業時 | 1/100～1/100000 |
| 3 積極活動 | 前向き | 積極活動時 | 1/10～1/1000000 |
| 4 過度緊張，興奮 | 一点集中 | 慌て→パニック | 1/10以上 |

エラーやミスは人間と外界との関連性で発生するもので，単なる心理現象として取り扱うのは問題解決の最良の方法ではない。エラーやミスを発生させる外界との関連性に目を向けないと正しい認識には到達しないであろう」

例えば，我々は，お茶をこぼすことがよくあるが，茶碗にも問題がある。試験管のような茶碗であれば，よくこぼすであろうし，洗面器のような茶碗であればめったにこぼさないであろう。

このことに関連して，(1.3) 式で表現される，K. Lewin の法則が有名である。

$$B=f\ (P \cdot E) \tag{1.3}$$

ここで，B：Behavior（行動），P：Person（人間），E：Environment（環境）であり，「人間の行動は，人間に関する要因 P と環境要因 E の関数であり，P と E の交互作用により行動が決定される」というものである。

例えば，戦後の窮乏時代に育った若者と，現代の物が満ち足りた時代に育った若者では行動が異なることや，人通りの少ない郊外を散歩するときと人や車で混雑する交差点横断時では目配りや歩き方が違うことで理解できる。

### 1.8.2 ヒューマンエラーの分析と事故防止対策

作業者やオペレータのヒューマンエラーの分析のための背後要因の整理手法として1.7.1で述べたアメリカの NTSB の 4 M（Man, Machine, Media, Management）がある。この時，Man 以外はヒューマンファクターではないのかというと，決してそうではなく人間のいる，すべての段階に存在するのである。例えば，Machine の場合でも，その設計・改修，保守・点検には人間が関わっていて，そこで誰かの誤判断があり，ヒューマンエラーが入り込む隙は存在する。

評論家の柳田邦男氏はヒューマンエラーの分析に関して次のように述べている。「日本では，事故があると，ミスをしたのは誰だという責任論・刑罰論優先の発想が圧倒的に多い。しかし，事前にどこかの段階で事故になるのを防げなかったか，事故原因にはどれだけの要素がからみあっていたのか，現場のミスを誘発したいくつもの条件が背景にあったはずだ，といった視点から事故を分析すると，最後にジョーカーをひいた現場の運転員や保守・点検要員の過失責任を問うだけの捜査あるいは調査では見えてこないさまざまな事故要因を浮き彫りにすることができる。何故に過誤が発生したのか，その誘因は何か，というところまで分析することによってはじめて有効な教訓と対策をつかみ出すことができるのである」。

ヒューマンエラーを根絶することはできない。したがって，ヒューマンエラーと共存しながら，ヒューマンエラー防止対策だけを考えるのではなくヒューマンエラー事故防止対策を考えることが適当となる。

図1-13は，京都大学の井上紘一氏らによるヒューマンエラー事故防止対策の概念図である。ここでレベル1の防止対策とは，ヒューマンエラーの発生ポテンシャルを減少させることによって，エラーの発生確率を低下させることである。状況要因に対しては環境改善，マン・マシン・インターフェイスの改良，作業手順の標準化等があり，個人要因に対しては職能教育，訓練，動機づけ，作業意欲の向上等がある。また，ストレス要因に対してはストレスが多すぎても少なすぎてもよくないので単調な繰り返し作業を避け，常に必要十分な情報を作業者に与えることなどがある。また，レベル2の防止対策とは，発生したヒューマンエラーを直ちに無害化，局限化，または修正するもので，フールプルーフやフェールセーフ等の各種安全設計やエラーを音や光を使って操作者にフィードバックして修正を求める警報装置がここに属する。レベル3の防止対策とは，ヒューマンエラーによって発生した事故災害を局限化し，それ以上発展しないための安全装置，安全対策である。

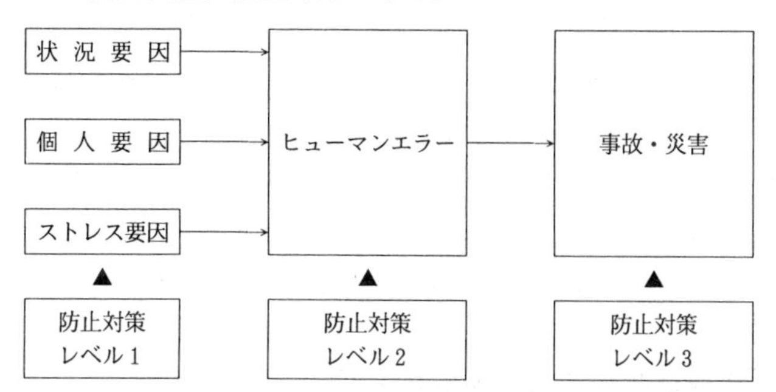


**図1-13 ヒューマンエラーに起因する事故災害の過程とその防止対策**
（井上紘一氏）

## 1.9 安全と人間工学

「人間工学」という言葉は，そもそも20世紀初め頃にアメリカで使われていたhuman engineeringの直訳である。ちょうど欧米留学から帰国した心理学者の松本亦太郎が，1920年に『心理研究』という学会誌上で人間工学と訳してこの分野を初めて日本に紹介した。そして現在の人間工学は，アメリカではhuman factors，ヨーロッパで ergonomics（アーゴノミックス）と呼ばれている。両者は最初の頃，研究姿勢が異なっていた。アメリカでは，産業革命を経て機器の大量生産が急務になり，作業能率を向上させるにはどのような工夫が必要かに着目した。一方，産業革命が早かったヨーロッパでは，劣悪な労働条件に気づき，労働時間，休憩時間，労働者の疲労等，労働生理学を中心とした検討が重視された。しかし，今日では作業能率の向上も労働条件の改善もともに人間工学の重要な研究テーマになっている。このような人間工学を考えるには，多種多様な専門分野との関わりを理解しておかなければならない。人間に関連する分野としては，生物学，医学，解剖学，生理学，衛生学，心理学等があげられる。機器に関連する分野はその機器が何であるかによる。例えば製造業は，生産管理，作業管理，品質管理等の管理技術が要求されるが，製品が衣服ならば服飾造形理論，被服材料学，色彩学等が必要になり，ロボットならば機構学，制御工学，電子工学等が必要になる。さらに環境に関連する分野では，物理学や化学等の基礎科学のほか，環境工学，環境衛生学，環境心理学等が重要になる。いずれにせよ，人間工学はさまざまな科学や技術を統合して，人間，機器，環境を１つのシステムと考え，人間の安全性，快適性，効率性等に基づいた作業手順，機械や器具の設計，作業環境作りに貢献するものでなければならない。ここでは，安全に関する人間工学的アプローチとして，人間の心理学的あるいは生理学的な情報伝達のしくみ，心身機能とヒューマンエラーとの関連性，ヒューマンエラーの人間工学的対策等を取り上げる。

### 1.9.1 人間の外的情報伝達のしくみ

人間の情報伝達のしくみを心理学的に考えた場合，つまり人間を外側から考察した場合，刺激→感覚器→中枢系→効果器→行動という情報の流れがある。ここでは，感覚器，中枢系，効果器においてどのように情報が処理されていくかを述べる。

⑴ 感 覚 器

光，音，臭い等の刺激が視覚器官，聴覚器官，嗅覚器官等の感覚器に入ると，入力側では次のように感覚，知覚，認識，情緒の４つの階層に分けて処理されていく。コンピュータで例えると，文字を取り込むキーボード，画像を取り込むスキャナー，音声を取り込むマイクロフォン等の入力装置の機能に相当する。

(a)　感　　覚

刺激が感覚器から中枢系に伝えられる時，そこに生じた刺激の対応物のことを感覚という。感覚はこれ以上分化できない要素的レベルに達している。例えば，照明が明るいか暗いか，気温が高いか低いかという違いが分かる原始的なレベルである。

(b)　知　　覚

知覚とは，現在の外界における事物や事象の変化を認知（知覚されたものが何であるかを認める働き）することである。知覚では感覚が統合されて具体的な意味をもち，より高次の機能になる。光が見えるか否かという混沌としたレベルは感覚の話であるが，知覚の段階になると見ようとする対象物と背景との区別ができるようになる。

ところで，知覚に関連して重要なものに「錯覚」というものがある。通常，知覚によって，あるものごとの真実性を正確に把握することができるのだが，この真実性を明確に把握しないまま真実であるように感じると，知覚の誤りを知った時に異常を感じる。まるで知覚を働かせている主人をからかっているかのようである。そこで，ラテン語の「からかう」の意味から「illusion」という言葉ができ，日本語で錯覚または「感覚錯誤」と称するようになった。特に，心身が異常な場合に起きる錯覚と区別するときには「生理的錯覚」という。生理的錯覚は視覚で特に著しく「錯視」と呼ばれ，事故や災害につながることがある。図1-14に錯視の例を３つのイラストで示した。

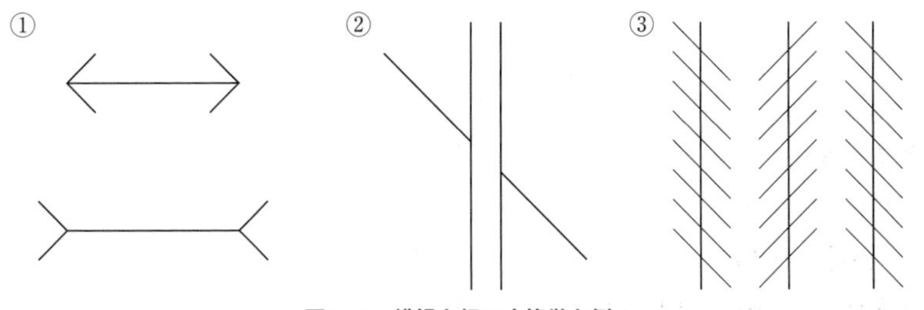


**図1-14　錯視を起こす簡単な例**

まず，①における線分はどちらが長いだろうか。実はどちらも同じ長さの線分である。両端に描かれた余分な線が判断を鈍らせている。②は1本の線分を2本の平行線で遮断した絵である。すると，半分ずつになった線分を延長して眺めると交わらないように見える。③は3本の平行線に斜めの小さな線を細かく引いた絵であるが，そのために3本の線分が平行に見えなくなる。

(c) 認 識

認識は認知と同義に使われることがあるが，工学的な立場から考えると，すでに学習や経験によって脳に記憶されているパターン（識別の対象の総称）と知覚によって入力されたパターンを照らし合わせてパターンを概念化することである。10円玉をどんなに磨いても100円玉と判断しないし，「ホーホケキョ」と聞こえたらコオロギが鳴いていると判断する人はいないであろう。パターンを前もって記憶していれば違いを識別できるのである。

(d) 情 緒

情緒は「情動」ともいわれ，一般には喜び，悲しみ，怒り，恐れのように一時的に急激に生じた強い感情のことである。程度が強くなくても同じ徴候が繰り返されたりすると情緒に含める感情もある。情緒はコンピュータなどの機械にはない生体固有のものである。情緒は心理的に体験されるけれども，中枢系の働きにも影響を与えて各種の臓器の変化に関わることがある。例えば非常に驚いたりすると，胃袋が真っ青な色に変化することが確かめられている。そして体にマイナスとなる情緒が継続すると「ストレス」となり，病気の原因になる。ストレスとは医学用語で，暑さや寒さ等の物理的刺激や対人関係等の精神的刺激に対して，体内でホルモンを分泌して調和を保ったり防衛しようとしたりする反応のことだが，今日では日常で心身の健康に悪影響を及ぼすものを総称してストレスと呼んでいることが多い。

(2) 中 枢 系

感覚器は情報の前処理的な機能を果たす部分であったが，情報が中枢系に入るとより高度な処理が行われる。心理学的には，学習，記憶，連想，思考，認識（認知），情緒，動機づけ等が行われる。コンピュータでは，記憶装置と中央処理装置（CPU）という重要な部分にあたる。ここで，認識（認知）と情緒は感覚器との連携プレーであり，説明済みであるので省略する。

(a)　学　　習

知識や行動（外から観察可能な生体の反応）が経験によって比較的永続的な変化を示したとき，「学習があった」または「学習がなされた」といわれる。学習には，消極的学習と積極的学習とがある。前者には，刷り込みや慣れなどの本能的行動が含まれる。刷り込みとは，生後ごく早い時期に起こる特殊なタイプの学習のことである。カモのヒナが目の前を動くある範囲の大きさの物体を親と思って追随する例はよく知られている。慣れとは，生体がある状況を把握して特別なこととして感じなくなることである。例えばトゲウオのなわばり内に他のトゲウオが侵入すると攻撃的な行動をとるが，これが繰り返されると次第に慣れて攻撃的な行動が減少する。一方，人間のように生体が高等になると，環境に適応しようとする行動の中に学習の要素が増えていく。これが後者の積極的学習である。

(b)　記　　憶

与えられた情報が比較的永続的な時間保持され，それが必要に応じて明確に再現できる現象を記憶という。記憶には学習が深く関わる。また，学習を行うには記憶が必要である。ところが，脳に何らかの障害が加わると記憶が難しくなる。記憶は受け入れた情報を書き込む過程，蓄える過程，必要に応じて読み出す過程の３つから構成されるが，特に読み出す過程は最も侵されやすく，もの忘れの原因になる。

ところで，記憶と密接な関係にあるもう１つのものとして「連想」がある。連想とは，複数の情報が互いに関連づけられて記憶され，必要に応じて互いを思い浮かべることである。このとき，複数の情報は互いに同時間に記憶されたものとは限らない。

(c)　思　　考

思考とは，知覚，記憶，学習等の機能を併せもち，認識（認知）のために必要な概念を形成して概念を決める属性を明確にする過程，その概念を素材にしてより高度な行動のための意思決定をする判断や推理の過程，さらに思考の手段として用いられる言語に代表される象徴行動過程等から成り立つ。人間のように言語が使えるようになると，抽象的，論理的な思考が可能になる。

(d) 動機づけ

動物に行動を起こさせ，目標達成までその行動の方向づけを与えて持続させる過程のことを動機づけという。例えば長時間単純労働をさせるような場合，勤労意欲が劣ってくる。そこで，作業環境を変えたり労働者に達成しやすい目標を与えて意欲を向上させたりする必要がある。

(3) 効 果 器

中枢系を出るといよいよ出力としての効果器へ命令が伝わる。しかし，効果器の働きは独立せず，依然として中枢系との共同作業の部分が多い。コンピュータでは，ディスプレイやプリンタ等の出力装置の部分にあたる。ここで効果器とは，体を動かすための手足の運動器官だけでなく，首，眼球，顔の皮膚，発声器官等も含める。これらによって刺激に対する豊かな反応ができるのである。ところが，ときによっては効果器から出力される情報は正しいとは限らない。このことが事故や災害につながる要因にもなっている。例えば発声や身振り等があいまいだと，勘違いして危険に陥ることがある。

以上が人間の外的情報伝達のしくみである。図1-15に簡単にまとめた。

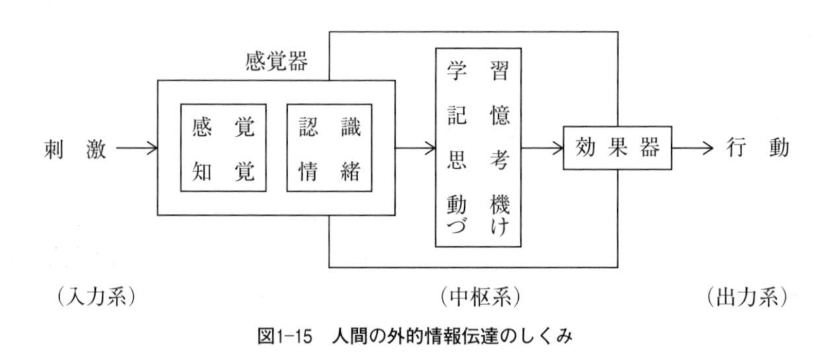


図1-15　人間の外的情報伝達のしくみ

## 1.9.2　人間の内的情報伝達のしくみ

1.9.1では人間の内部をブラックボックスと考えて，人間を外側から見た情報伝達のしくみを心理学的立場でとらえた。ここでは，生理学的側面から人間の内部で情報がどのように処理されていくかに焦点をあてる。

### (1)　神経細胞

人間の内部で情報伝達の仲立ちをする最小単位は図1−16にあるような神経細胞（ニューロン）である。そしてこの神経細胞が無数に集まって脳や各種の神経系を形成している。

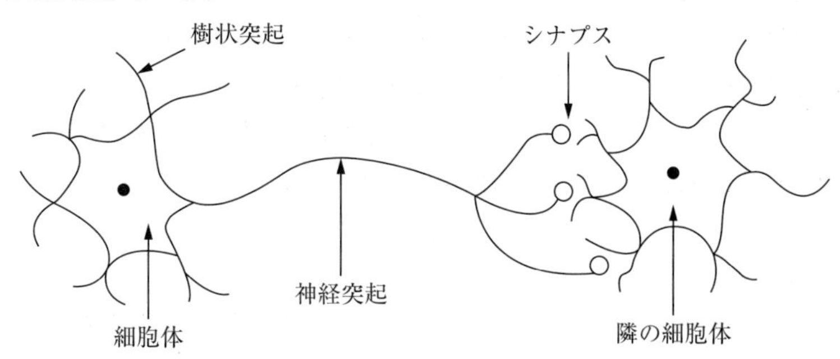


**図1−16　神経細胞（ニューロン）**

神経細胞の中心は細胞体で，これから樹状突起という枝が伸びている。樹状突起の中で特に長い一本を神経突起または軸索という。これは次の細胞体とシナプスと呼ばれる接続点で隣り合っている。しかし，電気的に絶縁されているので，このままでは情報は伝達されない。そこで，情報が興奮というかたちで神経細胞の細胞体に伝わると，スパイクと称する電気的なパルス信号が発生し，樹状突起を経由してシナプスに到達する。すると，シナプスから伝達物質が分泌されて次の神経細胞の細胞体へ伝わる。以後，これを繰り返して感覚器から中枢系へ，また中枢系から効果器へと情報が流れる。

### (2)　各種神経系

図1−17に感覚器，中枢神経系，効果器，内臓等（内臓，血管，腺等）と各種神経系のつながりを示した。

ここで中枢神経系とは，脊髄（せきずい）から大脳（後述）に至る神経系の総称である。その中心となる

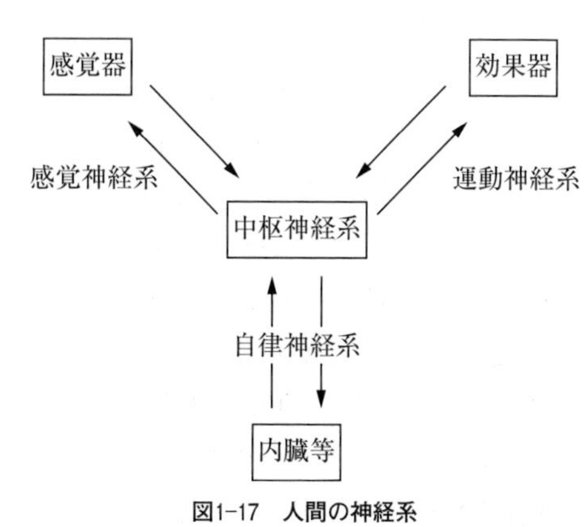


**図1−17　人間の神経系**

のが大脳である。この中枢神経系と感覚器，効果器，内臓等（内臓，血管，腺等）がつながり，情報のやりとりをしている。中枢神経系と感覚器との間は「感覚神経系」，効果器との間は「運動神経系」，内臓等との間は「自律神経系」という経路で結ばれている。これらの経路は中枢に向かう場合には「求心性」，中枢から出ていく場合には「遠心性」という。また，感覚神経系，運動神経系，自律神経系は中枢神経系に出入りする神経系であり，「末梢神経系」と呼ばれる。この中で，自律神経系は主として遠心性神経から成り立ち，大脳の支配から比較的独立して意思に関係なく反射的に各機能を調節することができる。

(3)　中枢神経系

巨大な情報処理センターともいうべき人間の中枢神経系は図1-18のような構造になっている。大脳は主として意思に関係がある行動の調節を行い，間脳から脊髄までは生命維持に直接関係する部分になっている。このような中枢神経系は，脊髄→脳幹→小脳→間脳→大脳へと発達してきたと考えられている。したがって，生体の脳を観察すれば過去の進化の過程がわかるといわれている。以下，各部分の働きを簡単にまとめる。

(a)　大　　脳

大脳は，神経細胞体が集中した灰白色の表皮の部分と神経突起が集まった白色の内側の部分から構成される。前者は大脳の皮質といい，後者を髄質という。皮質は約100億以上の神経細胞がほぼ一定の層をなして配列している。リンゴや桃等の果物に例えれば，皮質は約2mm程度の果皮に，髄質は果肉に相当する。さらに進化的に見ると，皮質は旧皮質，古皮質，新皮質に分けられる。旧皮質と古

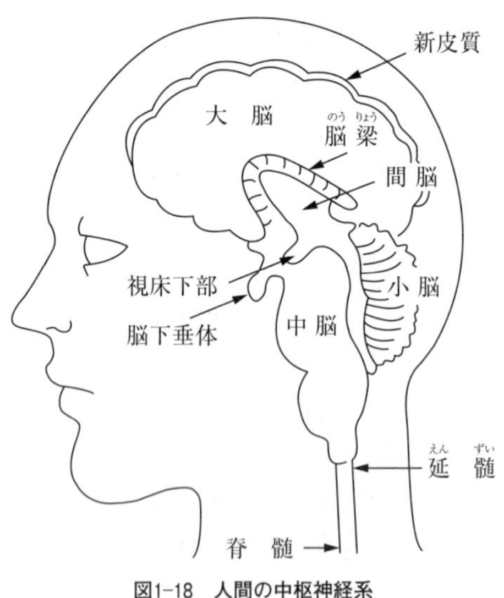


**図1-18　人間の中枢神経系**

皮質はまとめて辺縁系皮質といわれ，食欲，性欲，集団欲等の本能的，感情的な行動を支配する。それに対して，哺乳類が一番発達している新皮質は前頭葉，側頭葉，頭頂葉，後頭葉の4つの領域からなり，知的活動を支配する。前頭葉は新皮質の前部に位置し，判断や理解などの意思決定と行動の指令を行う。人間はこの前頭葉の発達が特に著しい。側頭葉は新皮質の横側で，記憶や言語能力をつかさどる。頭頂葉は新皮質の上部にあり，感覚反応を指示する。そして新皮質の後部にある後頭葉は情報の受け入れや視覚に関わる。

(b)　間　　脳

間脳は睡眠や体温調節を行う中枢である。また間脳の視床下部には自律神経の中枢があり，視床下部の下にはホルモンを分泌する脳下垂体がある。

(c)　小　　脳

小脳は運動の調整や体の平衡を制御する中枢として働く。

(d)　中　　脳

中脳は眼球の運動や虹彩の収縮の中枢である。また，姿勢を保つ働きもする。

(e)　橋

中脳と延髄との橋渡しをする部分を橋という。

(f)　延　　髄

呼吸や血管の中枢のほか，咳やくしゃみもつかさどり，脊髄へつながる重要な部分を延髄という。小脳を除いて，間脳，中脳，橋，そしてこの延髄を合わせて脳幹という。果実だと芯に相当する部分。爬虫類はこの脳幹が大部分なので爬虫類脳ともいう。

(g)　脊　　髄

脊髄は神経細胞の興奮の通り道であり，求心性神経と遠心性神経との連絡や統合を果たす。また，感覚神経系から入った情報を脳に伝達せずに効果器へ送る反射にも関わる。

### 1.9.3　心身機能とヒューマンエラー

交通事故も原子力災害もない昔は伝染病や飢饉で多くの人命が奪われたが，

そのほとんどは「天災」として処理された。ましてや，度かさなるいくさによる被害などは何の補償もなかった。人が災害を作ったと口にすることは許されない時代があった。それが特に太平洋戦争後，精神主義的な傾向を批判して科学主義的な風潮が高まる中，次々やってくる台風や豪雨による水害が人々の災害に対する考え方を変えさせた。堂々と，組織的な防災対策や救援活動を行政が怠ったから災害が起きたのだと主張できるようになったのである。当時，マスコミを中心に「人災」という言葉がよく使われていた。そして今日では，災害や事故に対する法律制度がかなり整備され，天災か人災かを明確にして責任の所在を追求できる世の中になった。それとともに，「ヒューマンエラー」や「ヒューマンファクター」という言葉が目立つようになった。例えば，1997年に出版された人間工学が専門の長町三生氏らの『現代の人間工学』は，1968年に同氏らが執筆した『人間工学概論』を参考に新しい時代に適合するように編集されたものであるが，前の文献にはヒューマンエラーという言葉は見あたらない。その代わり，「人間の不安全行為」や「人間の誤り」という言葉が使われている。それに対して，新しい文献には「ヒューマンエラーと安全」という章を設けるほどこの言葉を強調していた。一方，現代社会は子供から大人まで何かとストレスがたまりやすく，ヒューマンエラーが発生しやすい環境になってしまったという一面もある。ここでは，事例を交えながら人間の心身機能が事故や災害につながるパターンを眺めてみる。

(1)　感覚や知覚等の入力系とヒューマンエラー

人間は，視覚，聴覚，味覚，嗅覚，触覚の「五感」を通じて身のまわりの情報をとらえて脳に送る。この過程で起きた事故や災害の事例をみると，おおよそ当事者自身の心身機能に問題がある場合と，作業機器や作業環境が原因で好ましくない情報が感覚器に入力される場合とに分けられる。前者の場合は，心身における欠陥，疾病やストレス，飲酒，老化等により，物が見えにくかったり音が聞こえにくかったりするなどの感覚器の能力低下が要因になる。そのために，機器の点検ミスや操作ミス，信号，その他合図の見間違え，作業空間のとらえ方の誤りなどにつながり，惨事を招く。例えば，かぜ薬はアルコールではないので飲んでも飲酒運転にはならないから大丈夫だと軽くみていると，やがて睡魔が襲って感覚機能の働きを鈍らせ，突然の危険を回避できなくなる。

アルコールの場合はもっと程度が悪い。船舶に限らずどのような乗り物を操っても，感覚機能が鈍いときにはいろいろと危険が潜んでいることを心得ておかなければならない。一方，後者の場合は，作業場が薄暗かったり，機器の騒音が激しかったり，また錯覚を起こすような作業環境になっていたりして，感覚器に十分な情報が入力されないケースである。これらは作業環境を改善すればよくなるが，労働者の心得としては，例えば暗い所から明るい所へ移動する場合には1～2分で目が慣れるが（明順応），明るい所から暗い所へ移動する時は完全に慣れるまで約1時間かかる「暗順応」という目の生理をよく理解し，早めに現場へ行って暗さに慣れておくことである。また，機関室のような騒音の激しいところでは聴覚の機能が奪われるので，話者は重要な合図を視覚的な信号や身振りで示す等，工夫が必要である。しかし，錯覚までは人間自身の手に負えない。ある製鉄所に道路を挟んで工場と労働者の詰め所があった。飲料水を求めて工場から詰め所に向かった1人の労働者がいた。自動販売機でジュースを買って工場へ戻ろうとした時，トラックにはねられた。この労働者は目も耳も正常であったが，騒音と暗がりのために道路が建物の一部のような錯覚を彼に与えてしまった事例である。また，ある化学工場で2つの蒸気加熱器の内部清掃をしていたとき，片方の加熱器の清掃が済んだのでその加熱器に近い方のバルブを開いて蒸気を送ったつもりでいた。ところが，配管は上部で交差していて，そのバルブはまだ清掃の終わらない方の加熱器のものだった。そのために中の労働者が熱傷を負ったという事例もある。配管，電線のいずれにしても，それらのバルブやスイッチは機器の近くにあるものと判断しがちである。作業環境をよく調べて，錯覚が起きるおそれのある箇所は見つけしだい改善すべきである。

⑵　記憶や思考等の中枢系とヒューマンエラー

まず，記憶という中枢系の役割の中で「忘れる」という問題がある。これは若い人でもあることだが，老化とともに多くなる。忘れることはしばしば良いことにつながる。金銭の貸し借りや口論その他気になることがあっても，時間が経過すると忘れたり，記憶があいまいになったりして，人間関係にそれほどひびが入らないで済むことがある。しかし，忘れることによって大きな事故や災害につながることも少なくない。電柱に登って変圧器の二次側のテーピング作業をしているとき，通常は開閉器（PAS）を開いて停電をさせてから作業をするのだが，PASを開くのも検電も忘れて端末部分に触れ，感電して墜落したという事例がある。

記憶が劣る現象は年齢とともに増加してくるが，逆に年輪を増すほど磨きがかかるものがある。いわゆる「熟練」といわれる知識や経験の積み重ねによって道を極めた状態に入ることである。以前，NHKのテレビで日本の各地の漁のようすを紹介するドキュメント番組があった。その中で，船舶のプロペラの音がおかしいと判断して大事な1日の漁をやめた1人のベテラン漁師のドラマがあった。彼は陸に上がり，すぐに自分の漁船をドックに入れて調べさせた。すると，ほんの数ミリであったが，素人にはわからないプロペラのゆがみが精密機械で発見された。これは漁師が長年の知識や経験で育んだ「勘」というものだが，まさに神業である。直感的に判断できる能力は熟練者でないと身につくものではない。しかし，熟練者ゆえに「慣れ」から惨事を引き起こすことがありえることも忘れてはいけない。例えば船舶のマストや建築現場等の高所作業でよくあることだが，安全ベルトをせずに自信過剰になってサーカスのようにスイスイと足場を飛び移っていると足を踏み外して転落する。ことわざにあるように「初心忘るべからず」である。

一方，熟練者に対して初心者は知識や経験の不足によって事故や災害を起こすことが多い。初心者は職長の指示にしたがい，慎重に判断して作業に臨む心構えが大切である。労働災害が専門の谷村冨男氏は，著書『ヒューマンエラーの分析と防止』の中で作業における中枢系の働きを「覚える」（作業に必要な仕事の概念，知識，手順等を体得すること），「工夫する」（仕事の内容を理解した後，与えられた環境条件に適応して，より安全に，より正確に，より速く作業できるよう学習しながら工夫していくこと），「応用する」（基本動作を身につけて経験を積み，場面の変化に対しても臨機応変に対処できるようになっていくこと），「スキーマ化する」（発生する可能性のあるさまざまなトラブルに対して処理できるようになること）の4段階に分けて説明している。ここで「スキーマ」とは，概念とか図式という意味で，いろいろな場面を想定して処理できるように頭の中に図式化していくことである。熟練者はこの4段階が深く身についているが，初心者はまだ浅い状態にあるといえる。

### ⑶　効果器等の出力系とヒューマンエラー

人間の情報伝達の最後は手や足等の効果器である。効果器は脊髄が関わる反射以外は通常脳の指示で動くのであるが，頭の中ではきちんと分かっていても手足が違うことをしていたということはよくある。原因としてはいろいろ考えられるが，他のことを考えていたり，わき見をしていたり，ふざけていたりして，慌てて危険を回避しようとする不安全行動が目立つ。自動車の場合，停止するのにアクセルペダルを踏んだり，前進するのにギアを後進に入れたりする致命的なミスにつながる。一方，不安全行動をしていなくても，長時間持続する作業や単純作業による姿勢の悪化や，疾病や老化による運動機能の低下等により，効果器を思い通りに動かすことができなくなる。すると，思わぬ病気や怪我を招く。例えば，高齢者は階段や敷居の段差のところでしばしばつまずいて怪我をすることがある。最近の住宅では，お年寄りや身障者のために段差のない床が増えてきているが，統計的には家庭の中での怪我が一番多いようである。年をとると中枢の機能も鈍化してくるので，足が上がっていないのに上げたと思い込んで進もうとすることが原因である。また若い人の場合は，長時間同じ姿勢を保っていなければならないときや単純作業を行うとき，作業姿勢が次第に崩れて転落または機器に巻き込まれることがある。

### ⑷　情緒とヒューマンエラー

人間は喜怒哀楽のさまざまな情緒をもっている。性格とも関連するが，情緒は場面に応じて変わり，行動に大きく反映される。我々は，家庭，学校，職場，地域社会等それぞれの空間の中で，子供に対するしつけ，進学や就職，仕事の不満，美容と健康の維持，異性問題，金銭のトラブルなどさまざまな悩みをもって生きている。それらの問題に対して，落ち込んで閉じこもる人，イライラして攻撃的になる人，すぐに気分転換できる人等，さまざまなタイプがある。しかし，一番困るのは病気や怪我につながるケースである。情緒は個人の内面的な要素であるので軽視しがちであるが，思考と常に連携しているので，個人にマイナスの影響を与える情緒の場合には意思判断を誤らせるおそれがある。特に，精神的疾患に陥るとそれが顕著になる。常日頃，精神面での健康管理に気を配り，いろいろな人に悩みを打ち明けたり，サークルに入ってストレスを発散させたりして，情緒の安定化をはかることは大切なことである。

### 1.9.4　人間工学的観点でのヒューマンエラーの防止

1.9.3では，心身機能がどうしてヒューマンエラーにつながるかについて述べてきた。ここでは，まとめとしてヒューマンエラー防止のための人間工学的な対応を取り上げる。

(1)　機器や環境に関する対応

人間はコンピュータやロボットと異なり，あいまいな情報を元に的確な反応を示す能力をもっている。しかしその反面，あいまいさがある故にしばしばミスを起こす。そこで，昔は機器や環境にむりやり人間を合わせて作業をさせていたが，最近はフールプルーフ（決して間違いのない）やフェールセーフ（絶対安全な）という言葉に代表されるように，人間はミスを起こすのだということを前提として機器の設計や作業環境の整備を行っている。以下，そのために忘れてはならないごく基本的な事項について述べる。

(a)　生体計測の活用

人体のあらゆる計測データをとり，人間が触れる機器や人間が作業する空間の設計に生かし，人間の安全性，快適性，効率性を追求すべきである。例えば前述の長町三生氏らの『現代の人間工学』によると，人間は一度に３ビット，つまり８個の情報しか判断できないと述べられている。したがって，乗り物やプラント等の計器類はたくさん並べるのでなく，誤認しないように計器の大きさ，位置，色彩，照明等は人間工学的な観点に立ってデザインをする必要がある。また，長時間労働にも生理的に耐えられるような運転席や作業空間が求められる。

(b)　機器の危険箇所への配慮

機器は基本的には人間から隔離するのが一番よいが，技術が進歩した今日においても，旋盤作業や縫製業などのように人間が機器の危険な部分に接近しなければならない作業はまだたくさんある。そこで，人間はミスを起こすものであるということを念頭に置いて，機器の動作部分に体が巻き込まれないような設計をしたり，ボイラー等の極端に熱い箇所は何重にも防熱の策を講じたり，細かな安全への配慮が必要である。

(c)　人間にやさしい作業環境作り

人間を取り巻く環境には，重力，気圧，衝撃，振動，光，色，気温，湿度，放射線，大気中の化学物質等いろいろあるが，それぞれについて人間が進化の過程で身につけた適応範囲がある。例えば，照明は明るくなると人間の作業成績を向上させ，1000 lx（ルクス）で疲労が最小になることが認められている。1000 lx とは通常の事務作業に必要な照度である。ところが，さらに照明を強くしていくと逆に視覚が低下し，不快感を招く。いわゆる「グレア」（glare）と呼ばれる視覚を妨害する光になる。1997年12月16日，テレビ東京系で放送された「ポケットモンスター」という番組を見ていた子供たちが，全身けいれんや目のかすみ等の症状を訴えて病院へ次々と運ばれるという出来事があったが，番組の後半で現れた4，5秒間の色彩のついたまぶしいグレアが引き金になった。この出来事に限らず，テレビやコンピュータの画面による視覚障害は以前から問題になっている。また，コンピュータを重要視するあまり，空調による冷房病や周辺機器の騒音も新たな問題を引き起こしている。これから情報化が進む中，人間が生理的かつ心理的に対応できるやさしい環境作りがますます必要になるであろう。なお，その他の環境要素への人間の適応範囲については環境生理学者である関邦博氏らの『人間の許容限界ハンドブック』（朝倉書店，1990）を参考にするとよい。

(d)　非常警報設備

機器に囲まれて人間が作業していれば，いろいろなトラブルが起きるであろうということを予期しておかなければならない。そこで，人的損失や経済的損失を少しでもくい止めるために，機器や環境に異変が起きたことを察知してすぐに知らせる安全管理システムが必要になる。これは通常の防火設備や防犯設備のみならず，コンピュータやロボットの誤動作による非常事態に対してもより高度な警報設備がこれからますます求められるべきである。また，さらに将来，ただ非常事態を知らせる設備ではなく，機器や作業環境が自ら修理したり防災活動をしたりする世の中が訪れるかもしれない。現に「自己修復ハードウェア」という研究テーマがある。

(2)　人間に関する対応

前述のとおり，ヒューマンエラーによる事故や災害が多いのが現状である。ちょっとした不注意や慣れも大惨事につながる。ここでは，人間の側から考えた安全対策事項を簡単にまとめる。

(a) 作業に関する教育の徹底

何においても，物事を始めるには教育が必要である。安全教育には，設備の理解や災害発生のメカニズム等の知識，作業の実践を重視した技能，作業態度等の安全に対する心構えを示す規律等があるが，単なる知識の詰め込みで終わらせないように実習を重んじた教育や訓練を重視すべきである。最近ではVR（Virtual Reality/バーチャルリアリティ/仮想現実）を用いた現実感のあるシミュレーションが可能になってきた。VRは，人間がCG（Computer Graphics/コンピュータグラフィックス）で作成した仮想環境をあたかもそれが現実の環境のような感覚で体験し，仮想世界で行動することを可能にする技術のことで，人工現実感とも訳されている。具体的には，ヘッドマウントディスプレイ等によって左右の視覚のずれである両眼視差を活用して奥行き情報を定量的に検出することで両眼立体視を実現させている。最近ではアプリケーションを起動させたスマートフォンを差し込んで使用する安価で簡易的なゴーグルや厚紙等の商品も出ている。さらに，高価になるが，手にはめるデータグローブや全身を覆うデータスーツ等があればその仮想空間はよりリアルになり，没入感は高くなる。一方，ビジネスにもつながるということで急速に普及し，ポケモンGOでお馴染みのAR（Augmented Reality/オーグメンテッド・リアリティ/拡張現実）は操縦訓練や整備工場などにも応用されている。ARは，仮想環境のみのVRと異なり，現実世界の情報にコンピュータが作り出した仮想的な情報を重ね合わせ，補足的な情報を与える技術のことである。つまり，眼前に装着できるARグラスや手で持つスマートフォンまたはタブレットのディスプレイ越しに現実世界に関連する文字や映像などを重ね合わせて表示するVRの変種である。この技術には，マーカーと呼ばれるカメラで認識するための目印を使用するものと使用しないものとがある。また，GPS（Global Positioning System/グローバル・ポジショニング・システム/全地球測位システム）による位置情報を用いるものもある。さらに，ARを進化させた技術としてMR（Mixed Reality/ミクスト・リアリティ/複合現実）があるが，これを用いると仮想現実の映像の後ろへの回り込みなど複雑なコントロールができる。以上のような高度なバーチャル技術は，今後は視覚や聴覚だけではなく，触覚，嗅覚，味覚を含めた五感や脳波の基礎研究を通して，物理学，化学，地球科学，生物学，生命科学，医学，心理学，電気電子工学，情報通信技術，土木建築工学，機械工学，ロボット工学，船舶海洋工学，航空宇宙工学，芸術，娯楽などあらゆる分野や産業と融合しながら発展していくであろう。その可能性は計り知れない。図1-19のような安全教育訓練や安全管理へもますます応用され，安全工学全般に大きく貢献するであろう。

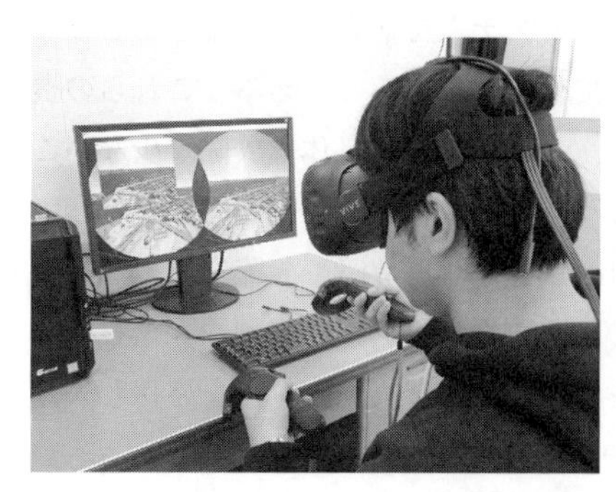

**図1-19　VRによる港湾荷役作業訓練（左）とARによる工作機械の安全管理（右）**
（イメージ提供：宮崎大学工学部　坂本研究室）

(b)　十分な打ち合わせと反省会

マニュアルにしたがって作業するのではなく，作業に入る前に必ず念入りな打ち合わせをし，作業が終了したら反省会を設けて次回に備えるようにする。しかし最近は，ハイテクを導入して無人化を目指すあまり少人数の職場が増えている。特に大きなプラントや船舶は著しい。どんなに労働者が減ってもミーティングの重要性は忘れてはならない。またミーティングをすることで人と触れ合うことができ，情緒の面からも安定化がはかれる。

(c)　心身の健全化

体の健康管理は，結局のところ自分自身が日頃から注意しておかなければならない。翌日仕事があるのに深酒や睡眠不足等の不健康なことをしていると，病気や怪我のもとになる。また，1.6でも触れたが，精神的疾患はたいへん見つけにくい。本人自身も，はずかしさや不安があると悩みを他人にいいにくいものである。そこで経営者は，各職場にカウンセラー室やリフレッシュできるサークルを設けて，気楽に労働者が気分転換をはかれるような職場作りを考えていく必要がある。また施設を作るだけでなく，このような活動をするうえでの時間的ゆとりを労働者に与えることも大切である。

## 1.10　信頼性工学的アプローチ

### 1.10.1　概　説

船舶の安全性は，ある面では船舶というシステムを構成しているさまざまな機器が故障や欠陥なく作動していることで保たれているといえる。これらの機器を故障や欠陥なく作動させるためには，これらの機器自体に欠陥が少ないことや故障しにくいものであるばかりでなく，適当な修理・保全が必要となってくる。それでは，機器をどのように設計・製作すれば故障や欠陥を減少させることができるのだろうか。あるいはどのようなタイミングで修理や保全を行えば適切なのだろうか。このような疑問を解消し，より高い安全性を確保しようと思えば，当然信頼性工学的なアプローチの方法を知っておく必要がある。

信頼性（Reliability）とは，読んで字のごとく「信じて頼れる性質」のことであるが，これが工学の対象として研究されはじめたのは第二次世界大戦中のことである。当時，米国の軍用航空機に使われていた真空管が頻繁に故障した。それで不良真空管を取り除くために厳格な製造検査が実施されたが，それだけでは故障の発生を防止することができなかった。そこで従来の製造技術や製造検査を見直し，故障を起こしにくい特性を設計段階から考慮した結果，高信頼性真空管の開発に成功した。この故障を起こしにくい特性が信頼性と呼ばれるようになり，やがて1960年代にはアポロ計画に信頼性技術が導入され，人類初の月面着陸に成功したことはご承知のとおりである。

日本で信頼性技術が導入されるようになったのは1960年代後半からである。米国のアポロ計画の成功が刺激となり，当時の東海道新幹線や電信電話公社の自動交換機等に取り入れられ大きな成果があった。1970年代には信頼性技術は実用段階に入り，自動車や船舶，航空機等の輸送機関，あるいは発電所や工場などの大型プラント機器ばかりでなく，電気製品や玩具等，身の回りにある一般商品，果ては小さな部品の１つに至るまで対象が広がり，そのすそ野を広げながら急速に普及していった。現在では，ほとんどの工学分野で信頼性技術の導入がなされているといっても過言ではない。一方では，信頼性工学で体系化された手法を安全性を高める手段として積極的に応用していくことができる。これを信頼性工学的アプローチの方法として以下に述べてみたい。

### 1.10.2 信頼性の定義と尺度

(1) 信頼性の定義

Reliabilityという言葉は「信頼性」や「信頼度」と訳されている。日本工業規格の『信頼性用語』(JIS Z 8115：2000) によれば，「アイテムが与えられた条件の下で，与えられた期間（時間），要求機能を遂行できる能力」が「信頼性」であり，「アイテムが与えられた条件の下で，与えられた時間間隔に対して，要求機能を実行できる確率」が「信頼度」と定義されている。ここで，「アイテム（Item)」とは，信頼性を考えていく上で対象となる，部品，構成品，デバイス，装置，機能ユニット，機器，サブシステム，システムなどの総称またはいずれかのことを意味し，「与えられた期間（時間），要求を遂行できる能力」とは，当該期間使用しても故障しないという意味である。

ある期間（時間）故障しない性質のことを信頼性というが，そのような抽象的な性質を具体的に信頼度として，確率という手法を用いて数字で表現し計算することを可能にできたから，つまり，技術的に共通した明確な尺度（ものさし）が与えられたから信頼性技術の発展があったといえる。

信頼性は，狭義と広義の２つの使い分けがなされている。前者は故障したものはそれで終わりという「使い捨てアイテム」を対象としたそれであり，後者は故障したら修理して再び使用するという「修理可能アイテム」を対象としたそれである。つまり，広義の信頼性は狭義の信頼性（故障しない性質）と保全性（故障したとき，どの程度修復しやすいかという性質）を合わせた概念である。言葉のうえでは，狭義の信頼性をReliabilityといい，広義の信頼性をAvailabilityと区別して呼んでいる。一方では，Availabilityに，修理に必要な資源（人や物）を要求に応じて提供できる保全支援能力を加えた包括的概念をDependabilityという言葉で表し，信頼性と訳している。

(2) 故障の分類と内容

故障（Failure）とは，日本工業規格では「アイテムが要求機能達成能力を失うこと」と定義されている。つまり，壊れることだけではなく，機能の低下や機能不十分な状態も故障の中に含めている。これは，使い捨て品ばかりでなく修理可能品の修理・修復を考慮しているからである。

故障の形態には，断線，短絡，折損，摩耗，特性の劣化等がある。

また，故障の程度で分類すると，破局故障と劣化故障に分けられる。破局故障（Catastrophic failure）とは，突発的に発生し機能が完全に損なわれる故障のことをいい，劣化故障（Degradation failure）とは，特性が次第に劣化し事前の検査等では予知できない故障のことをいう。

故障を発生時期で分類すると，初期故障，偶発故障，摩耗故障に分けられ，それぞれ次のようなものである。

(a)　初期故障（Initial failure）

使用開始後の比較的早い時期に，設計・製造上の欠点，使用環境との不適合等によって起こる故障のこと。時間の経過とともに故障率（単位期間内に故障を起こす割合）が減少してくるのが特徴である。一般に，軽微な故障が多く，重大な故障の発生はまれである。

(b)　偶発故障（Random failure）

初期故障期間を過ぎ，摩耗故障期間に至る以前の時期に，偶発的に起こる故障のこと。故障率はほぼ安定（一定）しているが，思いも及ばないような故障が偶然に発生するのが特徴である。この期間を製品の「耐用寿命」ともいう。

(c)　摩耗故障（Wear out failure）

長期間使用すると，疲労・摩耗・老化現象等によって，時間とともに故障率が大きくなる故障のこと。摩耗故障は破局故障につながりやすいので，回避するためには事前に部品交換等の対応が必要になってくる。

図1-20には，時間の経過と故障率の関係を示す。初期故障期には時間とともに故障率が急激に減少し，偶発故障期は故障率は安定的に推移し，摩耗故障期に入ると次第に増加傾向を示すようになる。この典型的な故障率のパターンは，その形が西洋の浴槽に似ていることから，バスタブ曲線（Bath-tub curve）と呼ばれている。

(3)　信頼性の尺度

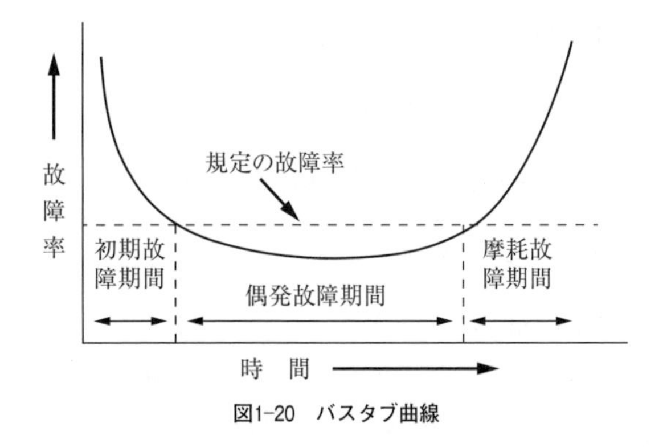


**図1-20　バスタブ曲線**

信頼性は１つの抽象的な性質であって，実体がぼやけてはっきりしない。これを明確にするために数字で表すことができるものさしを使えば，誰がはかっても同じ結果を得ることができるようになる。このような信頼性をはかるために使うものさしのことを「信頼性の尺度」という。

信頼性の尺度を用いる効用として，次のようなことが挙げられる。

① 信頼性が数値化されることで客観的となる。

② 現況の把握や予測推定等の解析が可能となる。

③ 目標が明確になるため機器の改善や保全等が容易となる。

以下に，信頼性の主な尺度を，実務に即した例題をつけ，簡潔に説明する。

(a) 信頼度（Reliability）

信頼度とは「アイテムが与えられた条件の下で，与えられた時間間隔に対して，要求機能を実行できる確率」であり，(1.4) 式で表現される。

$$R(x) = \frac{N - r}{N} \times 100 \qquad (1.4)$$

ここで，$R(x)$：使用時間 ($x$) における信頼度（%）

$N$：製品の対象総数

$r$：使用時間 ($x$) までの故障総数

［例題１］

パソコンが５台あり，それぞれ使用時間9000時間で１台が，13000時間で２台が故障した。使用時間10000時間，15000時間における信頼度を計算しなさい。

使用時間10000時間における信頼度

$$R(10000)=\frac{5-1}{5}\times 100=80\%$$

使用時間15000時間における信頼度

$$R(15000)=\frac{5-3}{5}\times 100=40\%$$

(b) MTTF（Mean time to failure）

MTTFとは「修理しないアイテムの故障までの動作時間の平均値」であり，「使い捨てアイテムの平均故障時間間隔」である。そして，(1.5）式のように表現される。

$$\mathrm{MTTF}=\frac{\Sigma x(i)}{r} \tag{1.5}$$

ここで，MTTF：平均故障時間間隔（時間）

$r$：故障発生数

$x(i)$：各故障発生までの使用時間で，$i=(1, 2, 3, \cdots r)$

［例題２］

航海灯の電球が５個あるが，それぞれ使用時間1200時間，1500時間，1600時間，1700時間，2000時間で故障した。この電球のMTTFを計算しなさい。

$$\mathrm{MTTF}=\frac{1200+1500+1600+1700+2000}{5}=1600\text{時間}$$

(c) MTBF（Mean time between failure）

MTBFとは「修理しながら使用するアイテムの相隣り合う故障間の動作時間の平均値」であり，「修理可能アイテムの平均故障時間間隔」のことである。そして，(1.6）式のように表現される。

$$\mathrm{MTBF}=\frac{\Sigma x(i)}{r} \tag{1.6}$$

ここで，MTBF：平均故障時間間隔（時間）

$r$：故障発生数

$x(i)$：隣り合う故障発生までの使用時間で，$i=(1, 2, 3, \cdots r)$

［例題３］

ある船のディーゼルエンジンの№３シリンダの燃料弁高圧管が，ドック後の使用時間で6000時間，13000時間，18000時間，22000時間で同じ箇所が故障したので，取り替え修理しながら使用を続けている。この燃料弁高圧管の MTBF を計算しなさい。

$$\mathrm{MTBF}=\frac{6000+(13000-6000)+(18000-13000)+(22000-18000)}{4}$$

$$=\frac{6000+7000+5000+4000}{4}=5500\text{時間}$$

(d)　故障率（Failure rate）

故障率とは「アイテムが可動状態にあるという条件を満たすアイテムの当該時点での単位時間当たりの故障発生率」であり，「平均故障率」と「瞬間故障率」という２つの概念があるが，一般には「瞬間故障率」のことを単に故障率と呼んでいる場合が多い。そして，(1.7) 式のように表現される。

$$\lambda(t)=\frac{Ft}{Nt}\times\frac{1}{\Delta t}\times 100 \tag{1.7}$$

ここで，$\lambda(t)$：$t$ 時間における（瞬間）故障率（%/時間）

$Nt$：$t$ 時間における使用可能製品数

$Ft$：$t$ 時間に続く $\Delta t$ 時間の間に発生した故障数

$\Delta t$：$t$ 時間に続く使用時間

［例題４］

トランシーバーが５台あり，それぞれ3000時間，4000時間，7000時間，9000時間，13000時間で故障した。使用時間5000時間毎の故障率を計算しなさい。

使用開始5000時間目までの5000時間の故障率

$$\lambda(5000)=\frac{2}{5}\times\frac{1}{5000}\times 100=0.008\%/\text{時間}$$

5000時間目から10000時間目までの5000時間の故障率

$$\lambda(10000)=\frac{2}{3}\times\frac{1}{5000}\times 100\fallingdotseq 0.013\%/\text{時間}$$

10000時間目から15000時間目までの5000時間の故障率

$$\lambda(15000)=\frac{1}{1}\times\frac{1}{5000}\times 100=0.02\%/\text{時間}$$

(e)　保全度（Maintenability）

保全度とは「与えられた使用条件の元で，アイテムに対する与えられた実働保全作業が，規定の時間間隔内に終了する確率」であり，（1.8）式のように表現される。

$$M(t)=\frac{n(t)}{N_{\mathrm{m}}}\times 100 \tag{1.8}$$

ここで，$M(t)$：$t$ 時間における保全度（%）

$N_{\mathrm{m}}$：総修理件数

$n(t)$：$t$ 時間内の修理件数

［例題５］

ある自動車修理工場において50台の自動車の修理完了時間は右のとおりである。３時間における保全度を計算しなさい。

| 修理完了時間 | 修理台数 |
|---|---|
| 1時間 | 15台 |
| 2時間 | 10台 |
| 3時間 | 15台 |
| 4時間 | 5台 |
| 5時間 | 3台 |
| 6時間 | 1台 |
| 7時間 | 1台 |

３時間における保全度

$$M(3)=\frac{40}{50}\times 100=80\%$$

(f)　MTTR（Mean time to repair）

MTTRとは「修復時間の平均値」のことであり，「平均修復時間」といわれ，（1.9）式のように表現される。

$$\mathrm{MTTR}=\frac{\Sigma t(i)}{N_{\mathrm{m}}} \tag{1.9}$$

ここで，MTTR：平均修復時間（時間）

$N_{\mathrm{m}}$：総修復（修理）件数

$t(i)$：修復（修理）に要した時間で，$i=$（1, 2, 3, …$N_{\mathrm{m}}$）

［例題６］

例題５の事例を使ってMTTRを計算しなさい。

$$\mathrm{MTTR}=\frac{1\times15+2\times10+3\times15+4\times5+5\times3+6\times1+7\times1}{50}$$
$$=\frac{15+20+45+20+15+6+7}{50}=2.56\ (\text{時間})$$

(g)　アベイラビリティ（Availability）

アベイラビリティとは「要求された外部資源が供給されるとき，与えられた時点において，アイテムが与えられた条件の下で要求機能遂行状態にある確率」と定義されている。つまり，アベイラビリティとは「信頼度」と「保全度」を合わせた尺度と考えることができる。故障しない確率のほかに，故障しても修復して正常に戻る確率があがれば，それだけ正常である確率は高くなるといえる。いいかえれば，修理可能品がいつでも使える状態にある確率であり，（1.10）式で表現される。

$$A=\frac{\mathrm{MTBF}}{\mathrm{MTBF}+\mathrm{MTTR}}\times100 \tag{1.10}$$

ここで，$A$：アベイラビリティ（%）

MTBF：平均故障時間間隔（時間）

MTTR：平均修復時間（時間）

［例題７］

ある船舶の発電機の毎日の動作可能時間，動作不可能時間，故障（保全）件数，故障（保全）休止時間を１か月分集計したデータは次のとおりである。これらのデータから，この発電器のアベイラビリティを計算しなさい。

動作可能時間　　　　　＝540時間
動作不可能時間　　　　＝180時間
故障（保全）件数　　　＝５回
故障（保全）休止時間＝180時間

$$\mathrm{MTBF}=\frac{540}{5}=108\text{時間}$$

$$\mathrm{MTTR}=\frac{180}{5}=36\text{時間}$$

$$A = \frac{108}{108+36} \times 100 = 75\%$$

### 1.10.3 信頼性設計方式

船舶や大型プラント等を新しく建造・建設していく場合，過去のいろいろな情報を加味し，潜在する危険箇所に対する検討を十分に行ったうえで，これらに対する危険防止対策を設計図の中に組み込んでおくことが，技術的な安全対策として効果的な手段とされることが多い。そして，その中にはさまざまな信頼性設計方式が取り入れられている。

安全性の向上に効果的な信頼性設計方式には，次のようなものが挙げられる。

(1) 故障予防設計方式

過去の経験の累積を考慮した設計手法で，具体的には次のようなことを設計段階で考慮している。

① 過去の経験を生かし，過去に実績のある方法を積極的に採用していく。

② できる限り構造を単純化し，かつ，部品点数を少なくしていく。

③ できる限り部品には品質が安定し故障の少ない標準品を多く使用する。

④ 部品交換や点検・修理等がしやすいように設計しておく。

⑤ 部品の互換性をもたせるため，標準品の採用やモジュール化をはかる。

これらは，「故障予防設計の五原則」または「信頼性設計の五原則」とも呼ばれ，ごく一般的に採用されている代表的な設計手法である。

(2) 冗長設計方式

冗長性（Redundancy）とは，「むやみやたらに長ったらしいこと」の意味から派生して，目的とした機能を維持するために代替しうる機器・手段を余分にもっている性質をいうのであるが，冗長設計方式は，設計段階で冗長性を加味した，つまり，あらかじめ同じような構造をもった方法を用意しておいて，その一部が故障しても全体として故障にならないような設計方式をいう。

船舶では，２基のレーダをもつとか，２台の発電器を搭載するとか，航海灯などに交流電源と直流電源を供給可能としているとか，随所に冗長設計の例を見ることができる。

⑶ フールプルーフ設計方式

フールプルーフ（Fool proof）とは，意訳すれば「うっかりミス防止」が妥当だろうが，一般には「フールプルーフ＝安全設計」といえるくらいよく浸透した言葉である。フールプルーフ設計方式とは，素人でも操作ミスをしたり，あるいは不安全な行為をすることができないようなメカニズムや機構にする設計方式をいう。

身近なものでは，乾電池や直流コンセント等はフールプルーフ設計の典型的なものといえる。あるいはデジタルカメラや最近のコンピュータソフトウェア等にもフールプルーフ設計の工夫を垣間見ることができる。

⑷ フェールセーフ設計方式

フェールセーフ（Fail safe）とは，直訳すれば「故障安全」という意味になる。つまり，故障が発生したとしても装置が安全側に作動して事故につながらないようなメカニズムや機構を設計段階から組み込んでいく方式をフェールセーフ設計方式という。

例えば，オートマティック車のエンジンはシフトレバーがパーキングかニュートラル位置にないとかけられないとか，石油ストーブは転倒すると自動的に消火されるとか，鉄道の信号機は故障すると必ず赤表示となるなどは，いずれもフェールセーフ設計の典型的なものである。

⑸ セーフライフ設計方式

セーフライフ（Safe life）とは，直訳すれば「安全な寿命」の意味であり，保全困難でしかも壊れてしまっては困るような部分について特に安全頑丈な構造にする設計方式をセーフライフ設計方式という。

船舶の主機部分や原子力発電所の原子炉部分等がこれに相当する典型的なものである。

⑹ ディレーティング

ディレーティング（Derating）とは，「負荷軽減使用」の意味で，運用上の最大負荷に対して，さらに余裕のある状態で使用するように設計することをいう。何らかの原因で環境条件が悪化したとしても，動作が阻害されないようにするために行われる。強度部材等では「安全係数」と呼ばれるものに相当する。

通常，船舶のエンジンが定格最大出力の85%程度の負荷で運転されているのは，この例といえる。

### 1.10.4　信頼性工学的アプローチの実際と応用

(1)　信頼性データの収集と解析

「信頼性」は，確率手法を用いて数字で表現し，かつ，計算することができることはすでに述べたが,「信頼性尺度」を用いて計算するためには基礎となるデータがなければならない。この基礎となるデータのことを「信頼性データ」という。

それでは，信頼性データはどのようにして収集し，解析すればいいのだろうか。

船舶を例にとってみれば，信頼性データを含んだ情報源として，次のようなものを挙げることができる。

① 各種の作業・運転日誌：航海日誌，機関日誌，無線業務日誌，その他の作業日誌等

② 点検・検査記録簿：入渠時の検査記録や各機器の点検・修理サービスレポート等

③ 物品・消耗品管理簿：予備品や消耗品等の管理記録等

④ 各種モニター監視記録：エンジンモニター等の監視記録等

以上のような情報源は，必ずどの船でも比較的詳しく記録されているはずであるが，これらの情報は何か突発的な大事故の発生時に，原因等を明らかにする目的で使用されたり，実務の中では，保全情報として活用されたりしている。これらの情報源から事細かに信頼性データを抽出して，信頼性の解析に応用することも可能である。日々の業務の中で作成される貴重な情報をどのように利用，活用していくことができるかは，アイテムの信頼性を向上させる重要な鍵となっていることに間違いはない。

商品を製造しているメーカーでは，信頼性データを収集したり，製品の信頼

度を評価するために，さまざまな信頼性試験（詳細はJIS Z8115：2000参照）を実施しているが，本題から離れるのでここでは説明を省略する。

信頼性データの内容は注目している対象によって異なってくるが，フォーマットについてはほぼ同一であり，例えば以下のようなものが挙げられる。

① 対象とする製品（機器）等の詳細（製造メーカー，製造年，仕様等）
② 対象品の環境条件（温度，圧力等）
③ 対象品の使用条件（使用場所，使用方法等）
④ 対象品の故障の状況（破損，摩耗，劣化等）
⑤ 対象品の故障の時期（年月日，頻度等）
⑥ 対象品の故障までの運転（稼働）状況（運転時間等）
⑦ 対象品の故障に対する対処（どこを，どのように修理したか等）

信頼性データを用いて，信頼度数値（例えば信頼度やMTBF，故障率等）を推測し，システムや機器等の信頼度予測をするために解析することを「信頼性データの解析」という。一般には信頼性データのばらつきや誤差等が存在していることを考慮して，解析には統計的手法が用いられている。統計的手法を用いた解析は計算に時間を要する難点があるので，実務では信頼性データの解析に確率紙（Probability paper）を利用することが多い。

確率紙は，日本工業規格によれば「（データの）分布に応じてそのパラメータなどの推定を容易にするため工夫されたグラフ用紙」と定義されており，ワイブル確率紙，正規確率紙，対数正規確率紙，累積ハザード確率紙，極値確率紙，ガンマ確率紙等が挙げられる。これらの説明は省略するが，これらの中でワイブル確率紙が比較的よく信頼性データの解析に用いられているようである。これは，故障分布のパターンに近似したワイブル分布をベースにおいているので実用的であることや取り扱いが比較的簡便であることなどの理由による。ちなみに，ワイブル確率紙は，財団法人の日本科学技術連盟や日本規格協会等が扱っており，使用法についても解説書が多く出版されている。

⑵　その他の信頼性予測法

信頼性データを収集し，統計的手法や確率紙等を用いて解析を行い，信頼度数値（信頼度，MTBF，故障率等）を求めようとするのは信頼性の予測に利用するからにほかならないが，このような数値を用いず，従来の経験・知識を利用して行う方法もあり，以下のようなものが代表的な例として挙げられる。

(a)　FMEA（Failure mode and effect analysis）

FMEAは「故障モード影響解析」のことで，システムや機器を構成している個々の部品に着目し，個々の部品の1つ1つにどのような故障が考えられるか，また，そのような故障が発生した場合それが機器やシステムにどの程度の影響を与えるのか，そして，その与えられた影響はどの程度重大なのか，その予防対策はどうすればいいのかといった調子で，システムや機器への影響を部品の方から検討していく手法である。

(b)　FTA（Fault tree analysis）

FTAは読んで字のごとく「故障の木解析」のことで，システムや機器の故障に着目して，その発生した故障の原因解明と原因部品を突き止めていく手法である。この手法では，故障原因の推定にFT（Fault tree）と呼ばれる樹形図が使われることが多いのでこのような名前がつけられている。

(3)　運用の信頼性

運用の信頼性（Operational reliability）とは，日本工業規格では「運用又は使用状態でのアイテムの信頼性」と定義され，工場で生産される製品のもつ固有の信頼性（Inherent reliability）と対をなす言葉であり，動作信頼性とか運用信頼性と呼ばれることもある。広義の信頼性は，固有の信頼性と運用の信頼性を併せたものと表現できる。

運用の信頼性を高めるためには，信頼性の高い製品を使うこと，その製品の使用目的に応じた正しい使い方をすること，故障したらすぐ修理できることなどが挙げられる。別の表現をすれば，MTBF（平均故障時間間隔）ができる限り長く，MTTR（平均修復時間）ができる限り短ければ，それだけ使用の信頼性が高くなるといえる。ちなみに，MTTRをMTBFで割った値は保全係数（$\rho$）と呼ばれ，故障の修復のためにシステムや機器等が非可動状態にある割合を示している。

保全を含めて，システムや機器がいつでも使える状態にある確率であるアベイラビリティと保全係数の関係を（1.11）式に示す。

$$A = \frac{\mathrm{MTBF}}{\mathrm{MTBF}+\mathrm{MTTR}} \times 100$$

$$= \frac{1}{1+\frac{\mathrm{MTTR}}{\mathrm{MTBF}}} \times 100 = \frac{1}{1+\rho} \times 100 \qquad (1.11)$$

ここで，$A$：アベイラビリティ（%）

MTBF：平均故障時間間隔（時間）

MTTR：平均修復時間（時間）

$\rho$：保全係数

(1.11) 式で分かるように，保全係数が決まればアベイラビリティは必然的に決まってしまう関係にあり，保全係数を小さくすることができれば，運用の信頼性を高くすることができるのである。

表1–5には，保全係数とアベイラビリティの関係を具体的に数値で表現してみた。

**表1–5　保全係数とアベイラビリティの関係**

| 保全係数（$\rho$） | アベイラビリティ（A%） |
|---|---|
| 0.5 | 66.7 |
| 0.4 | 71.4 |
| 0.3 | 76.9 |
| 0.2 | 83.3 |
| 0.1 | 90.9 |
| 0.05 | 95.2 |
| 0.01 | 99.0 |
| 0.005 | 99.5 |
| 0.001 | 99.9 |

この表から分かるように，アベイラビリティを90%から99%に上げるためには保全係数を0.1から0.01に下げる必要がある。そのためには，MTTRを1/10に減少させるか，あるいはMTBFを10倍にすることが要求される。

一般に，製品を供給しているメーカーは製品の信頼性が悪ければ売り上げに大きく影響してくるために，相当信頼性を高めるために努力しているといえる。したがって，現在のMTBFをさらに10倍高めることは至難の業であることが少なくない。むしろ，MTTRの値をいかに少なくするか，つまり保全（Maintenance）の方法について検討してみる余地が残されているように考える。

保全は，大別すると予防保全（Preventive maintenance：PM）と事後保全（Corrective maintenance：CM）に分類できる。前者は故障が発生する前に対処を行って故障の発生を予防する措置であるし，後者は故障の発生後に修理・修復を行う措置のことをいう。

船舶を例にとってみると，機器の状態を監視し異常を感じれば，そのつど点検・調整を行ったり，分解・清掃を実施したりしている。一方では，運転時間などを目安として定期的に点検・調整や部品交換等を行う場合も一般的である。これらは，予防保全の典型的なもので，前者を状態監視保全（Condition-based maintenance）といい，後者を時間計画保全（Scheduled maintenance）という。また，時間計画保全には1か月とか1年とか時間を決めて保全を行う定期保全（Periodic maintenance）と累積動作時間を基準にして保全を行う経過保全（Age-based maintenance）に分類できる。事後保全も，予防保全をしていたかどうかで通常事後保全（Normally corrective maintenance）と緊急事後保全（Emergency maintenance）に分類されている。

近年は特に電子機器等の複雑化・集積化等で故障原因の特定に時間を要する場合が多くなってきており，「機器の修復を先に，故障原因の特定を後に」といった考えから，修復が短時間で簡単にできるようにモジュール化をはかっているものが多く見られるが，これも保全性をよくして信頼性を向上させている典型的な例といえる。

（1.1，1.2　千葉　元，1.3～1.8　小島智恵，1.9　坂本眞人，1.10　多田光男）

# 第2章　海難と海難審判及び原因究明の制度

## 2.1　環境保全の幕開けとなった エクソン・ヴァルディズ号原油流出事故

アメリカ史上最大級の原油流出事故となった，VLCC エクソン・ヴァルディズ号（以下，E 号という）の海難を紹介しよう。1989年3月24日0時9分頃，E 号がアラスカのプリンス・ウイリアム・サウンドで座礁し，8つのタンクが破れて積荷の原油が流出した。人的損失はなかったものの，事故が起きてから24時間のうちに約40,102 kℓもの大量の原油が海に流れ出した。事故への対策が遅れたため，2日後には周囲75 km$^2$の海面が油膜に覆われ，流出した原油をほとんど回収できないまま，3日後には被害はますます大きくなった。悪天候と強風のため，原油の浮いた水面は一晩で60 km も移動し，これらの原油が近くの海岸に押し寄せ，大量の魚や海鳥が死亡した。事故が起きる前のプリンス・ウイリアム海峡一帯は，大自然が残る美しい場所だった。多くの野生生物の楽園で，保護区や国立公園がいくつもあった。アラスカの海岸線の自然はこの事故によって数千 km にわたって汚染された。

E 号の流出原油除去費用は，約20～30億ドル（約2000～3600億円）とされている。1997年1月に日本海で発生したナホトカ号重油流出事故*[1]の補償金が約261億円とされているが，この費用のなんと約11倍である。

### 2.1.1　事故当時の船橋当直の概況

E 号は，Alaska North Slope 産原油を積載するために1989年3月22日23時35分に，Alyeska 海運第5埠頭に着桟した。翌日の23日19時24分頃に積荷完了，21時21分に E 号はバースを離れ，水先人は約6海里の港口でヴァルディズ瀬戸へ向けての操船を開始した。水先人は E 号がヴァルディズ瀬戸を通過してから，同船を出航航路の針路である219度に向首させた。水先人は，同船がロッキー鼻沖のパイロットステーションに到着する約15分前に，船長を呼ぶ

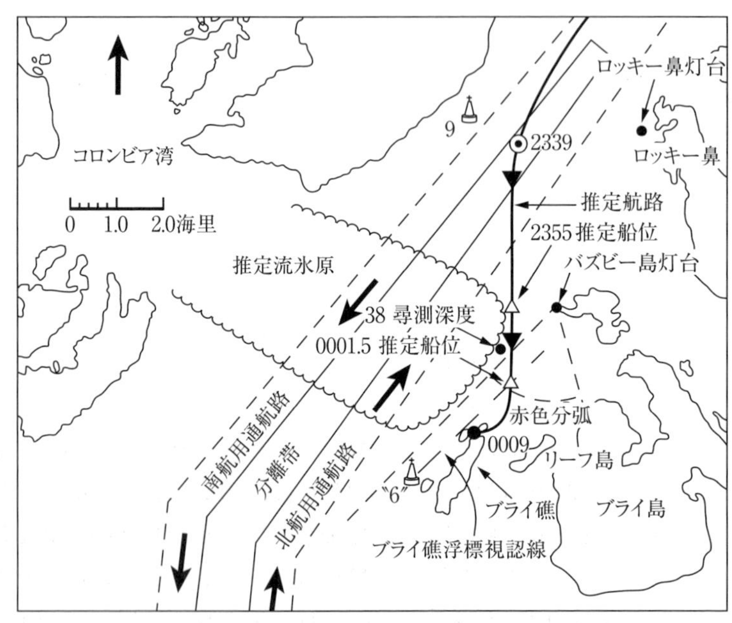


図2-1　VLCC エクソン・ヴァルディズ号の航跡

＊1　ナホトカ号重油流出事故について（日本海難防止協会：「あれから10年ナ号海難の教訓は」，海と安全 532，2007年，より抜粋）

ロシア船籍のタンカー「ナホトカ号」（以下，N 号とする）は，1970年に建造されたタンカーであり，1997年1月2日未明に，島根県沖島沖で，暴風と高波により，船体が分断して沈没した。乗組員31名は，荒れる日本海を救命ボートと筏に分乗して無事であったが，退船を拒んだ船長は，後日に遺体で発見された。

N 号は，C 重油を約19,000 kℓ 積んでいたが，当時の卓越した西風により，島根県から石川県にかけての広い範囲に，約6,240 kℓとみられる重油が漂着した。この回収作業は，海上では海上保安庁や海上自衛隊が，重油が漂着した海岸では地元住民や全国各地から集まったボランティア，自衛隊などが当った。これらの油が漂着した場所の大半は岩場であり，機械力を用いた回収作業が困難な箇所であった。こうして，油回収に唯一有効な手段は人力となり，地元住民に加え，全国各地からの個人・企業・各種団体によるボランティアが，のべ30万人近く参加している。

当時，石川県水産課は漁業被害への関係から対応に忙殺されていたが，インターネット経由でもたらされたエクソン・バルディズ号原油流出事故の情報を，留学経験のある職員が日本語に訳し，「沿岸漂着油回収指針」の作成に役立てたという。また，当時の石川県水産課には，10年以上異動がない「ベテラン」の職員が何人もいた。彼らは水産行政をはじめ県庁内の他部署の行政システムを熟知しており，客観的で冷静な対応ができた。これは，海難のための訓練で養った知識ではなく，日常業務を円滑にこなすために蓄積された経験知の集積であり，当時に水産課職員であった敷田麻美氏は，こうした職員を「通常の行政システムを熟知した専門家」として重要視している。

ように在橋当直中の三等航海士（以下，3/O という）に依頼した。船長が昇橋した後，3/O は水先人を水先人用ハシゴまで見送り，水先人は23時24分に離船した。それから3/O は船橋に戻った。当時，E 号の針路前方には流氷原があったので，船長は一旦，航路を南の方向に出て，流氷域を迂回してから航路に入ろうと決断し，23時29分に180度のコースへと針路を曲げ始めた。その当時の速力は約11ノットであった。その直後の23時50分頃に，船長は3/O に対し，バズビー島灯光がE 号の正横になったら航路への復帰を始めるよう指示し，船橋から降りた。つまり，当時，超過勤務が重なって過労状態にあった3/O 一人に「厚い流氷群と危険な暗礁の間を抜けてから航路に復帰する」という難しい業務を与えて自身は船橋を降りたのである。3/O は23時50分に当直交代のために上がってくることになっている二等航海士には電話しないで，E 号が流氷原を航過し終わるまで自分1人で当直することにした。船長が去った時点で，3/O はレーダにより，ブライ礁および流氷との間に約0.9海里の距離しかないことを観測していた。流氷域に向首するための右転は，操船経験の乏しい3/O にとってはなかなかできにくかったことであろう。彼は流氷を大きく右に見て迂回するように操船した。その結果，図2-1に示すとおり，船長の指示したバズビー島灯光正横時点での右変針地点を通過して1.4海里南航するまで右旋回は行われず，ブライ礁に近づきすぎることになってしまった。この地点で3/O は右10度転舵を指示した。その直後，3/O は船橋の下のデッキの船長室にいた船長に連絡し，船体が氷塊の前縁に突っ込む可能性があると伝えた。右10度転舵の指示を出して1分半から2分後，つまり船長に連絡した後，3/O はE 号の針路の変化を感知できなかったので，右20度転舵を指示した。E 号は約2分間にわたって，右20度転舵の状態にあった。3/O はさらに右舵角一杯を指示した。その指示を出した数秒後，3/O は船長を呼び出し，E 号が深刻な状態にあることを伝えた。船長との通話が終わる頃，3/O は「船体がガタガタし，船が何かの上を乗り越えている」ように感じた。

不幸にも，E 号はこのとき，1989年3月24日0時9分頃にブライ礁に座礁し，大惨事に発展したのである。

## 2.1.2　NTSB（アメリカ国家運輸安全委員会：National Transportation Safety Board）の報告書

この事故について，総論の1.7.1で紹介したアメリカのNTSBは，事故調査報告書を1990年７月31日に発表した。そして，E号の座礁の最も確からしい原因を次のとおりに結論した。

①　３/Oが疲労と過重な仕事量のために，適正な操船をしなかったこと。

②　船長がアルコール障害のために適正な航海当直体制を指示しなかったこと。

③　Exxon海運会社がE号に，しっかりした船長と，休養十分でかつ適正数の乗組員とを配乗させなかったこと。

④　VTS（Vessel Traffic Service）が適切さを欠いた装備と人員配置不十分，適正な訓練の欠如，管理監督の欠陥のために有効に機能しなかったこと。

⑤　水先業務提携が不十分だったこと。

事故再発予防の観点から，前述の明らかになった事実に基づいて，NTSBは，何点かの明確な勧告を，USCG（アメリカコーストガード），アメリカ環境保護局，アメリカ地質研究所，Exxon海運会社およびヴァルディズ港からNorth Slope原油を運搬するタンカー会社，Alaska州，Alyeskaパイプライン社，Alaska地方応急チームのそれぞれに対して行った。このように，NTSBは，技術的で客観的な調査を精力的に行い，事故の引き金になった３/Oの変針遅れの背後要因をはじめ，船長の人間要因，作業基準，就労体制，航行環境等における不備な点を明らかにし，それらを全て抹消して，事故再発防止に帰するための明確な報告書を事故の１年４か月後に作成した。

この報告書の勧告による，同種海難の再発予防の効果は極めて大きいと考えられる。この姿勢に学ぶ点は大きく，かつ多い。

日本のかつての海難審判制度においては，このような原因究明と海難関係人に対する勧告はほとんどなされていなかった。そこで，2008年10月に，海難審判庁の事故調査，原因究明部門と，2001年に発足していた，航空・鉄道事故調査委員会を統合して，運輸安全委員会（Japan Transport Safety Board, JTSBと略す）が設置された。運輸安全委員会の海事部門では，船舶の事故やインシデントの調査を行い，その結果を報告書にまとめて公表するとともに，事故に対する被害の軽減や再発防止に向けて，関係官庁や関係団体に勧告や意見を述べている。この詳細については，2.4.4に記す。

## 2.2　海難（Marine Casualty）のとらえ方

「板子一枚下は地獄」といわれるように，従来，航海術，造船技術が未熟な時代に大洋を航行すること自体が大変危険なことであった。このことから，「海難」は船舶航行に伴って発生する船舶，積荷，人命の危険性を表現する用語として使われてきた。

現代の安全工学においても，「海難」という用語が用いられ，人災の発生場所による分類の一項目として「船舶の火災，爆発，衝突，沈没，座礁，漂流等の事故」として認知されている。また，災害対策基本法において原子力船における海難，多数の旅客を伴う旅客船の沈没，船舶の爆発，海上火災等の重大海難が同法における災害として位置づけられている。

このように，海難は船舶による海上災害であるが，損失の程度に広い幅をもたせ，災害から事故の範疇に入れるのが適当である。

したがって，海難は，海上における船舶の事故であり，おおむね，その事象は損失を伴う①衝突，②乗り揚げ，③浸水，④転覆，⑤沈没，⑥火災，⑦機関故障，⑧運航阻害，⑨積荷損害，⑮行方不明，⑪人身事故，⑫油等の排出による環境汚染である。損失レベルの高い，災害対策基本法における重大海難は災害の範疇に入ることになる。

また，各種法令等における海難の定義は次のとおりとなっている。

(1)　海難審判法

①船舶の運用に関連して船舶以外の船舶の施設に損傷を生じたとき，②船舶の構造，設備，または運用に関連して人に死傷を生じたとき，③船舶の安全または運航の阻害，を海難の対象としている。海難審判所の任務は，海難の発生の防止に寄与することで，そのため，海技士若しくは小型船舶操縦士又は水先人に対する懲戒を行うための海難の調査及び審判を行うことである。

(2)　船 員 法

船長の報告義務の対象として，海難が例示されている。

⑶　海上保安庁法

船舶を主体とした危難の状態で，救助の必要性を主眼として要救助船舶事故の発生を要救助海難としてとらえている。

⑷　商　　法

財産としての船舶，積荷の危難を対象とした事故を海難としてとらえている。

⑸　海難統計規則上の海難

①船舶の衝突，乗り揚げ，火災，爆発，浸水，転覆，行方不明，②船体，機関，重要な設備・属具の損傷，③船舶の積荷の投棄・流出，④船舶の構造，設備または運用に関連した人の死傷であり，統計のための事故種類として海難をとらえている。

## 2.3　統計からみた海難の実態

データを，海難審判所理事官が認知，立件した海難および海難審判の対象となって裁決を受けた海難としてその実態を述べる。

### 2.3.1　海難件数は横ばい状態，三大海難の変化

海難審判所による最近5年間の海難発生動向を図2-2に示す。図に見るとおり，過去5年間における件数および隻数の推移をみると，ほぼ横ばい状態が続いている。

海難種類として遭難，浸水，乗り揚げ，船舶間衝突，衝突（単），機関故障，死傷，沈没，転覆，火災，爆発等がある。ここで，衝突（単）は，浮流物や岸壁等への接触での海難である。約20年前から，「乗り揚げ」「船舶間衝突」「機関故障」が三大海難といわれ続けているが，「機関故障」，「乗り揚げ」の数は変わらず，「衝突（単）」の数が減少してきている。しかし，「船舶間衝突」の比率が格段に高いのは，変わらない傾向である。

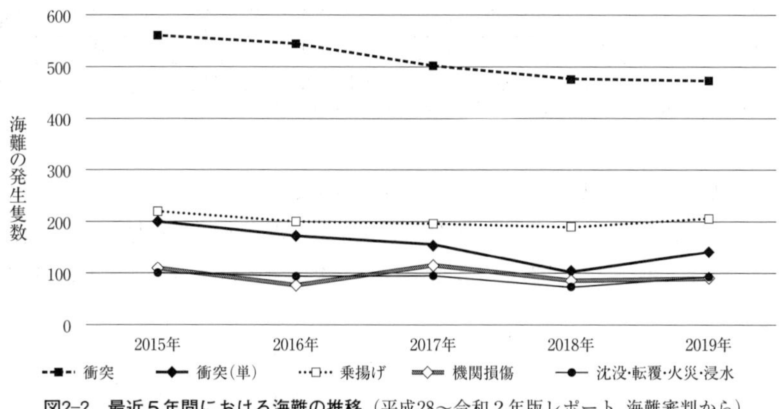


**図2-2　最近５年間における海難の推移**（平成28～令和２年版レポート 海難審判から）

## 2.3.2　船種と海難種類

表2-1に，令和元年の海難の，船種・海難種類別の発生隻数を示す。これより，以下のことがわかる。

**表2-1　令和元年の認知海難の，船種・海難種類別の発生隻数（理事官が立件したもの）**
（令和２年版レポート　海難審判から）

（単位：隻）

| 船種＼海難種類 | | 衝突 | 衝突(単) | 乗揚 | 沈没 | 転覆 | 遭難 | 浸水 | 火災 | 機関損傷 | 死傷等 | 施設等損傷 | 安全・運航阻害 | 合計 |
|---|---|---|---|---|---|---|---|---|---|---|---|---|---|---|
| | 旅客船 | 9 | 20 | 3 | | | | | 1 | 1 | 17 | 4 | 3 | 58 |
| | 貨物船 | 88 | 57 | 37 | | | 2 | 1 | 1 | 15 | 2 | 14 | 4 | 221 |
| | 油送船 | 22 | 4 | 7 | | | | | | 3 | 1 | | | 37 |
| | 漁　船 | 153 | 27 | 41 | 1 | 32 | 5 | 2 | 14 | 34 | 24 | 8 | 8 | 349 |
| | 引　船 | 14 | 5 | 12 | | 2 | | 1 | | 2 | 2 | 5 | | 43 |
| | 押　船 | 7 | 3 | 8 | | | | | 2 | 3 | 1 | 2 | | 26 |
| | 作業船 | 9 | 2 | 12 | | 3 | 1 | | | 2 | 1 | 3 | | 33 |
| | はしけ | 4 | | 3 | | 1 | | | 1 | | | | | 9 |
| | 台　船 | 8 | 3 | 6 | | | | | 1 | 2 | 1 | 1 | | 22 |
| | 交通船 | 2 | | 3 | | 2 | | | | | 4 | | | 11 |
| | 公用船 | 2 | 2 | 3 | | | | | | | 1 | 2 | | 9 |
| | 遊漁船 | 23 | 3 | 4 | 1 | | | 1 | 1 | 4 | 3 | 4 | 4 | 48 |
| | 瀬渡船 | | | 2 | | | | | | | 1 | | | 3 |
| プレジャーボート | モーターボート | 89 | 12 | 54 | | 13 | 3 | 1 | 4 | 23 | 5 | 23 | 15 | 242 |
| プレジャーボート | 水上オートバイ | 22 | | | | 3 | 1 | | | | 17 | | 1 | 44 |
| プレジャーボート | ヨット | 4 | 1 | 7 | | 1 | | | | 1 | | 5 | 2 | 21 |
| プレジャーボート | ボート | 6 | | | | 1 | | | | | | | | 7 |
| プレジャーボート | 小　計 | 121 | 13 | 61 | 0 | 18 | 4 | 1 | 4 | 24 | 22 | 28 | 18 | 314 |

| | | | | | | | | | | | | | |
|---|---|---|---|---|---|---|---|---|---|---|---|---|---|
| その他 | 8 | 1 | | | | | | 1 | | | | | 10 |
| 不　詳 | 3 | | 5 | | | | | | | | 1 | 1 | 10 |
| 合　計 | 473 | 140 | 207 | 2 | 58 | 12 | 6 | 26 | 90 | 80 | 71 | 38 | 1, 203 |

「作業船」とは，引船・押船・作業船・はしけ・台船・交通船・水先船・公用船等をいう。

① 乗り揚げは，貨物船，漁船等で多く起きている。

② 船舶間衝突は，貨物船，漁船，プレジャーボートで多く起きている。

③ 衝突（単）は，貨物船が非常に多く，次に旅客船と漁船で多く起きている。

④ 機関故障は，貨物船と漁船で多く起きている。

⑤ 転覆は漁船とプレジャーボートで多く，遭難・浸水・火災は漁船で多く起きている。

⑥ プレジャーボートの水上オートバイにおいては，死傷者数が17件で，衝突等による総件数22件に次ぐ数字で，他の船種に比べても非常に高い値である。これは，水上オートバイは非常に高速であるが，このため衝突時の衝撃が非常に強く，かつ搭乗者を防護するハウス等がないことに起因すると思える。

## 2. 3. 3　海難を起こした船種と総トン数

表2-2に，海難を起こした船種とその総トン数について示す。これより，以下のことが分かる。

**表2-2　令和元年の海難の，トン数・海難種類別の発生隻数（理事官が立件したもの）**

（令和２年版レポート　海難審判から）

（単位：隻）

| トン数区分／船　種 | 20トン未満 | 20トン以上100トン未満 | 100トン以上200トン未満 | 200トン以上500トン未満 | 500トン以上1, 600トン未満 | 1, 600トン以上3, 000トン未満 | 3, 000トン以上5, 000トン未満 | 5, 000トン以上10, 000トン未満 | 10, 000トン以上30, 000トン未満 | 30, 000トン以上 | 不詳 | 合計 |
|---|---|---|---|---|---|---|---|---|---|---|---|---|
| 旅 客 船 | 24 | 7 | 4 | 4 | 6 | 6 | 3 | 1 | 3 | | | 58 |
| 貨 物 船 | | | 19 | 102 | 44 | 11 | 3 | 11 | 18 | 12 | 1 | 221 |
| 油 送 船 | | 2 | 6 | 9 | 7 | 3 | 8 | 1 | | 1 | | 37 |
| 漁　　船 | 298 | 11 | 21 | 17 | 1 | | | | | | 1 | 349 |
| 引　　船 | 26 | 2 | 9 | 6 | | | | | | | | 43 |
| 押　　船 | 16 | | 8 | 2 | | | | | | | | 26 |
| 作 業 船 | 14 | 2 | 1 | | 6 | 2 | 1 | 1 | | | 6 | 33 |
| は し け | | | | 1 | 2 | | | | | | 6 | 9 |
| 台　　船 | | 1 | | 2 | 3 | 2 | | | | | 14 | 22 |

| | | | | | | | | | | | | | |
|---|---|---|---|---|---|---|---|---|---|---|---|---|---|
| 交通船 | | 11 | | | | | | | | | | | 11 |
| 公用船 | | | 3 | 1 | 1 | 3 | | | | | | | 9 |
| 遊漁船 | | 47 | | | | | | | | | | 1 | 48 |
| 瀬渡船 | | 3 | | | | | | | | | | | 3 |
| プレジャーボート | モーターボート | 239 | 3 | | | | | | | | | | 242 |
| | 水上オートバイ | 44 | | | | | | | | | | | 44 |
| | ヨット | 21 | | | | | | | | | | | 21 |
| | ボート | 7 | | | | | | | | | | | 7 |
| | 小　計 | 311 | 3 | 0 | 0 | 0 | 0 | 0 | 0 | 0 | 0 | 0 | 314 |
| その他 | | 7 | | 1 | | 1 | | 1 | | | | | 10 |
| 不　詳 | | 6 | | | | | 1 | | | | | 3 | 10 |
| 合　計 | | 764 | 31 | 70 | 144 | 73 | 25 | 16 | 14 | 21 | 13 | 32 | 1,203 |

①　貨物船では，100～200，200～500，500～1,600トンで多く，特に200～500トンで多い。

②　油送船では，貨物船と同様に，100～200，200～500，500～1,600トン及び3,000～5,000トンで多い。

③　漁船では，20トン未満が圧倒的に多い。

全体的に見ると，20トン未満が約63%で，200～500トンが約12%と，高い比率となっている。これは運航隻数に比例する面もあるが，船自体や乗組員の航行環境や条件が，非常に厳しい面であることも推測できる。

### 2.3.4　プレジャーボートの海難推移

図2-3に，最近5年間の，プレジャーボートにおける海難数と発生件数を示す。ここでは，大きな変化が見られない。プレジャーボートの海難については，海難審判所が認知，立件する海難として取り扱わなくとも，海上保安庁が要救助として取り扱う海難もあり，プレジャーボートの場合はこれに該当する場合も多い。

図2-4には，海上保安庁の集計による，平成27年から令和元年における，プレジャーボートの機関故障と他事故隻数の推移を示す。ここで，機関故障による運航不能数，運航不能全体に対する比率は大きな変化が見られないことがわかる。しかし，図2-5は，小型船舶検査機構による，プレジャーボートを含む各種の小型船舶の登録隻数の推移を示しているが，こちらは減少傾向にある。これは本書の旧版に示す平成17年からの統計でも同傾向が確認できる。したが

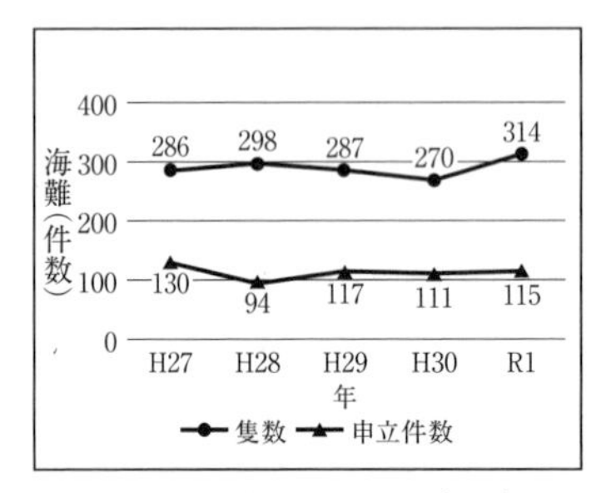


**図2-3　最近5年間におけるプレジャーボート海難の推移（理事官が立件したもの）**
（平成28～令和2年版レポート　海難審判から）

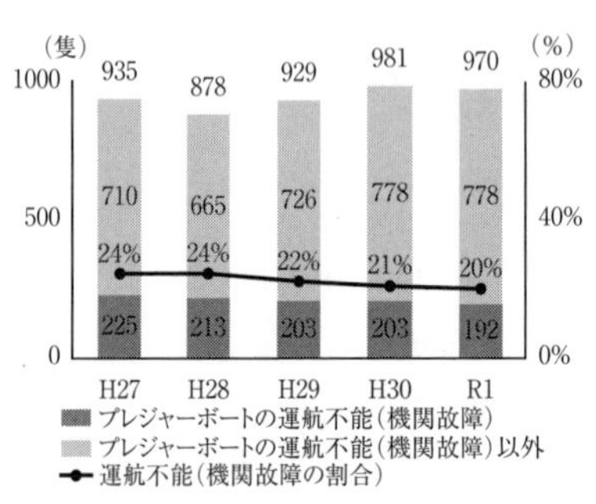


**図2-4　プレジャーボートの運航不能（機関故障）の推移（過去5年）**
（海難の現況と対策～大切な命を守るために～（令和元年版）から）

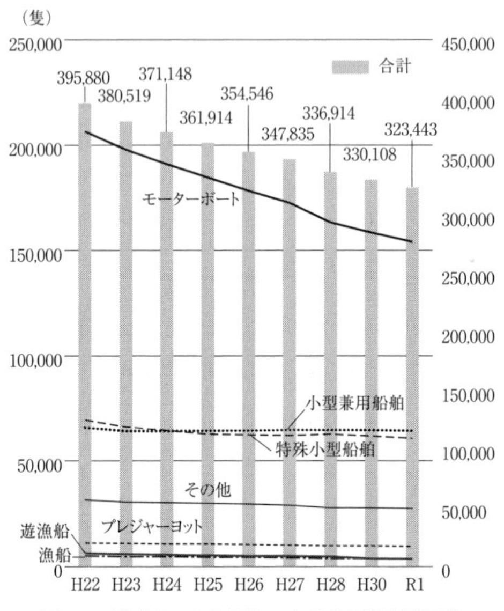


**図2-5　平成22～令和元年における各種小型隻数の推移**
（日本小型船舶検査機構）

って，隻数の減少に伴い，機関故障数については，その頻度が増加しているとも推測できる。

## 2.3.5　死亡・行方不明者数の推移

表2-3に，最近5年間の，海難における死亡・行方不明者数を示す。ここで，各年の合計で約30～50名であるが，船員が約70～90%と高率となっている。しかし，乗船者が多い旅客船での海難があれば，合計や旅客の比率が高くなることがありうる。

表2-3　海難における死亡・行方不明者の推移（理事官が立件したもの）
（平成28～令和２年版レポート　海難審判から）

| 年 | 船員 | 旅客 | その他 | 合計 |
|---|---|---|---|---|
| 2015年 | 22人 | 2人 | 8人 | 32人 |
| 2016年 | 35 | 5 | 4 | 44 |
| 2017年 | 32 | 3 | 1 | 36 |
| 2018年 | 21 | 2 | 5 | 28 |
| 2019年 | 38 | 2 | 3 | 43 |

「その他」とは荷役作業員等をいう。

## 2.3.6　海難の主原因

表2-4に，最近５年間の海難原因の分布を示す。ここでワーストファイブは，「見張り不十分」，「船位不確認」，「航法不遵守」，「居眠り」，「信号不履行」である。約30種類の原因のうち，この５つの原因で約78％を占めている。

表2-4　最近５年間における海難原因の推移（平成28～令和２年版レポート　海難審判から）

| 原　因 | 2015年 | 2016年 | 2017年 | 2018年 | 2019年 | 合計 | % |
|---|---|---|---|---|---|---|---|
| 船舶運航管理の不適切 | 2 | 3 | 0 | 0 | 0 | 5 | 0.2% |
| 船体･機関･設備の構造･資材･修理不良 | 0 | 0 | 0 | 0 | 0 | 0 | 0.0% |
| 発航準備不良 | 2 | 1 | 5 | 1 | 1 | 10 | 0.4% |
| 水路調査不十分 | 22 | 34 | 24 | 22 | 19 | 121 | 4.8% |
| 針路の選定・保持不良 | 9 | 8 | 11 | 3 | 7 | 38 | 1.5% |
| 操船不適切 | 14 | 26 | 25 | 16 | 32 | 113 | 4.5% |
| 船位不確認 | 63 | 67 | 58 | 67 | 58 | 313 | 12.4% |
| 見張り不十分 | 241 | 186 | 194 | 183 | 179 | 983 | 38.9% |
| 居眠り | 41 | 64 | 46 | 38 | 37 | 226 | 8.9% |
| 操舵装置・航海計器の整備・取扱不良 | 1 | 2 | 0 | 3 | 1 | 7 | 0.3% |
| 気象・海象に対する配慮不十分 | 9 | 11 | 5 | 13 | 18 | 56 | 2.2% |
| 錨泊・係留の不適切 | 4 | 5 | 3 | 3 | 5 | 20 | 0.8% |
| 荒天措置不適切 | 5 | 4 | 5 | 4 | 0 | 18 | 0.7% |
| 灯火・形象物不表示 | 0 | 2 | 3 | 4 | 2 | 11 | 0.4% |
| 信号不履行 | 38 | 43 | 42 | 29 | 22 | 174 | 6.9% |
| 速力の選定不適切 | 6 | 2 | 3 | 5 | 0 | 16 | 0.6% |

| 航法不遵守 | 64 | 66 | 58 | 45 | 31 | 264 | 10.4% |
|---|---|---|---|---|---|---|---|
| 主機の整備・点検・取扱不良 | 1 | 1 | 0 | 4 | 3 | 9 | 0.4% |
| 補機等の整備・点検・取扱不良 | 0 | 3 | 0 | 1 | 3 | 7 | 0.3% |
| 潤滑油等の管理・点検・取扱不良 | 1 | 0 | 0 | 0 | 0 | 1 | 0.0% |
| 電気設備の整備・点検・取扱不良 | 1 | 1 | 0 | 0 | 0 | 2 | 0.1% |
| 甲板・荷役等作業の不適切 | 6 | 4 | 0 | 1 | 2 | 13 | 0.5% |
| 漁ろう作業の不適切 | 8 | 7 | 2 | 7 | 5 | 29 | 1.1% |
| 旅客・貨物等積載不良 | 5 | 9 | 5 | 6 | 2 | 27 | 1.1% |
| 服務に関する指揮・監督の不適切 | 2 | 12 | 18 | 11 | 12 | 55 | 2.2% |
| 報告・引継の不適切 | 1 | 2 | 1 | 0 | 1 | 5 | 0.2% |
| 火気取扱不良 | 0 | 0 | 0 | 0 | 0 | 0 | 0.0% |
| 不可抗力 | 0 | 0 | 0 | 0 | 0 | 0 | 0.0% |
| その他 | 2 | 0 | 1 | 0 | 1 | 4 | 0.2% |
| 合計 | 548 | 563 | 509 | 466 | 441 | 2527 | 100.0% |

注：「不可抗力」とは例えば，異常な気象・海象や予知できない水中浮流物によって発生した場合を意味し，「その他」とは，例えば，船長・機関長の気づくことのできない箇所の不具合によって主機等に故障を生じた場合を意味する。

## 2.3.7　海難審判の裁決結果における海難要因の分析

2019年の海難審判所の統計においては，「見張り不十分」が原因総数の40.6%を，次いで「船位不確認」が13.1%，「居眠り」が8.4%，「航法不遵守」が7.0%となる。

ここで，裁決の対象となった船舶のうち，船種別で見ると，旅客船では「衝突」が最も多く，原因分類別では「船位不確認」などが多く挙げられる。貨物船でも「衝突」が最も多く，原因分類別では「見張り不十分」などが多く挙げられる。漁船，遊漁船・瀬渡船，プレジャーボートも「衝突」が最も多く，原因別では「見張り不十分」などが多く挙げられる。

貨物船の海難は78隻であり，このうち衝突が36隻であり，原因分類別では「見張り不十分」が最も多く25件（28.7%），次いで「船位不確認」が18件（20.7%），「操船不適切」，「信号不履行」及び「航法不遵守」がそれぞれ８件（9.2%）などとなっている。

旅客船の海難は17隻であり，このうち衝突が９隻と最も多く，その要因は「操船不適切」と「船位不確認」がそれぞれ３件（16.7%），「水路調査不十分」と「見張り不十分」，「気象・海象に対する配慮不十分」がそれぞれ２件（11.0％）などとなっている。

プレジャーボートの海難は105隻であり，このうち衝突が46隻と最も多く，原因分類別では，「見張り不十分」が最も多く40件（37.0％），次いで「船位不確認」の13件（12.0％），次いで「操船不適切」の10件（9.3％）などとなっている。そして，「水路調査不十分」９件も多いが，これは小型船舶操縦者における特徴ともいえる。

また，「航法不遵守」が原因とされた海難について以下の分析を行っている。

①　船種別

「航法不遵守」が原因とされた31件（31隻）について，船種別にみると，漁船が10件（32.3％）と最も多く，次いで貨物船が８隻（25.8％），プレジャーボートが６隻（19.4％）である。

②　適用法律別

「航法不遵守」が原因とされた31件のうち，すべてが海上衝突予防法が適用されたものであった。

③　海上衝突予防法が適用された海難

海上衝突予防法が適用された海難31件では，「横切り船の航法」が16件（51.6％）と最も多く，次いで「船員の常務」が13件（42.0％）であった。

海難要因の「見張り不十分」や「船位不確認」は，近年のＧＰＳプロッターや電子海図が普及したことの反面，これを的確に使いこなせていない状況が考えられる。また，「居眠り」については，船員の労働環境の問題に起因すると思える。こうして，海難は人的要因が非常に大きいことがわかる。

## 2.4　海難審判及び原因究明調査の制度

### 2.4.1　海難審判制度の歴史と変遷

現在の海難審判制度は，フランスの海員懲戒主義にならった明治初期の海員審問制度から端を発した海員懲戒法に始まり，昭和２年にイギリスの海難制度と軌を一にした，海難原因探究主義の海難審判法に改正された。その後，制度上の問題点が指摘され，1960年代に海難審判制度調査委員会，海難審判法研究会で検討がなされた。その結果，「基本的な問題点はなく，適正な運用に負うことが多い」とされ，海難審判制度は1997年で100周年を迎えた。

そして，2.1に示したように，2008年10月に，海難審判庁の事故調査，原因究明部門と，2001年に発足していた，航空・鉄道事故調査委員会を統合して，運輸安全委員会（JTSB）が設置された。図2–6に，これらの組織の目的と変遷を示す。これにより，海難審判庁は海難審判所と改称され，その任務は，「海難審判所の任務は，海難の発生の防止に寄与することです。そのため，海技士若しくは小型船舶操縦士又は水先人に対する懲戒を行うための海難の調査及び審判を行っています」（「国土交通省 海難審判所」パンフレットより）となっている。

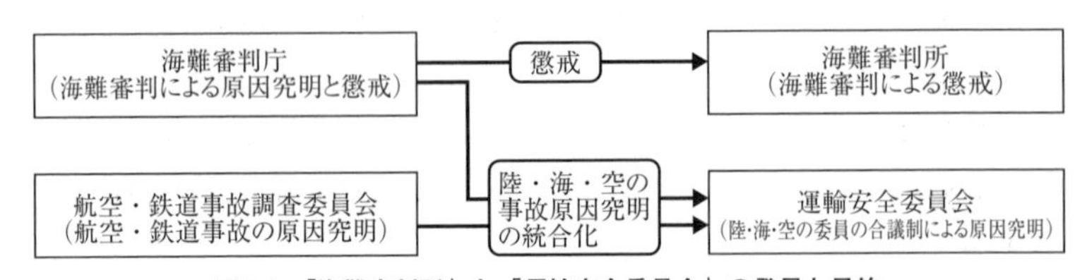


図2–6 「海難審判所」と「運輸安全委員会」の発足と目的

## 2.4.2 海難の調査と審判（海難審判所の業務）

海難審判法は，第1条において「職務上の故意又は過失によって海難を発生させた海技士若しくは小型船舶操縦士又は水先人に対する懲戒を行うため，国土交通省に設置する海難審判所における審判の手続等を定め，もって海難の発生の防止に寄与することを目的とする」と定め，第8条において「海難審判所は，海技士若しくは小型船舶操縦士又は水先人に対する懲戒を行うための海難の調査及び審判を行うことを任務とする」と定められている。さらに，第9条において，その任務を達成するため，海難の調査や審判を行うことなどが定められている。

海難は人の過失のみならず，船員の労働条件，船体，機関等の構造，港湾・水路等さまざまな要因が複合して発生することが多く，また舞台が海上であるため，物的証拠や状況証拠が非常に乏しく，原因究明が困難な場合が多い。このような海難の特殊性から，海難審判所では司法手続に準じた審判手続によってその原因を探求している。海難審判と刑事裁判との最大の相違点は，刑事裁判が「人」の違法行為をその対象とするのに対して，海難審判ではその対象を「海難」それ自体としていることである。そして，審判の結果，海難の原因が海技従事者の故意または過失によるものである場合，その者に対しては免許の取り消しや業務の停止等の懲戒ができるようになっている。

### 2.4.3　現行海難審判システムのあらまし

図2-7に示すとおり，現行海難審判システムのあらましを簡潔に説明する。

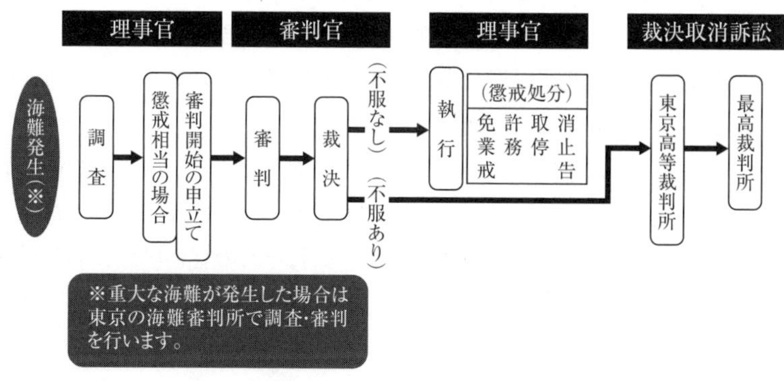


図2-7　海難審判システムの調査及び審判の手続き

①　理事官は，関係官署からの報告や新聞・テレビの報道等により，発生した海難を認知した場合は，直ちに事実関係の調査を行い，海技士若しくは小型船舶操縦士又は水先人の職務上の故意又は過失によって発生したと認めたときには，立件して海難の調査及び証拠の集取を行う。

②　理事官は，調査の結果，海難が海技士若しくは小型船舶操縦士又は水先人の職務上の故意又は過失によって発生したものであると認めたときは，海難審判所又は地方海難審判所にその海難の審判開始の申立てを行う。このとき，海難の発生に関係のある者が，海技士，小型船舶操縦士又は水先人の場合は，それらの者を受審人に指定し，海難において受審人以外の当事者であって受審人に係る職務上の故意又は過失の内容及び懲戒の量定を判断するために必要があると認める者（船舶所有者・船舶管理会社・造船会社など）を，指定海難関係

人に指定する。

③　海難審判は，公開の審判廷で，審判官及び書記が列席し，理事官立会のもと，受審人及び指定海難関係人とそれを補佐する補佐人が出廷して行う。

④　海難審判の審理は，証拠調べや意見陳述を口頭弁論によって行い，その中で必要に応じて，証人，鑑定人，通訳人に出頭を求める。審理が終結すると，受審人への懲戒（免許の取消し，業務の停止，戒告）を裁決によって言い渡す。この裁決では，海難の事実及び受審人に係る職務上の故意又は過失の内容が明らかにされる。

⑤　裁決に対して不服がある場合は，裁決言渡しの翌日から30日以内に東京高等裁判所に裁決取消しの行政訴訟を提起することができる。

⑥　東京高等裁判所へ裁決取消しの行政訴訟の提起がない場合は，裁決が確定し，言い渡された懲戒の内容を理事官が執行する。

なお，海難審判所は東京におかれ，下記の「重大な海難」についての審判を行う。他の海難については，地方海難審判庁（函館・仙台・横浜・神戸・広島・門司・長崎・沖縄には門司の支所）が，それぞれの管轄区域において発生したものについての審判を行う。

重大な海難とは

・旅客のうちに，死亡者若しくは行方不明者又は２人以上の重症者が発生したもの
・５人以上の死亡者又は行方不明者が発生したもの
・火災または爆発により運航不能となったもの
・油等の流失により環境に重大な影響を及ぼしたもの
・次に掲げる船舶が全損となったもの
　　人の運送をする事業の用に供する13人以上の旅客定員を有する船舶
　　物の運搬をする事業の用に供する総トン数300トン以上の船舶
　　総トン数100トン以上の船舶
・上記に掲げるもののほか，特に重大な社会的影響を及ぼしたと海難審判所長が認めたもの

なお，海難審判所の理事官・審判官は，一般職の国家公務員であり，その公募における船舶運航上の技能と経験に関する資格は，2017年度には以下の通り

となっている。

・一級海技士（航海）又は一級海技士（機関）の免許を受けた後，２年以上，次のいずれかの船舶の船長又は機関長の経歴を有する者

① 近海区域若しくは遠洋区域を航行区域とする船舶

② 第三種の従業制限を有する漁船

③ 総トン数1,000トン以上の船舶

### 2.4.4 海難の原因究明（運輸安全委員会の業務）

運輸安全委員会が発足する前，航空機事故の場合は，1949年に発足した運輸省航空事故調査委員会が，証拠物の収集，厳密な検証を行い，原因を究明し，事故防止のための施策の勧告等を行ってきた。2001年に鉄道事故も加えて，国土交通省航空・鉄道事故調査委員会となったが，航空・鉄道事故関係者に対する処分はまったく行わなかった。自動車事故の場合は，警察機関が刑事犯として扱い調査することで，結果的に原因の究明がなされている。しかし，海難審判庁には，航空・鉄道事故調査委員会のような独立した原因究明体制はなかった。

以前の日本の海難審判制度では，再発防止を主目的としながらも，極端にいえば，直接原因者(事故の最後のひき金をひかされた)である海技従事者の懲戒に重きが置かれ，直接原因の背後要因を作った間接原因者である会社，監督官庁等の指定海難関係人に対する本格的な環境改善勧告が少ないきらいがあった。こうした背景もあり，運輸安全委員会（JTSB：Japan Transportation Safety Board）が設置された。特に，船舶部門においては，2.1に示したエクソン・ヴァルディズ号の事故調査における NTSB の在り方が大きな目標になっている。

運輸安全委員会のミッションは，「私たちは，的確な事故調査により事故及びその被害の原因究明を徹底して行い，勧告や意見の発出，事実情報の提供などの情報発信を通じて必要な施策又は措置の実施を求めることにより，運輸の安全に対する社会の認識を深めつつ事故の防止及び被害の軽減に寄与し，運輸の安全性を向上させ，人々の生命と暮らしを守ります」（「JTSB 運輸安全委員会」パンフレットより）とある。図2-8に，運輸安全委員会における，船舶事故調査の流れを示す。

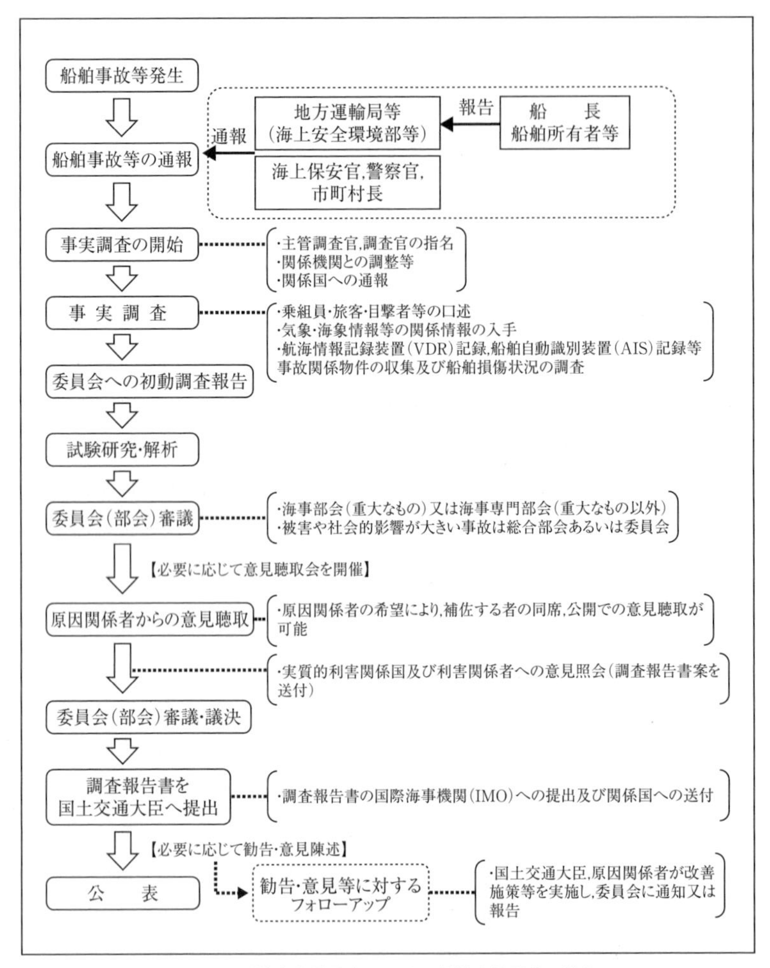


**図2-8　運輸安全委員会における船舶事故調査の流れ**

船舶事故調査官は，一般職の国家公務員であり，その公募における船舶運航上の技能と経験に関する資格は，2017年度には以下の，(1)及び(2)を満たすものとなっている。

(1)　高等専門学校卒業後13年以上又は大学卒業後11年以上船舶関連業務に正社員として勤務した経験のある者

(2)　①～④のいずれかの条件を満たす者

① 一級海技士（航海）又は一級海技士（機関）の海技免許を受けた者
② 二級海技士（航海）又は二級海技士（機関）の海技免許を受け，かつ，次に掲げる船舶の船長，航海士，機関長又は機関士の経歴を有し，その年数が通算して６年以上である者
 ⑴ 近海区域又は遠洋区域を航行区域とする船舶
 ⑵ 第三種の従業制限を有する漁船
 ⑶ 総トン数1000トン以上の船舶
③ 三級海技士（航海）又は三級海技士（機関）の海技免許を受け，かつ，上記②の⑴から⑶に掲げる船舶の船長，航海士，機関長又は機関士の経歴を有し，その年数が通算して８年以上である者
④ 一級海技士（航海）又は一級海技士（機関）の海技免許を受け，当該海技免許を受けた後，上記②の⑴から⑶に掲げる船舶の船長又は機関長の経歴を２年以上有する者

## 2.5 海難の統計データの分析について

2.3で示した資料の元となっている，「海難審判レポート」は毎年の10月下旬に発行され，ここに先年度分の統計資料が公開されている。

こうした傾向を分析していけば，この要因の解明につながり，要因を取り除くことにより，事故を減らしていくことが可能となる。

図2–9は，こうしたデータ分析例であり，「船舶安全学概論（改訂増補版）」に詳細を記載した，山崎らの研究成果による，「内航船の海難発生率とその原因」である。ここでは，1988～1994年における，海難審判庁の裁決資料からのデータ集計及び分析を行っている。

調査結果として，内航船（貨物船，タンカー，旅客船）の事故確率は，内航タンカー，内航貨物船，内航旅客船の順に高く，図2–9に示すとおり，自動車事故確率の，内航タンカーで約４倍，内航貨物船で約３倍，内航旅客船でほぼ同じであった。旅客船ではその発着回数の多さから着岸（桟）時の確率が高くなっている。

また，自動車の稼動時間に比べると内航船の稼動時間ははるかに大きいので

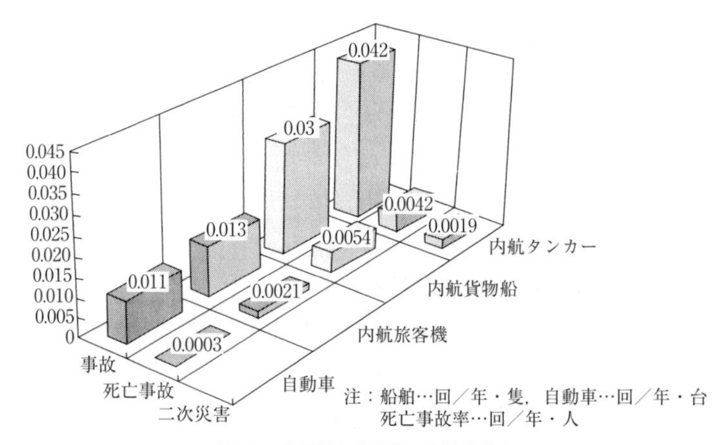


**図2-9　内航船と自動車の事故発生率**
（山崎祐介，「タンカー運航事故確率　―日本沿岸で予想される海洋汚染―」，「ナホトカ号油流出事故に関連して」講演集より）

事故確率も大きくなるというようにも考えられる。しかし，比較の問題ではなく，内航船の事故確率の高い運航という現実の存在が大問題である。死亡事故確率は内航貨物船，内航タンカー，内航旅客船の順に高くなっていた。また，図2-9, 10に示すとおり，内航タンカーは油流出を主とする二次災害の事故確率を有し，規模の大きい海上災害の引き金になるおそれがある。また，多くが内航船の航行中に起きている事故で，航行中の主な事故は，他船との衝突，乗り揚げ，機関故障で全事故の約９割を占めている。

アメリカにおいて，リスクレベルが$10^{-2}$（病気等）では「人間は直ちに災害減少の努力をし」，$10^{-4}$（自動車死亡事故等）では「一致した行動は起こしたがらないが，リスク減少のためには金を出す」という考え方がある。なんと，内航船の死亡事故確率は自動車の事故確率より１桁多い$10^{-3}$レベルである。内

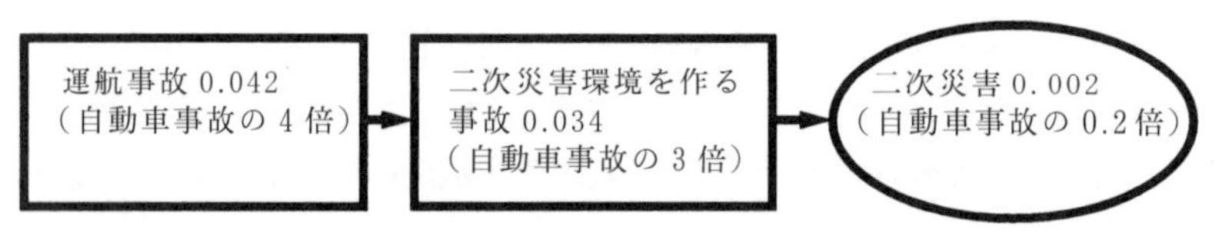


**図2-10　内航タンカーの事故確率（回／年・隻）と自動車事故確率（回／年・台）の比較**
（データの数値は，図2-9の参考文献による）

航海運はトンキロベースで国内物流の約4割を担っており，省エネルギーの大量輸送手段として四辺海の日本にとって重要な大動・静脈であるのに，その安全の実態は限界に至っている。

この分析は，約20～30年前のデータを元にした調査を行っている。この後，内航海運の労働状況や条件は，事故防止だけでなく，若年船員の確保のために，官民により，かなりの改善を行う努力がなされてきている。再び，現況におけるこうした調査を行い，先に述べた改善状況の検証も望まれる所である。

## 2.6　海上安全に関わる主な国際条約

### 2.6.1　海上における人命の安全のための国際条約

(1)　制定の経緯など

5.1に詳細を示す，1912年に発生したタイタニック号事件をきっかけに，船舶の構造・設備などについての国際標準を協定することが進展し，1914年（大正3年）には海上における人命の安全のための国際条約（International Convention on Safety of Life at Sea, SOLAS（ソーラス）条約）が成立し，その後，幾度かの改正を経た。1974年10月ロンドンにおいて，IMCO（政府間海事協議機関，現在はIMO（International Maritime Organization：国際海事機関）の主催により，日本をはじめ主要海運国を含む67か国が参加して，「海上における人命の安全のための国際会議」が開催され，同条約が採択された。

この条約は，旧条約が1960年（昭和35年）に発効して以来，船舶に関する技術革新及び安全基準強化に対する社会的要請に対応して行われた。数多くの一部改正，勧告及び決議を整理統合するとともに，かねてからの懸案であった条約の改正手続きの簡素化を図り，船舶に対する安全規制が国際的に統一されて行われることを狙いとして，新しい条約として同年11月1日に採択されたものである。

(2)　SOLAS附属書の主な内容

①条約本文において，発効要件，改正手続き，署名・受諾などに関して定められている。

②附属書第I章において，第II章以下に規定する技術基準を確保するための

検査の種類，時期及び内容，条約証書の発給並びにポートステートコントロールなどについて規定されている。

③附属書第II章において，構造（区画及び復原性並びに機関及び電気設備），船舶の損傷による転覆・沈没の危険を防ぐための区画及び復原性の要件並びに通常の使用状態及び非常事態における船舶の安全のための機関及び電気設備，及び構造（防火並びに火災探知及び消火）について規定されている。

④附属書第III章において，乗船者が脱出するための救命設備の要件及び迅速に避難するための乗組員の配置・訓練などについて規定されている。

⑤附属書第IV章において，無線設備の設置要件，技術要件，保守要件などについて規定されている。

⑥附属書第V章において，船舶が安全に航行するため，締約国政府及び船舶が執るべき措置，海上における遭難者の救助並びに船舶に備える航行設備の要件などについて規定されている。

⑦附属書第VI章において，貨物の積付け及び固定などの要件について規定されている。

⑧附属書第VII章において，船舶が運送する危険物に対し，包装，積付け要件などを規定するとともに，危険物をばら積み運送するための船舶の構造，設備などについて規定されている。

⑨附属書第VIII章において，原子力船について，原子力施設を備えているという特殊な事情を考慮し，追加的安全要件が規定されている。

⑩附属書第IX章において，船舶の安全に関する運航管理が適切に行われていることを確保するための要件について規定されている。

⑪附属書第X章において，高速船の安全確保のための要件について規定されている。

⑫その他，ばら積み貨物船・油タンカーに対する検査強化措置，操作要件

### 2.6.2　船員の訓練及び資格証明並びに当直の基準に関する国際条約

(1)　制定の経緯など

1967年３月，ドーバー海峡で発生したリベリア籍の巨大タンカー，トリーキャニオン号による海洋汚染事故がきっかけであった。船員の船舶運航技術の未

熟さに起因する海難事故を防止するため，技能，知識基準を国際的に設定しようとする作業がIMCO（現IMO）を中心に進められ，その成果として，1978年7月，ロンドンにおいて船員の訓練及び資格証明に関する国際会議が開催された。参加国は72か国を数える大会となり，3週間にわたる討議の結果，「1978年の船員の訓練，資格証明及び当直の基準に関する国際条約」（International Convention on Standards of Training,Certification and Watchkeeping for Seafarers, 1978：STCW条約）が採択された。

⑵　条約と附属書の主な内容

条約本文及び附属書において6章25の規則から成り立っている。

①条約本文で，義務，適用範囲，発効などの一般的事項を定め，条約の附属書において，具体的な内容を規則として定めている。

②附属書第1章において，一般規定であり，規則に関係する用語の定義及び資格証明書に記載すべき内容を定めた裏書き様式のほか，沿岸航海を規定するための原則及び条約本文の監督条項に関連した監督手続きを規定している。

③附属書第2章は，船長及び甲板部に関する規定であり，航海当直などの場合に守らなければならない原則的な事項と資格要件に関して規定している。資格要件は200総トン，1600総トンなどの区分ごとに沿岸航海か否かにより，船長，首席航海士及び当直担当航海士の必要とする年齢，身体適性，海上航行業務経歴（乗船履歴）及び知能技能（海技試験）の要件をそれぞれ定めるほか，当直甲板部員の要件や証明書（海技免状）の有効性のチェック（5年ごと）についても定めている。

④附属書第3章は，機関部に関する規定であり，機関当直をする場合に守らなければならない原則的な事項と資格要件に関して規定している。機関部の資格要件は主機関の出力750キロワット及び3000キロワットの区分ごとに，首席機関士，次席機関士及び当直担当機関士の必要とする年齢，身体適性，海上航行業務経歴及び知識技能の要件などについて，ほぼ第2章と同様の形式で定めている。

⑤附属書第4章は，無線部に関する規定であり，海上人命安全条約（SOLAS条約）及び無線通信規則と関連付けながら，無線通信士及び無線電話通信士についての資格要件を定めている。

⑥附属書第5章は，タンカーの特別要件に関する規定であり，オイルタンカー，ケミカルタンカー及び液化ガスタンカーの船長及び乗組員の訓練及び資格について定めている。
⑦附属書第6章は，救命用端艇及びいかだに関する資格要件を定めている。

### 2.6.3　船舶による汚染の防止のための国際条約

⑴　制定経緯など

この条約は，船舶などから海洋に油および廃棄物を排出することを規制することなどにより，海洋の汚染と海上災害を防止し，海洋環境の保全や諸国民の生命，身体，財産の保護に資することを目的として，世界的に統一しようとしたものであって，「1954年の油による海水の汚濁の防止のための国際条約」が採択された。1967年（昭和42年），英国沿岸で発生したトリーキャニオン号座礁・重油流出事故を経て，1969年（昭和43年）に改正された。この内容は原油，重油などの油のみを規制の対象としていたのに対し，近年におけるタンカーの大型化，油以外の有害な物質の海上輸送量の増大などを背景として「1973年の船舶による汚染の防止のための国際条約」が採決され，さらに「1973年の船舶による汚染の防止のための国際条約に関する1978年の議定書」(MARPOL（マルポール）73／78条約）が1983年10月2日に発効した。このMARPOL 73／78条約は，条約本文と6つの附属書により構成されている。条約本文においては，一般的義務，適用，条約の改正手続き及び発効要件などが規定されている。

⑵　附属書の主な内容

①附属書Iにおいて，油による汚染の防止のための規則が定められている。
②附属書IIにおいて，ばら積みの有害液体物質による汚染の規制のための規則が定められている。
③附属書IIIにおいて，容器に収納した状態で海上において運送される有害物質による汚染の防止のための規則が定められている。
④附属書IVにおいて，船舶からの汚水による汚染の防止のための規則が定められている。
⑤附属書Vにおいて，船舶からの廃棄物による汚染の防止のための規則が定

められている。

⑥附属書 VI において，船舶からの大気汚染防止のための規則が定められている。

## 2.7　インシデント

### 2.7.1　インシデント調査の有用性

図2-11に示すように，事故発生のカラクリは，間接原因（背景原因，誘因）があり，それが直接原因（起因，きっかけ，不安全行動と不安全状態）を生み，異常な事態となり，緊急な危機回避行動が要求されることになる。多くはそのような場面に遭遇したときに緊張・興奮や恐怖を伴い「ヒヤリハット！」を体験することとなる。そして損失偶然の法則によって被害を生じた場合は災害となり，被害を生じない場合は，未然事故，インシデント，ニアアクシデント，ニアミス，ヒヤリハットとなるわけである。これらの無損失事故が一般にヒヤリハットとかインシデントといわれている。前に述べた損失偶然の法則によってインシデントか災害かに分かれるが，その直接原因，間接原因はほぼ同じである。図2-12に示すように，起きてしまった事故の行政罰・刑事責任・賠償責任がなく，事故になっていない気軽さや関係者が生存していることから多面的な調査が比較的しやすく，有用な事故防止対策を見つけることができる。そして，有用な安全対策が実施されれば，現場の報告者も「インシデント報告

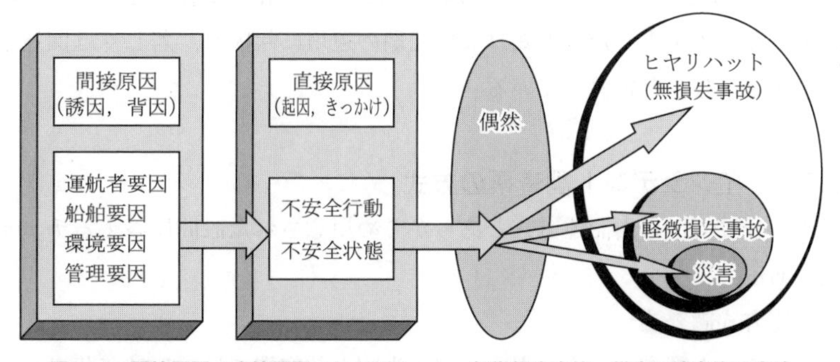


図2-11　間接原因⇒直接原因⇒ヒヤリハット，軽微損失事故，災害に確率的に分岐

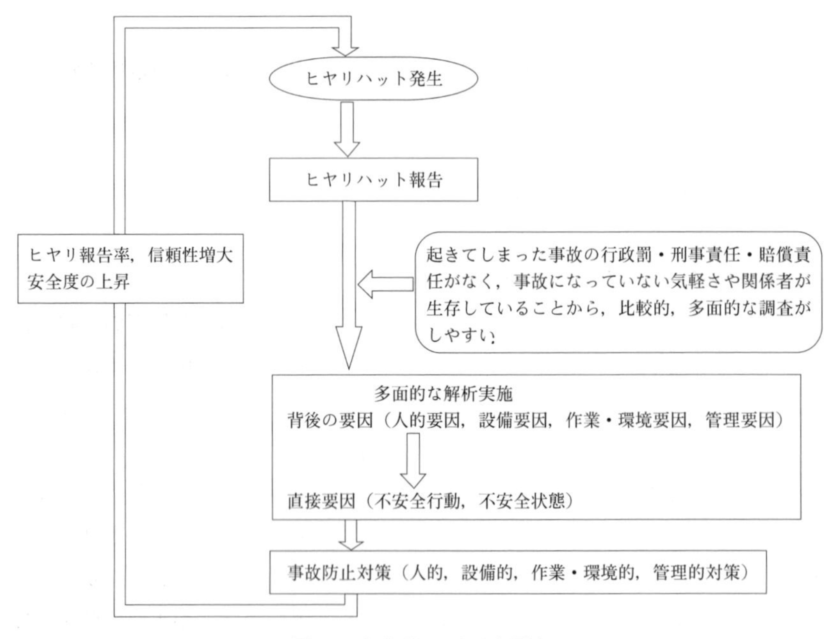


**図2-12　ヒヤリハットの有用性**

は役に立つ」ということをさらに認識しヒヤリハット報告が増え，図2-12に示すループを繰り返すことで「安全」に徐々に近づく。この点が理解されて世界的に航空，医療・看護等の分野にインシデント調査がなされている。

IMOは，1997年，海のインシデントを海上インシデントと呼ぶことにし，「船舶又は人が危険にさらされ，又は結果として船舶又は構造物若しくは環境への重大な損害を生じたかも知れない船舶の運用に起因し，若しくは関連する出来事又は事象」と定義している。

### 2.7.2　インシデント調査票の方式

大きく分けて，自由記述方式とあらかじめ用意された設問に答えるチェック方式がある。

(1)　記述方式調査法

インシデント調査の元祖ともいうべき米国の航空機では，1970年代から航空宇宙局（NASA）がヒヤリハット経験を操縦士から収集している。方法は簡単な記述と状況などの背景を組み合わせた報告で，必要に応じて専門家が報告者に電話で問い合わせて，運航状態や気象など基礎的な状況を調べ，多角的な観点からデータベースを作成している。当初はほんのわずかしか報告されなかったが，最近では年間約３万件が報告されるようになり，これまでに46万件にも達し，安全管理の主要な情報源となっている。報告が盛んになった理由は，調査機関が司法や行政的役割をもたない中立機関で，報告した事態に対しては責任が免除されることになったためであった。この方法は，一件一件を詳細に検討する膨大な作業が必要で，大量のスタッフと資金が必要となる。報告者にとっても記述やヒヤリングに応じる手間がかかるので，免責というメリットがあって初めて可能となったようである。船舶でもイギリスではこの方式での調査がはじめられ，インターネットで公開されている。この記述方式が日本の内航船でも行われている。担当者が報告者から十分に補足説明を受けて，顛末を分かりやすいイラストにまとめている。

(2)　チェック方式調査法

船員は常時職場にあって落ち着いてヒヤリ経験を記述することが難しく，できるだけ簡便な方法が望まれている。ヒヤリ経験の内容や状況など，安全対策に必要な事柄が実際にどうであったかあらかじめ設定した質問にチェックする方式が試みられている。当事者にとって状況を記述する労が少なく，所定の分析法で容易に重点課題を探ることができる。

### 2.7.3　日本の海運界で現実に行われているインシデント調査

(1)　ヒヤリハット報告

海運界においては，従来から「ヒヤリハット報告」として，作業中にヒヤリハットした体験を報告する体制が整備されており，潜在的な事故の発生要因を探し出し，災害の芽を摘む手段として利用されてきている。ヒヤリハット情報は自由記述方式で収集され，事例から得られた教訓，改善点などを整理し，関係者に周知し，有効活用されている。

(2)　インシデントレポート

外航船社においては，近年の日本人船員の減少，また，少人数での運航による多忙から，ヒヤリハットの報告数が減少し十分な情報が入手できなくなったことから，本船の実情に合わせ，簡略化したインシデントレポートを作成し，運用している船社がある。このインシデントレポートは簡略化を図るため，項目ごとの選択方式が採用されており，インシデントを体験したときに容易に記述できるようになっている。また，情報提供者の秘密を守るため，報告者及び関係者の氏名の記載欄はなく内容に関する責任も問われないように配慮されている。

⑶　ISMコードに基づく不適合報告

1993年10月，IMO総会においてISMコード（国際安全管理コード）が採択され，そのコードに基づきインシデント情報を収集するように制度化されている。ISMコードの採択を受けて，船舶所有者が策定する安全管理システムの中には，「事故及びISMコードの規定に対する不適合の報告手順」があり，これに基づいてインシデント情報が収集されている。安全管理システムにおける「不適合」とは，「安全管理システムの要求事項を満たさないこと，及び同システムに欠陥，不一致が生じた，もしくはそのおそれがある状況」をいい，インシデント情報は，ニアミスとして報告されている。

### 2.7.4　外国における船舶用インシデント調査

⑴　英国海難調査局（MAIB：Marine Accident Investigation Branch）

MAIBは環境運輸地域省の外局で，1988年に採択された商船法第33条に基づいて，商船，漁船およびプレジャーボートの海難事故について調査を行い，事故の状況と原因を特定することにより，海上の安全に寄与することを目的として，1989年7月に設立された。MAIBは英国籍船が関係する海難事故であれば世界中のどの海域でも，また，英国の領海内（基線から12海里以内）で発生した海難事故であれば船舶の国籍に関係なく調査を行う調査機関である。調査官は船舶や建物に立ち入り，また，証人に立ち会いを求めることが認められており，事故調査報告書は大臣に提出することとなっているが，証人の証言は裁判所の命令がない限り，部外秘として取り扱われている。インシデントは自由記述方式でなされている。多くのヒヤリハット報告から年間40報告が厳選され，法的な力を有した調査官が会社か報告者にその詳細を聞き，ヒヤリ情報を必要かつ十分に補完して出版している。

⑵ 英国海事研究所（The Nautical Institute）

英国海事研究所は，1992年から海難報告制度（MARS：Marine Accident Reporting Scheme）を運営しており，世界中の船員から，海難またはニアミスを匿名で広く情報収集し，その概要をインターネット等を通じて公表することにより，同様な事故の発生の予防に努めている。海難またはニアミス情報は自由記述方式でMARSの創設者であるCapt. Beedelの個人事務所宛に電子メール，FAX，郵送等で送られ，情報提供者の秘密性を確保するため，内容を記録した後は，資料を廃棄，または要求により返却している。収集した海難またはニアミスの情報は，Capt. Beedelが有益と判断した場合，インターネットの他，機関誌（SEAWAYS），月刊専門誌（SAFETY AT SEA INTERNATIONAL）に掲載される。現在のところ，掲載される報告数は年間40件程度であり，仏語，オランダ語，ポーランド語，独語およびトルコ語にも翻訳されている。ここの調査の特徴は法的な力を有さない第三者機関（法的な権限で調査する側，される側の第三者）による調査ということである。

⑶ 米国国際海事情報安全システム（IMISS：International Maritime Information Safety System）

米国が開発を進めている国際海事情報安全システム（IMISS）は，米国沿岸警備隊（USCG），米国運輸省海事局（MARAD）の共同プロジェクトで，産業界の協力を得て，海事関係のヒヤリハット事例を自発的な報告制度を通じて収集・整理し，系統的に分析することによって，将来の事故を減少させ，海洋環境へのダメージを軽減し，さらには全体のコスト低減に寄与する対策を明示することを目指している。

⑷ カナダ運輸安全委員会（TSB：Transportation Safety Board of Canada）

カナダ運輸安全委員会（TSB）は海上，鉄道および航空輸送を包含した任意の通報制度を運営しており，カナダの輸送システムに係るインシデント情報等を収集・整理し，分析することにより，運輸大臣をはじめ関係機関に対し，安全に関わる勧告を提言している。情報提供された報告書の内容のうち，個人情報は報告者の許可なく公表することが法的措置により禁止されており，インシデント情報の内容はデータベースに入力され，インターネットのほか，TSB

の雑誌 REFLEXIONS に掲載されている。

### 2.7.5　インシデント調査で基本的に調べるべき事項

筆者らは，インシデント調査で得ようとする情報の骨格を人間の行動形成因子とした。人は何かに向かって行動をする。人の行動には精神的および身体的な働きの全体で，多くの条件がそれに影響する。船橋当直の場合には，役割の成就に向かって行動することが期待されているが，ときには失敗して事故になったり，ヒヤリハットしたりする。人が期待どおりの行動をするかどうかという信頼性は，いろいろな要因によって左右されるということが指摘されているが，その要因はある行動をもたらすという意味で「行動形成因子（PSF：Performance Shaping Factor)」といい，1983年に Swain, A. D., Guttman によって提案された。行動形成因子は，自分自身にあることと自分の外にあることとに分けられる。自分自身の内にあることとは，もって生まれた素質，成長過程で培われた性格や体力や知識など，あるいはその後の経験による熟練，疾病による心身機能の低下など，その人のもつ基本的な能力，すなわち「行動の能力」を決定する要因である。それから，基本的な能力を変化させる要因がある。例えば，疲労していたり，心配事があったり，やる気をなくしていたりすれば，基本的能力より低いレベルの行動になる。逆に，励ましや褒賞などでやる気が高まっていれば，基本的能力以上の行動が可能かもしれない。このような要因は行動に臨む心身状態に影響するもので，「行動のレディネス（準備，構え)」に関係した因子である。自分の外にあることとは，船の大きさや設備，海域の地形や潮流，周辺の交通流など，技術的な条件の変化で作業を困難にしたり，単調にしたりすることによって行動に影響する要因で，「技術的前提条件」に関係するものである。それから，乗組員構成による役割の変化，会社組織構成によって異なる現場管理体制など，あるいは組織の構成員の資質や働きぶりなど「組織的前提条件」に関係する要因である。これを図2-13に示す。

ここで１つ例を示す。行動形成因子の内部要因の行動のレディネスに，覚醒がある。人間の心身の目の覚め具合のことである。図2-14は，時間帯と衝突，乗り揚げ海難の頻度の割合を示している。原因が居眠りでも，その他の原因で

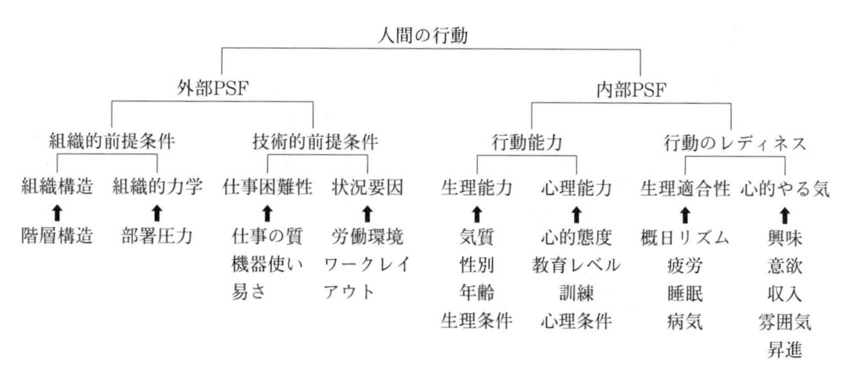


図2-13 行動形成因子（Performance Shaping Factor, PSF）

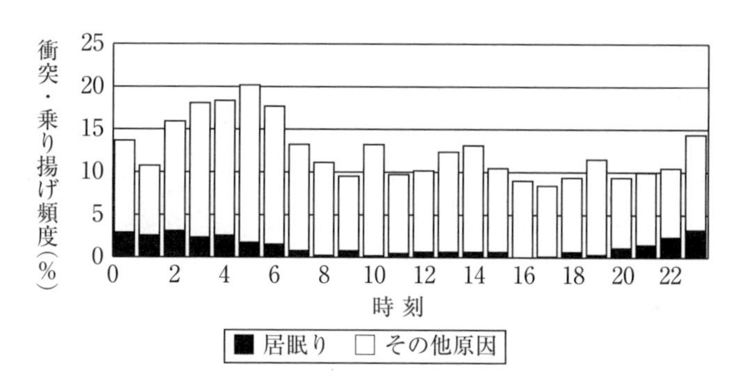


図2-14 時間帯（人間の覚醒状況）と海難の分布

あっても，見事に人間が眠くなる時間の経過と衝突・乗り揚げ海難の発生頻度割合は一致していることがわかる。14時頃に小さな山が見られるが，人間は深夜（4時頃）に深く眠り，14時頃にも眠りたくなることがすでにわかっている。したがって，PSFは，適切に人間の不安全行動を説明しているといえる。

サーカディアンリズムとは，眠りと体温をコントロールし，体温が高い時に，覚醒基準が高くなり，活動性も高くなり，機能的に動くことができる。体温が低い時に，眠気を感じ，注意力が低下する。平均的な成人は体温が夜明けに低く，深夜から早朝にかけて，エラーを起こす可能性が高い（図2-15）。

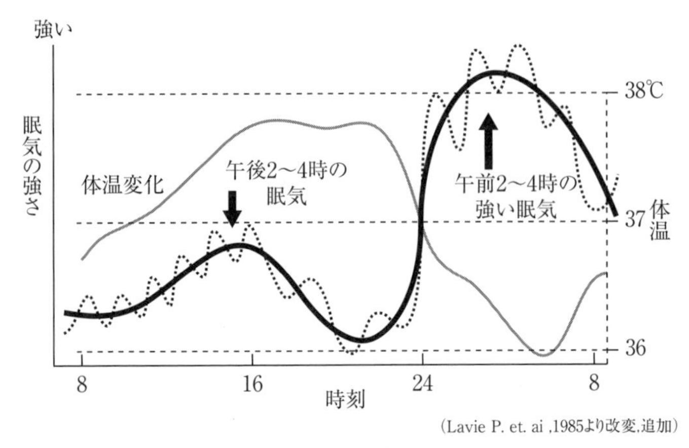


図2-15　サーカディアンリズムの図

## 2.7.6　今後のインシデント調査の将来

米国の航空機業界では,「自分の乗る飛行機が落ちたら大変！」というように社会全体が予防安全の必要性を認識して「インシデント情報提供者に対しては，罰金，行政処分を免責する」ことになり，このことが成功の秘訣の大きな1つだった。船の社会ではどうであろうか。

船舶運航に関わるインシデントの多くが，法的には日本の海難審判法でいう「安全阻害」という海難の一種になり，今のところ，航空機のような免責制度は世界的に期待できそうにはない。そこで次のように考える。インシデント調査による「予防安全」は経済的にも大きなメリットを生む。インシデント報告を真に有効にするためには，まず，船会社・荷主等，船員，そして関係官庁も含んだ海事社会全体が事故の後追い対策型から安全を先取りする予防安全型に発想の転換をすることが必要であると考えられる。そして，それをインシデント調査で追求するためには，今まで安全問題は関係官庁主導型であったが，この調査に限っては民間主導型に転向する必要がある。つまり，船員や船会社は,「官庁が言うから……」ということではなく，自分達の生命・財産そして海は「自分達で守るんだ」という自発的な強い意識が必要である。このことが前提となって，会社を超えた全国・全世界規模のインシデント調査がなされ，そこから生まれてくる成果を集団で堂々と社会に働きかけることが必要である。

そうするために具体的に考えられることは，調査の匿名制・個別データの絶対守秘を前提として，船会社主導で利害関係のない第三者機関を作り，そこで調査・解析を実施し，調査結果が生まれるしくみやその結果（安全対策）をガラス張りにして報告者によく見えるようにすることが必要であると考えられる。

## 2.8　人的要因による海難実態

ここでは人的要因として，最も典型的な見張り不十分による海難と居眠り海難について，調査研究成果の一部を簡潔に説明する。

### 2.8.1　「見張り不十分」による衝突海難とその間接原因

前述したように海難の直接原因で最も多いのが「見張り不十分」である。

⑴　「見張り不十分」による衝突の実態

⒜　調査対象

調査対象海難は，海難審判裁決録における衝突事故であり，貨物・タンカー・専用船（189件）と漁船（477件）による合計666件である。

⒝　調査結果

連続した期間における海難審判裁決録での船舶間衝突海難原因は，7割強が「見張り不十分」によるものであった。また，船舶間衝突事件の原因として，「見張り不十分」は単独に指摘される場合はなく，他の原因と重複して示され，適正な見張り以外の海上衝突予防法不遵守との重なりでなんと約8割を占めていた。

①　漁船が「見張り不十分」となった理由

㈠　見張り作業以外の作業に専念していた（浅瀬等を避ける，変針目標を探すなど自船を無難に航行させることだけに気をとられていて操舵に専念していたことを含む）が約4割。以下，「他作業専念」という。

㈡　気の緩み・疲労・飲酒・眠気等のある状態であった（考えごとをしていた。ぼんやりしていた。疲れ，酒酔い，船酔いで注意が散漫であった。疲労からの居眠り一歩手前の状態であった。海上平穏で気が緩んでいた等の状態）が約２割。以下，「気の緩み・ぼんやり」という。

㈧　片舷や第三船等，一方向だけに気をとられていた（灯標，灯光，水路標識，防波堤の釣り人，前方の着岸点，接航する陸岸，定置網，前路，養殖施設，近くの船，第三船に気をとられていた）が約２割。以下，「一方向見張り」という。

㈡　死角（船橋に構造死角があった。腰掛けて死角になる位置にいた等の状態であった）が約１割。以下，「死角」という。

㈭　その他の理由（雑談に夢中であった。食事をしていた。西日による海面反射の影響や波しぶきで前路の見とおしが妨げられた）が約１割。

事故の中には多くはないが，２つの理由が共存したものがある。見張り不十分状況を成立させることにより大きく寄与した主因を１件で１つ選んだ。「気の緩み・ぼんやり」「一方向見張り」は事故を起こしたものの，一応の見張り意欲があると認められる場合で，その他の理由を除いた件数の約４割となっている。「他作業専念」「死角」は見張り意欲があまり認められない場合で，その他の理由を除いた件数の約６割である。

②　貨物船・タンカー・専用船の場合が「見張り不十分」となった理由

㈠　「他作業専念」が約２割。

㈫　「気の緩み・ぼんやり」が約２割。

㈧　「一方向見張り」が約３割。

㈡　「死角」が約１割。

㈭　その他の理由が約２割であった。

このうち，「気の緩み」「一方向見張り」は事故を起こしたものの，一応の見張り意欲があると認められる場合で，その他の理由を除いた件数の約７割となっている。「他作業専念」「死角」は見張り意欲があまり認められない場合で，その他を除いた件数の約３割であった。これを漁船と比べると，一応の見張り意欲があると認められる場合が比較的多い。

③　貨物船・タンカー・専用船の場合の「他作業専念」の作業内容

甲板作業，点検作業で約４割を占め，このほかに，書類作業（海図に情報を記入していた。海図を見ていた。航海日誌の記載をしていた）がある。漁船と比べるとこれらの原因の占める割合は低い。

(2)「見張り不十分」の背後要因

海難審判裁決録のデータからは，残念ながら背後要因は不明である。ここでいう背後要因とは，「見張り不十分」という状況の一歩手前の，心理学的，生理学的な一般論としての間接要因であり，この背後にさらにその誘因であるところの管理要因，機器要因，作業基準等の要因が関与しているはずである。

考えられる背後要因は次のとおり。

(a)　他作業専念

①　危険感覚のズレ：適正な見張りを一時的にしないで他の作業に専念したために「見張り不十分」という不安全行動となってしまうことは，人間の心理的要因として危険感覚の問題であり，個々の当直者が一体，何を基準にして危険であるかないかを判断しているかが問題である。「他作業専念」による「見張り不十分」は危険感覚が安全サイドから大きくズレてしまっていることが懸念される。これは知識よりも態度の問題で他作業をしてはならないことは知識としては知っているが，それを守らなくとも自分だけは大丈夫だとたかをくくった心理的状況でもある。

②　悪 習 慣：人間関係要因として，その職場で当直中，他作業をすることが人手不足等から習慣化され，悪習慣と認識されず横行している。

③　価値観レベル：安全な行為と目先の行為を天秤にかけて，人手が少ないことや操縦の自由度の高い船であることから，自分にとって都合の良い目先の行為である他作業が，見張りに優先して一時的に選ばれてしまう。

(b)　気の緩み・ぼんやり

①　憶測判断：本格的な「気の緩み・ぼんやり」ができあがる一歩手前の心理的要因として憶測判断や慣れが存在することがよくある。「多分これでよいだろう」と慣れすぎから客観的な確認をせず，自分勝手な判断や希望的観測に基づいて適正な見張りをしなければならない状況であるのについ怠ってしまう。

②　危険感覚のズレ：(a)で前述したとおり。

③　作業の単調さ：船橋当直の単調さから大脳の覚醒水準が低下してしまう。

④ 疲労・眠気・船酔い：これらの生理的な要因は，肉体的なレベルダウンだけでなく大脳中枢のレベルダウンをも招くことから，正常な当直行為を要求できる状態ではない。疲労に関しては肉体的疲労に比べて精神的疲労の方が回復しにくい。また，睡眠不足による眠気は人の不安全行為をつくる最たるものである。睡眠不足は一般事務をとる場合にはさほど障害とはならないが，船舶を操縦する場合には重大な障害となる。睡眠不足でなくとも人間は深夜の当直ではどうしても覚醒水準が下がってしまう。また，疲労・単調さ・風邪薬等も覚醒水準を下げる。

⑤ 飲　酒：生理的な要因であり，血中濃度0.02％は酔いはじめの状態であるが0.05％以上になると大脳に影響が及び自己制御ができなくなり，眠気を催す。個人差もあるが清酒180 cc 飲用につき完全に醒めるまで約５時間を要し，少量でも覚醒水準が下がる。

(c) 考えごと

見張りのための注意力や集中力を著しく低下させる。深刻な悩みごとを抱えている場合は危険である。例えば家族の病気，借金，人間関係のもつれによることが多い。

(d) 一方向見張り

注意転換の遅れで，他の目標を見ることに熱中していて時間の経過に気づかず手遅れになり，他方向の見張りがお留守になってしまう状態である。飛行機の操縦士は視線を固定せず，常に首や体を動かし，まんべんなく周囲の見張りを行うことを要求されている。

(e) 死　角

船橋構造に死角があった場合と椅子に腰掛けたため死角になった２つの場合がある。船橋構造に死角があったことは環境側の設備的要因でこれがなければ不安全行動は起こらない。また，腰掛けて死角になったことは前述の気の緩みがその生理的・心理的背因となっている。

(f) その他の要因

例えば，雑談に夢中であった状況は心理的要因としての無意識行動でよく慣れた環境で起こり，見てはいても意識していない。つまり，大脳の中枢がその情報処理をしていない状況である。

### 2.8.2　居眠り海難の実態とその間接原因

「居眠り」を原因とする衝突・乗り揚げが，少なく見ても全体の衝突・乗り揚げによる要救助海難の10%を占めている。居眠り海難は，自船だけの損害に留まらず交通環境を極めて悪くしており，道路における暴走トラックの事故とよく似ている。①見張りは単調かつ低刺激状態の連続であり，居眠りを誘発しやすい作業であること，②少人数化，経済運航による乗組員の過労や，③船舶交通の幅輳化が進んでいること等を考え合わせると，今後この居眠りによる海難の発生する可能性が高まることが予想される。居眠り海難の発生形態を解析して実態を把握するとともに，海難に至る背景について検討し，居眠り海難の未然防止に寄与することを目的として調査研究を実施した。調査データは1980年から1989年に居眠りが原因として裁決された524件である。調査結果をまとめれば次のとおりとなる。

(1)　次の状態で起こっている。

①　1日あたりの睡眠時間が6時間未満，睡眠間隔が20時間以上の睡眠環境が悪い状態，覚醒リズムが夜間（1～6時）に低下したとき

②　1日あたりの勤務時間が10時間以上

③　距岸3海里未満，天候が晴れ・曇りのとき，視程が7と良好なとき，風力階級が小さいとき，波浪階級が1と小さいとき

④　一般貨物船または一般漁船で，5～20総トンまたは100～200総トンの船舶の航行中，または漁船では漁場からの復路

⑤　慣れていた海域，気の緩み，警戒水準が低い状態

⑥　単独当直中，寄りかかっていた当直姿勢

⑦　自動操舵装置を使用中，主機遠隔装置を使用中

⑧　10年以上の経験者，資格は五級海技士（航海）または一級小型船舶操縦士

⑨　職種は船長または甲板長・甲板員

⑩　身体疲労状況

⑪　居眠り防止策なし

(2)　居眠り要因で傾向が顕著であった10要因の連鎖

(a)　漁船の場合

「1人当直で×自動操舵中に×立って当直していないで×経験が豊富な人で×緊張感なしで×1日の勤務時間が長い場合に×慣れていて×夜間の低覚醒時間帯に×低警戒心で×身体的疲労あり」という連鎖が典型的であった。

(b)　一般貨物船の場合

「1人当直で×自動操舵中に×立って当直していないで×経験が豊富な人で×緊張感なし」という連鎖が典型的であった。

(3)　居眠りのパターン分類

33項目設定した居眠り要因を因子分析により集約し，居眠り主要因を求め，居眠り要因の生理学・心理学的な類型分類を行った。その結果は，睡眠不足型（1回短睡眠，睡眠不足，長睡眠間隔），勤務疲労型（連続長勤務，1日長勤務，長夜勤），精神疲労型（精神疲労，長夜勤），病気型（有症，服薬，睡眠不調），精神弛緩型（低警戒心，慣れ，無刺激），換気温度型（気流不足，酸素不足，外寒内暖），経験年齢型（長経験，高齢），覚醒リズム型（日中食後，夕方）および，刺激型（無刺激，深夜，低緊張感）という9つのパターンであった。そして，睡眠不足型，勤務疲労型，精神弛緩型が多くの居眠り海難を起こしていることが分かった。

(4)　海上居眠り事故の特性を調査し，居眠り海難事故発生フォルトツリーを描き，その背景と各要素間のつながりを調査したところ，有効な居眠り防止システムの設置と疲労と睡眠不足のANDラインを切断することが防止対策として有効であることが分かった。また，海難と自動車事故の比較においては，船舶の事故発生率（$1.97 \times 10^{-2}$）は自動車に比べ約2倍，船舶の居眠り事故発生率（$14.0 \times 10^{-4}$）は自動車の約10倍であり，異常に高い確率で居眠り海難が起きていることが分かった。

### 2.8.3　船員の疲労に関するガイドライン

2013年ILO国際労働機関により新たに国際労働条約が発効し，SOLAS条約，MARPOL条約，STCW条約に続く「海事関連国際条約の第4の柱」として，「2006年の海上の労働に関する条約」（MLC：Maritime Labour Convention）が発効した。これにより，船長等への労働時間規制等の適用や休息時間規制に関する労使協定による例外など，船員法の労働条件等に関する改正や，船員室等の天井の高さや寝台の長さ及び幅の拡大といった船舶設備規程の改正が行われた。また，近年では，仕事による疲労やストレスが，社会的に問題視されつつあり，船員の疲労が注目されている。2017年1月に報告されたProject MARTHA - The Final Report[2]では，「船員の疲労とストレスは，航海の期間に比例して増加し，モチベーションは低下する」ことが明らかになっている。

# 2.9 新しい海難の原因究明と事故防止・安全管理

## 2.9.1 NTSBの4Mの応用

(1) 事故生成の過程

総論で述べたアメリカのNTSBの4Mの手法を拡大解釈すれば，海難のおおむねの発生過程は，図2-16に示すとおりにとらえることができる。したがって，①まず，同種の事故を繰り返さないように，間接要因，直接要因を探究することが重要であり，②不幸にして起きてしまった事故の損失が最小となる工夫（保護設備・保護具，非常措置技術，救助技術，洋上生存技術等）が必要である。

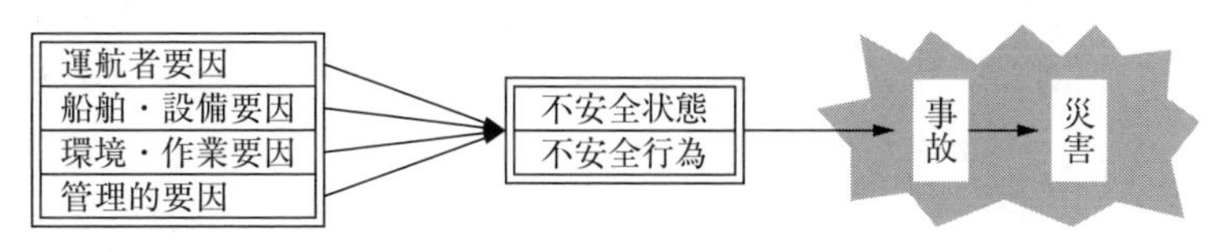


**図2-16 船舶海上事故・災害の過程**

(2) 原因の究明

(a) まず，事故の引き金となった直接原因を，例えば，船橋当直者の居眠りというように特定する。

(b) 直接原因に至った背後要因を4つのMから探求する。例えば，運航者要因を過労・睡眠不足，船舶・設備要因を自動操舵，環境要因を夜の無刺激な航行環境，管理要因を夜間の単独当直制というように探究する。

(c) 間接原因は，具体的にはそれぞれが関連して直接原因となっているので，前述の間接原因を次のように組み合わせる。

① 運航者要因だけ：過労・睡眠不足

② 運航者要因と船舶・設備要因：過労・睡眠不足×自動操舵

③ 運航者要因と環境要因：過労・睡眠不足×無刺激な航行環境

④ 運航者要因と管理的要因：過労・睡眠不足×夜間の単独当直制

⑤ 運航者要因と船舶・設備要因と環境要因：過労・睡眠不足×自動操舵×無刺激な航行環境

⑥ 運航者要因と環境要因と管理的要因：過労・睡眠不足×無刺激な航行環境×夜間の単独当直制

⑦ 運航者要因と環境要因と船舶・設備要因：過労・睡眠不足×無刺激な航行環境×自動操舵

⑧ 運航者要因と船舶・設備要因と環境要因と管理的要因：過労・睡眠不足×自動操舵×無刺激な航行環境×自動操舵×夜間の単独当直制

(d) このうちどのパターンに近いかを特定する。

(3) 事故防止対策

事故防止対策，安全管理は，図2-17にそのモデルを示すとおりである。

各要因に対する対応策を例として次に述べるが，追求された４Ｍの組み合せによって，対応する対策は各要因に対する対策が有機的に組み合わせられる。

(a) 管理的対策，運航者対策から過労・睡眠不足状態である運航者要因を消去・減少させる対策をする。

(b) 管理的対策，船舶・設備対策から，夜間，他船の少ない海域で運航者要因の状況に応じて，自動操舵航行をさせない場合もありうる対策をする。

(c) 運航者対策，船舶・設備対策，管理的対策から，例えば，適切な居眠り防止装置を設置したり，管理的対策から定時連絡制度等を実施して，夜間の航行環境の無刺激さによる居眠りへの影響を消去・減少する。

(d) 管理的対策から夜間の単独当直を見直すか，運航者対策，船舶・設備対策から単独当直が居眠りに寄与することを減少させる。

(4) 事故防止対策について，誰が，何を，短期的対策，長期的対策に分けて，いつまでに実施するかを明確に決める。

(5) 得られた海難原因，海難防止策に関して，同種の海難再発防止のための教訓・参考・研究に供することができるすべての情報を公開する。

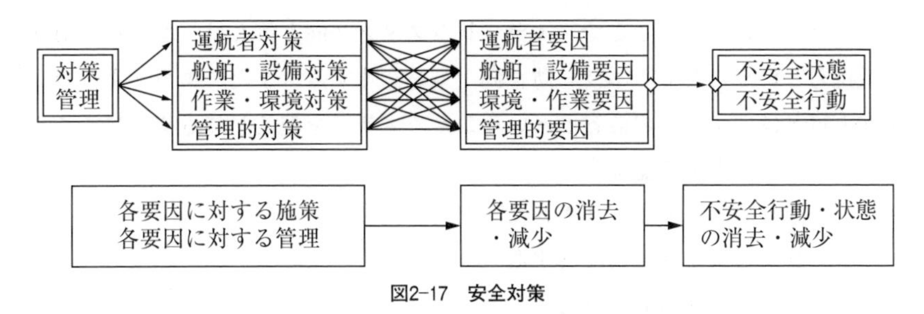


図2-17　安全対策

### 2.9.2　ヒューマンファクターに焦点をあてた m-SHEL モデルの応用

m-SHEL モデルについては，すでに総論で説明した。前述の船橋当直者の居眠りによる衝突事故を例として説明する。

(1)　原因分析

次のとおりとなる。

(a)　L—S（Liveware—Software）

作業マニュアルどおりの当直であったが，居眠り防止システム，他船接近警報システムがなかったか，有効ではなかった。

(b)　L—H（Liveware—Hardware）

自動操舵が，過労・睡眠不足状態の船橋当直者を居眠りさせやすい状況を作った。

(c)　L—E（Liveware—Environment）

夜間の無刺激な航行環境が，過労・睡眠不足状態の船橋当直者を居眠りさせやすい状況を作った。

(d)　L—L（Liveware—Liveware）

単独当直は，過労・睡眠不足状態の船橋当直者を居眠りさせやすいのに他の人に応援を頼めるようなチームワークのある乗り組み体制ではなかった。

(e)　M（Management）

過労・睡眠不足が必然となる就労体制，夜間の単独当直制は居眠りになりやすいことが分かっていて改善がなされていなかった。

(2)　対　　策

次のとおりとなる。ここで，エラーレジスタンス向上策とは，エラーに対する抵抗力ということで，エラー防止向上策を意味する。また，エラートレランス向上策とは，エラーの許容度ということでエラーを起こしても事故にならないようにする向上策を意味する。

(a)　居眠りのエラーレジスタンス向上策

①　就労体制を適正に改善する

②　夜間の単独当直を見直す

③　居眠り防止マニュアルの作成

(b)　居眠りのエラートレランス向上策

①　適正な居眠り防止装置の開発

②　他船の接近を人間に知らせる適正な警報装置の開発

### 2.9.3　海難とインシデント調査に対する国際海事機関（IMO）の動向

最近の運輸設備は巨大化し，いったん事故になったときの被害は甚大であることから，異常事態を減らし，事故の危険性を小さくしておくことが求められている。

航空機等では，国土交通省運輸安全委員会が証拠物の収集，厳密な検証を行い原因を究明し，事故防止のための施策の勧告等を行っている。加えてインシデント報告（未然事故報告）を義務づけ，事故になる可能性についても，その原因究明とそれに基づく事故防止対策の検討が本格的になされている。自動車の場合，警察機関による刑事責任について調査が行われている。運輸安全委員会のような独立した原因究明体制はないが，自動車交通安全対策検討会が設置され，直接原因（主として運転者の過失）以外のさまざまな原因や背景要因の詳しい分析を実施し，地方陸運支局は，カーナビゲーションシステムや携帯電話使用，運転者の過労，勤務時間や健康状況，事故者の心理状態，事故歴，回避行動等，また，車両の設計構造，整備不良，改造関連などを細かく調査している。

船舶では大規模な海洋汚染を引き起こす海難が多く発生したことから，国際海事機関（IMO）を中心に，STCW 条約に基づく船員の資質の向上，ポートステートコントロール，国際安全管理コード（ISM コード）等の整備，ダブルハル（二重構造）対策などが進められた。これらの基本的な事項を遂行することが，船舶の安全航行を確保するための前提となる。しかし，これらの整備が進んでも，事故は予期し得ない事態によって起こりうる。そのために，安全戦略にはこれらの基本的事項の推進に加え，事故をもたらした原因の調査から，一層充実した事故再発防止対策を進めるための海難調査の充実強化が提案されてきた。

海難調査は，各国がその国独自の体制および方法で実施しており，関係国間の情報交換や調査協力についてはその国の判断に大きく左右されてきた。一方，近年の流出油事故を伴う沿岸国の環境に重大な被害を及ぼす海難等について，損害賠償などの経済的な配慮が優先し，必ずしも円滑な海難調査ができない事例が発生してきた。このような状況に鑑み，海難調査の国際的な枠組みの必要性が認識され，国際海事機関の議題にとりあげられ，各国の意見が集約されてきた。各国が調査内容を標準化して情報交換すること，調査対象を海難（アクシデント）と海難に至る寸前の危険事態（インシデント）とすること，関係国が事故調査の権限を共有することである。そして，具体的調査項目や情報交換について国際的な調査官会議などを開催している。こうした動きによって，再発防止のための事故原因究明と安全対策の協力が深まることが期待される。

直接，海難調査に関係する IMO「海難及び海上インシデントの調査のためのコード（1997. 11. 27）」決議書，付属書およびその指針における要点の一部を和訳して紹介する。

(1) 海難及びインシデントの定義

海難は非常に重大な海難，重大な海難，及び海難の三段階にわたって定義され，これに続いて海上インシデントも定義された。

① 非常に重大な海難の定義

船舶の全損，人命の喪失，又は深刻な汚染を含む船舶の海難をいう。

② 重大な海難の定義

非常に重大な海難とみなされない次の海難をいう。

・火災，爆発，乗り揚げ，接触，荒天による損害，氷による損害，船体亀

裂又は船体の欠陥の疑いなどの結果，水面下の浸水，主機の作動不能，居住区の過大な破線等の不堪航をもたらす構造的損害

・汚染（量を問わない）

・曳航又は陸上の救援を要する故障

③　海難の定義

・船舶の運用に起因し，又は関連した，人の死亡，又は重傷

・船舶の運用に起因し，又は関連した，船舶からの人の消失

・船舶の全損，推定全損又は放棄

・船舶への具体的な損害

・船舶の乗り揚げ又は航行不能，若しくは衝突における船舶の関与

・船舶の運用に起因し，又は関連した具体的な損害

・１隻又は複数隻の船舶の運用に起因し，又は関連する１隻又は複数隻の船舶の損害によってもたらされた環境への損害

④　海上インシデントの定義

船舶又は人が危険にさらされ，又は結果として船舶又は構造物若しくは環境への重大な損害が生じたかも知れない船舶の運用に起因し，若しくは関連する出来事又は事象をいう。

⑵　付属書「海難及び海上インシデントにおけるヒューマンファクターの調査のための指針」の骨子

①　目的

海難及び海上インシデントにおけるヒューマンファクターの系統的調査について実際的な手引きを与え，効果的な分析と予防措置の策定を考慮に入れている。なお，長期的な目的は，類似海難や海上インシデントが将来発生するのを防止しようとするものである。

②　調査の系統的手法

ヒューマンファクターの調査のための段階的な系統的手法のプロセスを以下に示す。

Step 1：事件データの収集

Step 2：事件経緯の確定

Step 3：不安全行為又は不安全意思決定及び不安全集件の特定

そして不安全行為又は不安全意思決定については，

Step 4：エラーの分類又はルール違反の特定

Step 5：隠れた要因の特定，及び

Step 6：安全上問題となりうるものの特定と安全対策の策定

③　調査順序

調査の事実認定の主な方法は以下のとおり。

・現場の検査

・物証の収集と記録

・文化，言語の相違を考慮した証人に対する質問（現場及び現場外）

・文書，手順書及び記録の吟味

・専門的研究の実施（必要な場合）

・証拠の矛盾の同定

・紛失した情報の特定

・追加要因及び隠れた原因となりうるものの記録

④　調査範囲

調査の範囲は，人，環境，機器，手順，組織の５つの分野に分けられる。

一般的な枠組みは以上のとおりであるが，例えば，調査事項としての「事故の際の当事者の任務」についてみると，以下のようになっている。問題点をはっきりさせ，対策が具体的に可能となるように配慮されていると考えられる。

（例）事故時の任務についての質問

・事故発生時，船内のどこにいたか。

・当時どんな仕事又は任務を割り当てられていたか。

・誰が割り当てたか。

・自分の割り当てを理解していたか。矛盾するような命令を受けなかったか。

・過去何回そのような仕事をしたか（事故に関わった当該船で）。

○ BRM 訓練

船舶では，事故や海難が起きると深刻な海洋汚染や損失に関わる。海難事故の84%がヒューマンエラーによるものであり，人的要因が73%を占めている。そこで，ヒューマンエラーに着目した海難防止に対する訓練の取り組みが行われている。それが，BRM 訓練（Bridge Resource Management，船舶資源管理）である。BRM は通常，座学や操船シミュレータを使用した安全運航対策の訓練プログラムで，船橋に立つ者全員をひとつのチームとし，個人のミスに起因するヒューマンエラーが事故に直結しないようにチームワークを有効に発揮するマネジメントをいう。

また，2010年6月に STCW 条約の第2回目の改正（マニラ改正）が採択され，5年の移行期間を経て2017年1月に完全施行となり，人的要因を強化する目的で BRM に関連する訓練が強制要件となり，BRM 手法を用いた事故防止取り組みが重要視されている。

この訓練により，運航船の事故ゼロを目指しているが，事故へと発展する際には，主な兆候がある。事故の主な兆候を以下のとおりに挙げる。

① あいまいさ（Ambiguity）
② 注意散漫（Distraction）
③ 不備および混乱（Feeling of Inadequacy and Confusion）
④ コミュニケーションの崩壊（Breakdown in Communication）
⑤ 不適切な操船指揮または見張り（Improper Command or Lookout）
⑥ 規則・手順違反（Violation of Rules of Procedures）
⑦ 航海計画不履行（Deviation from the Passage Plan）
⑧ 自己満足・自信過剰（Complacency）

これらの事故の兆候について，状況を認識し，兆候があった場合には，この兆候をチームで断ち切ることが重要である。

○ ERM

2010年6月，フィリピンのマニラで開催された国際海事機関（IMO）締約国会議で STCW 条約の改正案（STCW 条約マニラ改正）が採択された。この改正の一つとして運用水準の機関士の能力基準表にエンジンルームリソースマネジメント（Engineroom Resource Management：以下「ERM」という）に関する要件が追加された。これは同要件表の能力「安全な機関当直の維持」における知識，理解及び技能の要件としてERMに関する知識とその実践を求めたものである。

ERMとは機関区域においてリソース（要員，機器，情報）を適切に管理し，有効利用することにより船舶の安全運航を実現する1つの手法である。

改正された能力要件表にはERMの実践にあたり重要な要件として次の事項が規定されている。

【ERM要件（ERMを構成する技能/要素）】

①　リソースの配置

②　任務及び優先順位決定

③　効果的なコミュニケーション

④　明確な意思表示

⑤　リーダーシップ

⑥　状況認識力

⑦　チーム構成員の経験の活用及びERM原則の理解

① リソースの配置

リソースの配置とは主に人的リソースに関する要件で，安全運航を維持するために必要な要員を適切な箇所に配置されるべきことを表している。

② 優先順位決定

優先順位は通常状態においては既に設定されていることが多い。しかし突発的，偶発的な状況が発生した場合においても緊急性，妥当性また安全性を十分考慮し優先順位を検討，決定し実施しなければならない。

③ コミュニケーション

コミュニケーションは安全運航を維持するために必要な情報交換であり，要員の情報共有はERM要件の中でも非常に重要となる。

④ 意思表示

意思表示とは，職位に関係なく誠実にかつ平等にコミュニケーションをとるための能力である。要員は時に自己判断を必要とされる場面があり，安全運航を維持するうえで必要と判断したときには，職位や任務の上下関係に関わりなく，自己の判断を主張する必要がある。また，上司の決断に対してもその妥当性に疑義がある場合には再考を即すことも必要な能力の１つである。

⑤ リーダーシップ

リーダーシップはERMを実践するために特に重要となる人的要因である。リーダーシップには他の要員に対する影響力を考慮すること，情報共有などによる要員のモチベーションの維持を図ることができる。リーダーとなる機関長や一等機関士は自身の持つ情報を共有し，また，要員の情報を共有しようとする姿勢が求められるなど情報を共有しやすい雰囲気作りが必要である。

⑥ 状況認識力

状況認識力とは，さまざまな状況において危険の存在の有無，環境汚染の可能性，法令に抵触する状況の有無その他不具合発生の可能性を的確に判断し見極める能力である。事故やトラブルを未然に防ぐには現状を的確に把握することが重要であり，それにより必要な行動や対策をとることができる。

⑦ チーム構成員の経験の活用

チーム構成員の経験の活用とは，チーム全員の経験を考慮し活用することにより安全運航を達成しようとするものである。たとえ若年であっても場合によってはチームリーダーが必要とする知識や技術を持っている場合がある。このためチームリーダーはチーム構成員全員の経験や経歴を知っておく必要がある。

管理対象となるリソースは次の３つがある。

○　要員　…　要員を資格と資質に基づき適正に配置

安全運航のために配置される人員で，当直の維持も含め，任務を遂行するにあたり適正な能力を有し，かつ他の要員の管理や活用をする能力を有する必要がある。また，各要員は各機器の機能や取り扱いを熟知し，その機能が十分発揮されていることを確認するとともに機器が発する情報を理解しそれを活かす能力が必要である。

○　機器　…　機器に対する運転・保守管理，それらの記録の管理安全運航に必要な機器類の機能が十分に発揮されている必要がある。機器の管理には各機の運転管理，保守管理そして運転/保守記録の管理がある。また，機器の現状（温度・圧力・音・振動）を十分把握し故障の兆候を早期に見極めることも重要になってくる。

○　情報　…　情報の共有，情報記録の保管，情報に関する適正な理解及び対応

機関区域外からの情報や各機器の運転状態，チーム構成員がもつ情報を共有することにより優れたチームワークを発揮し，モチベーションの維持を図ることができる。特に機関室内のチーム構成員は情報が不足し外部状況の把握が難しく先を見越した対処が困難になる。このため，船橋との情報を密にとり機関室内のチーム構成員との情報を共有することも重要となる。

ただし，ERMを活用するにあたり，機関部の特定の要員だけが理解するのではなく，すべての要員が等しく理解し，その必要性を共通認識としてもつことが重要である。

**(2.1～2.4　千葉　元，2.5～2.9　小島智恵・山野武彦)**

# 第3章　非常・応急措置

## 3.1　海難全般に関する一般的注意

多くの船員は海難に遭遇することがないかもしれない。しかし，不幸にして海難が生じた場合には，速やかに非常・応急措置を実施し，その被害を最小限に抑えなければならない。

⑴　大部分の海難は人災（人為的要因）によるものであり，十分な注意と絶え間ない努力によって，防止することができる（これを予防可能の原則〈Preventable〉という）。しかし，人事をつくしても回避できない不可抗力的な天災（自然的要因）による海難もある。

不幸にして海難が発生した場合には，沈着冷静に適切な事故処置を行い，人命の救助を最優先に船舶や積荷の損害軽減に努めなければならない。

⑵　もし自船が海難に遭遇した場合は，その人命・船体・積荷の救助に万全を期さなければならない。特に他船と衝突した場合は，自船に急迫した危険がない限り他船の人命および船体を救助する義務がある。

また，他船の遭難を知った場合は，自船に急迫した危険がない限り，または法令に定めのある場合を除いて人命の救助に必要な手段をつくす義務がある。この場合，船体・積荷についての救助義務はない。

⑶　航海日誌及び公文書には事実を詳細に記述すること。これらの書類には，十分に事実を確認した上で記載し，絶対に改ざんをしないこと。もし改ざんを行った場合は，他の記載が事実であっても証拠としての価値が半減する。

⑷　海難が発生した場合は，船長指揮のもとに初期動作を開始するとともに，安全管理システム（SMS：Safety Management System）に定められている緊急時の対応措置に従って，速やかに連絡を行う。

### 3.1.1　法律上の処置

(1)　公法上の義務

(a)　人命・船舶・積荷の救助義務（船員法第12・13・14条）

第12条　船長は，自己の指揮する船舶に急迫した危険があるときは，人命の救助並びに船舶及び積荷の救助に必要な手段を尽くさなければならない。

第13条　船長は，船舶が衝突したときは，互いに人命及び船舶の救助に必要な手段を尽くし，かつ船舶の名称，所有者，船籍港，発航港及び到達港を告げなければならない。ただし，自己の指揮する船舶に急迫した危険があるときは，この限りでない。

第14条　船長は，他の船舶又は航空機の遭難を知ったときは，人命の救助に必要な手段を尽くさなければならない。ただし，自己の指揮する船舶に急迫した危険がある場合及び国土交通省令の定める場合は，この限りでない。

(b)　衝突相手船に自船の船名等を通告する義務（船員法第13条）

(c)　行政官庁への報告義務（船員法第19条・126条第６項）

第19条　船長は，左の各号の一に該当する場合には，国土交通省令の定めるところにより，国土交通大臣にその旨を報告しなければならない。

①　船舶の衝突，乗揚，沈没，滅失，火災，機関の損傷その他の海難が発生したとき。

②　人命又は船舶の救助に従事したとき。

③　無線電信によって知ったときを除いて，航行中他の船舶の遭難を知ったとき（1999年２月１日以降，無線電信からGMDSSに完全移行）。

④　船内にある者が死亡し，又は行方不明となったとき。

⑤　予定の航路を変更したとき。

⑥　船舶が抑留され，又は捕獲されたときその他船舶に関し著しい事故があったとき。

(d)　書類記載の義務（船員法第18条・126条第５，６項）

船長は，衝突の事実及びこれに関連して自己のとった処置につき，航海日誌，機関日誌，その他所定の書類に正確に記入しなければならない。事実を記載せず，虚偽の記載をすることは許されない。

(e)　死傷者に対する処置（船員法）

① 水葬（同法第15条・同施行規則第４・５条）

② 遺留品の処置（同法第16条・同施行規則第６・７・８条）

③ 報告の義務（同法第19条・同施行規則第14・15条）

④ 死亡者または行方不明者が乗組員である場合の雇止手続

(f) 臨時航行許可証の交付（船舶安全法第９・18条）

(2) 私法上の義務

(a) 職務上の注意義務（商法第705条・706条）

第705条「船長は，その職務を行うについて注意を怠らなかったことを証明しなければ，船舶所有者，傭船者，荷送人その他の利害関係人に対して損害賠償の責任を負う。（船長に個人賠償責任を負わせる）」とされている。

この商法が制定された当時は，船長の権限が大きかったため，その義務と責任も重いものとなっている。これは現実的ではないため，今後改正される見込みとなっている。

第706条「海員がその職務を行うにあたり，他人に損害を加えた場合において船長は，監督を怠らなかったことを証明しなければ，損害賠償責任を免れることができない」とされている。

(b) 船舶所有者への報告義務（商法第720条）

第720条「船長は，遅滞なく，航海に関する重要な事項を，船舶所有者に報告することを要す」とされている。海難事故が発生したときは，船長は遅滞なく，その顛末の詳細を船主に報告しなければならない。

(c) 共同海損（商法第788・789条）

船長が，船舶及び積荷を共同の危険から救出するために，船舶または積荷について行った処置によって生じた損害及び費用は，共同海損となる（商法第788条）。この処置によって保存することができた船舶または積荷の価格と，運送賃の半額と，共同海損の損害額との割合に応じて，各利害関係人がこれを分担することになる（商法789条）。したがって，これらの共同海損事故に関する詳細な記録を作成し，保存しなければならない。

(d) その他の処置

事故の真相を船主に報告した後であっても，船長は船主の指示を受けて，また自ら進んで善後処置に努力しなければならない。保険関係及び共同海損関係の事務処理のため，船体及び貨物の損傷に対し共同海損検査員などの調査を受け，海難報告書や航海日誌などの証書類を準備しなければならない。

### 3.1.2　遭難信号

海上衝突予防法第37条により，船舶または水上航空機が遭難して他の船舶または陸上からの救助を求める場合は，海上衝突予防法施行規則第22条に定める信号を行わなければならない。

① 約1分の間隔で行う1回の発砲その他の爆発による信号
② 霧中信号器による連続音響による信号
③ 短時間の間隔で発射され，赤色の星火を発するロケット（火せん）又はりゅう弾による信号
④ あらゆる信号方法によるモールス符号の「SOS」の信号（水密電気灯及び日光信号鏡など）
⑤ 無線電話による「メーデー」という語の信号
⑥ 縦に上から国際海事機関が採択した国際信号書（以下「国際信号書」という。）に定めるN旗及びC旗を掲げることによって示される遭難信号
⑦ 方形旗であって，その上方又は下方に球又はこれに類似するもの1個の付いたものによる信号
⑧ 船舶上の火炎（タールおけ，油たる等の燃焼によるもの）による信号
⑨ 落下さんの付いた赤色の炎火ロケット（落下さん付き信号）又は赤色の手持ち炎火による信号（信号紅炎）
⑩ オレンジ色の煙を発することによる信号（自己発煙信号及び発煙浮信号）
⑪ 左右に伸ばした腕を繰り返しゆっくり上下させることによる信号
⑫ デジタル選択呼出装置による2,187.5 kHz，4,207.5 kHz，6,312 kHz，8,414.5 kHz，12,577 kHz 若しくは16,804.5 kHz 又は156.525 MHz の周波数の電波による遭難警報
⑬ インマルサット船舶地球局（国際移動通信衛星機構が監督する法人が開設する人工衛星局の中継により海岸地球局と通信を行うために開設する船舶地球局をいう。）その他の衛星通信の船舶地球局の無線設備による遭難警報

⑭　非常用の位置指示無線標識による信号（EPIRB：Emergency Position-Indicating Radio Beacon）

⑮　前各号に掲げるもののほか，海上保安庁長官が告示で定める信号

## 3.2　衝　　突

他船や海上浮遊物などへの衝突は，乗組員の見張り不十分，海上衝突予防法・海上交通安全法及び港則法の航法不遵守，ECDIS・レーダ/ARPA・オートパイロットへの過度の依存，操舵装置の故障や主機関の故障などによって，引き起こされている。衝突を防止するためには，乗組員の周到な注意と不断の努力が必要である。

ここでは不幸にして，衝突事故が発生した場合の処置について述べる。

### 3.2.1　一般的処置

衝突事故が発生した場合，船長はその状況を敏速かつ冷静適確に判断し，最善の処置を思い切って実行しなければならない。また，人間は急激な危機に直面した場合，パニックに陥り集団の秩序や統制を乱し，各自が個々の行動を取り，さらに重大な状態を引き起こすことがある。よって，船内がパニック状態に陥らないように乗客や乗組員を落ち着かせなければならない。

⑴　人命救助（船員法第12・13・14条）

他船に衝突した場合には，自船及び相手船の乗客や乗組員の人命救助に最善を尽くさなければならない。最悪にして両船とも沈没の危険がある場合は，速やかに救命艇（救命いかだ）を降下して収容する。

⑵　遭難信号の発信（海上衝突予防法第37条）

自船及び相手船がともに危険な状態に陥り，他船や救助機関に救助を求める場合には，遭難信号を行わなければならない（遭難信号については3.1.2に記されている）。

⑶　乗員の非常召集と総員退船

自船の沈没が避けられない状況であると判断した場合は，総端艇部署配置を発令し乗客や乗組員を非常召集して，総員退船しなければならない。

⑷ 船体積荷の保安処置

自船及び相手船の安全のために，お互い排水や防水などの応急処置を行わなければならない（防水措置については3.3.3に記されている）。

⑸ 重要書類や高価品等の保管

人命救助が完了した後，沈没までに時間的な余裕がある時は，重要書類・貴重品その他の重要物品などを相手船や救助船，または救命艇などに移動し保管する。

⑹ 相手船への通告（船員法第13条）

船舶の名称，所有者，船籍港，発航港および到達港をお互いに通告し確認する。

⑺ 航海日誌等の記録，証拠書類の整備と保管（船員法第18条）

衝突前後の顛末や本船の事後処置に関する報告書，使用中の航海日誌，機関日誌等は明確に記録して保管する。

⑻ 管海官庁および船主等への報告（船員法第19条，商法第720条，海洋汚染及び海上災害の防止に関する法律第38条）

⑼ 流出油防除作業の実施

オイルフェンスで油の拡散を防ぎ，油吸着材や油処理剤で流出した油の処理を行う（防除措置については3.6.4に記されている）。

### 3.2.2 衝突直後の操船処置

相手船の船側に自船の船首が突っ込んだ場合，反射的に機関を後進とし離脱させると，破口をより広げるばかりでなく，破口から急激に浸水して沈没する危険がある。

このような場合は，まず機関を停止し，必要であれば微速前進をかけ相手船に自船を押しつけ離れないようにする。その後，自船と相手船を係止索で互いに固縛し，応急防水措置を行ってから，機関を後進にかけ離脱する。

また沿岸航行中に衝突して沈没のおそれがあるときは，任意乗り揚げを考える（任意乗り揚げについては3.4.2に記されている）。

### 3.2.3　衝突後確認すべき事項

衝突時は，上記の緊急措置を行うとともに，できるだけ早い機会に下記の事項を確認し，記録しておく必要がある。

①　衝突時刻
②　衝突位置
③　衝突角度
④　船首方位
⑤　衝突時の状況，両船の速力
⑥　衝突時の周囲の状況（視界，天候，風向，風力，海潮流，海象など）
⑦　船内の状況（船長や機関長への連絡時刻，機関部が行った措置など）
⑧　信号（海上衝突予防法に定める操船信号，警告信号，灯火など）
⑨　ECDIS/Electronic Chart Display and Information System：電子海図情報表示装置の航海記録データ・VDR/Voyage Data Recorder：航海情報記録装置の収録データの保管）
⑩　機関，舵，レーダの使用と時間（エンジンテレグラフロガー・コースレコーダー記録紙などの保管）
⑪　初認から衝突に至るまでの経緯，両船の航跡
⑫　損傷箇所，範囲
⑬　堪航性の有無
⑭　船舶の名称，所有者，船籍港，発航港および仕向港または停泊地
⑮　その他（船長名，トン数，発航日時，人命・船舶・積荷の損傷程度）

## 3.3　浸　　水

### 3.3.1　浸水の原因

船内への浸水の原因としては，次のようなことが考えられる。

①　衝突，乗り揚げ，火災，荒天等による海難によるもの。
②　船体の腐食，衰耗による亀裂や船体損傷によるもの。
③　水密装置やパイプ，ビルジ，バルブなどの閉鎖不完全によるもの。
④　荷役作業の不手際や積荷性状の認識不足によるもの。

⑤　戦争やテロによる被害によるもの。

このような原因に対しては，早急に対策を講じなければならない。船内への浸水量が増加していくと，それに伴って浮力や船体の安定性が失われていく。最悪の場合には，沈没する危険性があるので，まず損傷箇所および浸水量を把握しなければならない。

## 3.3.2　防水設備

船体に破口を生じて浸水した場合に使用する，防水用具とその装着箇所および浸水区画などの補強用器材の船舶への備え付けについては，他の設備のように関連法規による規制はない。その一例として，第二次世界大戦中に利用されたといわれる防水設備の基準を，表3-1に示す。

**表3-1　船舶に装備する防水設備の基準例**

<table>
<tr><th rowspan="2">品名</th><th colspan="3">材料</th><th rowspan="2">500〜<br>1,000G.T.</th><th rowspan="2">1,000〜<br>3,000G.T.</th><th rowspan="2">3,000〜<br>10,000G.T.</th><th rowspan="2">10,000<br>G.T.〜</th></tr>
<tr><th>種類</th><th>型式</th><th>寸法</th></tr>
<tr><td>遮防箱</td><td>松</td><td>厚さ40 mm</td><td>500×500×250 mm</td><td>3</td><td>6</td><td>8</td><td>10</td></tr>
<tr><td rowspan="4">木栓</td><td rowspan="4">松または杉</td><td>大</td><td>$\phi$100×300 mm</td><td>5</td><td>10</td><td>30</td><td>30</td></tr>
<tr><td>中</td><td>$\phi$70×200 mm</td><td>5</td><td>10</td><td>30</td><td>30</td></tr>
<tr><td>小</td><td>$\phi$50×150 mm</td><td>10</td><td>20</td><td>40</td><td>50</td></tr>
<tr><td>極小</td><td>$\phi$30×100 mm</td><td>20</td><td>50</td><td>100</td><td>100</td></tr>
<tr><td rowspan="2">当板</td><td rowspan="2">松</td><td>厚さ40 mm</td><td>大500×300 mm</td><td>10</td><td>20</td><td>25</td><td>30</td></tr>
<tr><td>厚さ40 mm</td><td>小30×250 mm</td><td>10</td><td>20</td><td>25</td><td>30</td></tr>
<tr><td>楔</td><td colspan="3">$\frac{300\ mm \times 100\ mm}{2} \times 70\ mm$</td><td>100</td><td>200</td><td>250</td><td>300</td></tr>
<tr><td>掛矢</td><td colspan="3">大</td><td>1</td><td>1</td><td>1</td><td>1</td></tr>
<tr><td>ボルト・ナット</td><td colspan="2">大</td><td>600 mm</td><td>10</td><td>20</td><td>25</td><td>25</td></tr>
<tr><td>(バタフライナット)</td><td colspan="2">小</td><td>200 mm</td><td>10</td><td>20</td><td>25</td><td>25</td></tr>
<tr><td>角材</td><td colspan="2">角材</td><td>40×9×9寸</td><td>10</td><td>20</td><td>25</td><td>25</td></tr>
<tr><td rowspan="2">木ハンマー</td><td colspan="2">中径</td><td>70 mm</td><td>1</td><td>1</td><td>1</td><td>1</td></tr>
<tr><td colspan="2">小径</td><td>45 mm</td><td>1</td><td>1</td><td>1</td><td>1</td></tr>
<tr><td>鋸</td><td colspan="3">大</td><td>1</td><td>1</td><td>1</td><td>1</td></tr>
</table>

出所：航海便覧編集委員会編「航海便覧（三訂版）」（海文堂出版，1991年）

表3-1以外に有効といわれている防水用具は，以下のとおりである。

① 鋼板（厚さ10㎜内外のもの）

② 鋼条材（セメントの骨材）

③ 丸鋼，タール，古帆布，毛布類

④ グリースなど油脂類

⑤ セメント（10袋程度）

また，従来から使用されてきた代表的な防水用具は，以下のようなものがある。

(a) 防水マット（collision mat）（図3-1）

防水マットは，二重にした帆布の中にロープや帆布の切れ端などを詰め込み，表面にマニラ麻の房糸を縫い付けたものである。

防水マットの備え付けは，おおよそ次の基準による。

・総トン数3,000トン未満の船舶　2.4ｍ角

・総トン数3,000～5,000トンまでの船舶　3.4ｍ角

・総トン数5,000トン以上の船舶　4.5ｍ角

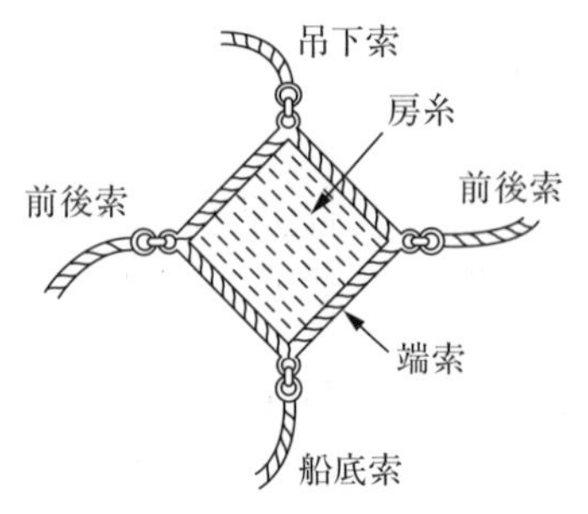


図3-1　防水マット

防水マットの使用方法は，房糸の縫いつけてある側を船側に密着させる説（Knight modern seaman-ship）と，外側にする説があるが，後者が有力といわれている（図3-2）。また，防水マットが大きくなると取扱いが難しく，実用に向かないとされている。船舶の大型化に伴い，最近では使用実績がほとんどない。

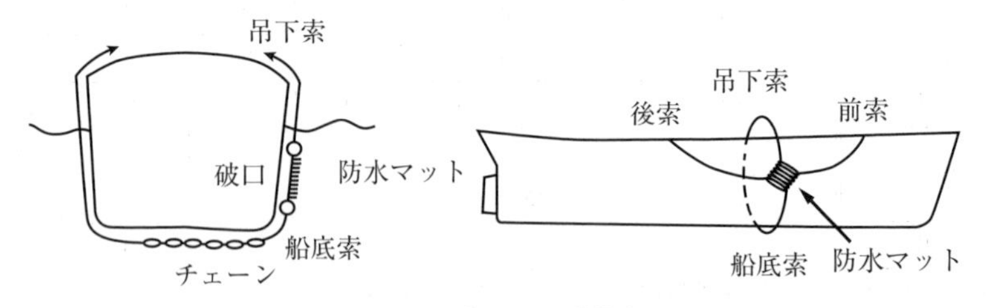


図3-2　防水マットの装着法

比較的小さな破口の場合には,「ワイヤロープに適当な間隔で毛布を取り付けた物を，船外から破口部に近づけて，浸入海水の水圧によって毛布を吸い込ませて塞ぐ方法が有効であった」とのサルベージ業者の説もある。

(b)　角材及び円材

角材及び円材は，浸水区画の水密隔壁を隣接区画から補強するために用いられる。長さが縦横又は直径寸法の最小値の30倍を超える（細長い）場合には，挫屈（折れたり曲がったり）することがあるので，注意を要する。

(c)　遮防箱（stuffing box）（図3-3）

小破口からの浸水の場合に，使用される。遮防箱の大きさは，500×500×250 mm 程度までである。

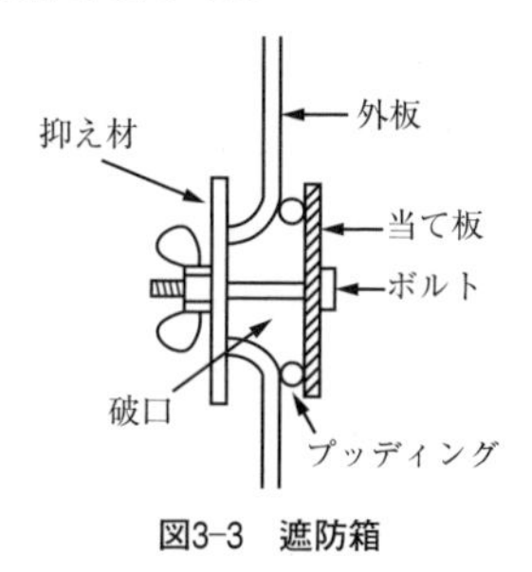


図3-3　遮防箱

(d)　木栓及び楔

船内から小破口に打ち込んで使用する。破口の大きさに応じた木栓を使用する。破口の大きさに合わせて，大小組み合わせて使用する場合がある。

(e)　当て板（padded door）（図3-4）

小破口からの浸水時に使用される。外側から当て板をする必要があるので，トリムやヒールの調整を行って破口部を水面上に出して行うか，水中で行う場合は潜水士によって行う必要がある。

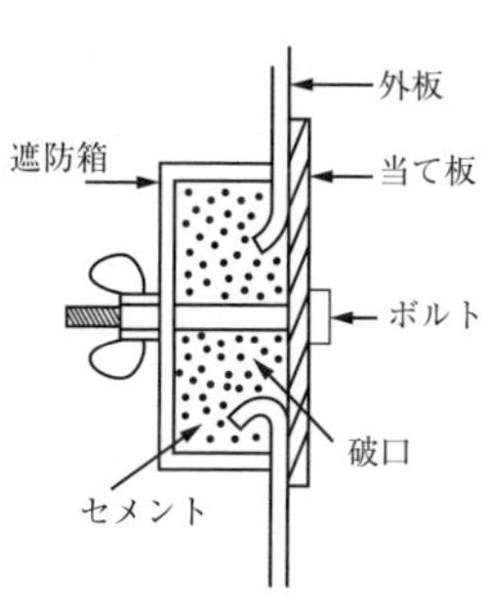


図3-4　当て板

(f)　水中溶接（underwater welding）

潜水士により，外部から破口部に鋼板を水中溶接する。水中では視界が悪く，潮の流れや波の影響を受ける。また，感電する危険があるので，熟練した潜水士によって行われる。

## 3.3.3　防水措置

(1)　浸水の防止と排水の実施

(a)　航行中であれば機関停止とし，やむをえない場合は微速で航行する。また，破口部が風下側になるように操船する。

(b)　防水部署配置を発令し，乗組員により浸水箇所の探知と原因を確認する。

(c) 漏水程度の亀裂の場合は，内部からオーカム（麻ロープを解した物）などを打ち込むか，木栓を打ち込む。その上から油脂類やタールを塗る。

(d) パイプの溶接部やピンホールからの漏水であればクランプを取り付け，ゴムチューブや補修テープなどを強く巻き付ける。

(e) 破口が小さいときは内部から毛布や古帆布を詰めてから木栓を打ち込むか，当て板（padded door）を行い，その上からセメントで固める。

(f) 破口が大きく浸水量が多い場合には，船内に警報を発した後，水密扉を閉鎖して区画防水措置をとるとともに，防水マットまたは遮防箱を用いて破口部を塞ぐ。

(g) 浸水防止措置をとりながら，本船に装備されているビルジポンプやエジェクターなどで浸水区画の水を排水する。ポンプの排水能力が浸水量を上回っていれば，沈没の危険はない。また，浸水量がポンプの排水能力を上回っている場合でも排水作業を続行しなければならない。そのため，排水ポンプの運転を維持するために万全の処置をとらなければならない。

(h) 水面下の破口から浸水する水の量は，(3.1) 式で求められる。

$$Q = CB\sqrt{2gh_0} \times \rho \qquad (3.1)$$

$Q$：毎秒浸水量（トン）

$C$：流量係数　0.6

$B$：破口部の断面積（$m^2$）

$g$：重力加速度（9.8 $m/sec^2$）

$h_0$：水面下破口中心までの深さ（m）

$\rho$：海水比重（標準は1.025）

(i) 水面下の破口から浸水する水の量は，破口径20㎝，破口深度1.5 m で，$0.6 \times 0.1 \times 0.1 \times \pi \times \sqrt{2 \times 9.8 \times 1.5} \times 1.025 \times 60 \times 60 = 377.14$ トン/h

上記破口では1時間あたり約377トンの浸水量となり，これが防水作業の可能限度とされる。

(2) 損傷部隣接区画の隔壁の補強

区画防水を行うには，浸水区画の隣接隔壁が水圧に耐えられなくてはならない。そのためには，隣接隔壁を補強する必要がある。これは船齢の古い船ほど重要である。特に排水ポンプを運転維持するための機関室の保護が重要である。水密隔壁に加わる水圧の中心は，底部から浸水した水位の約1/3の高さの所にあるので，その部分を十分に補強する必要がある。

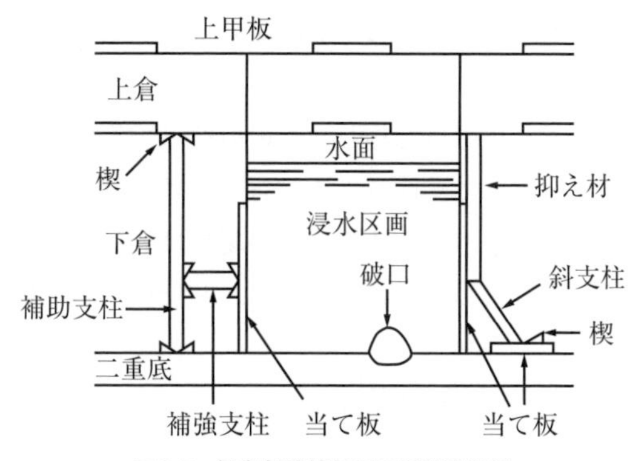

**図3–5　損傷部隣接区画の隔壁補強例**

図3–5は，損傷部隣接区画の隔壁補強の一例である。隔壁に沿って当て板を施し，これを支柱によって補強する方法を示したものである。

浸水や漏洩箇所には当て板・マット・毛布・木栓等で防水措置を施し，本船がもつ全排水能力を使用して排水作業を行う。

⑶　トリムならびにヒールの調整

破口深度が浅い場合は，トリムとヒールの調整により破口部を水面上に出すことができるので，防水作業は比較的容易となる。仮に破口部が水面上に出なくても，深度を浅くすることで，浸水量を減少させることができる。

浸水に伴う横傾斜及びトリム変化に対して，反対舷のタンクに注水して船体姿勢を制御することは，注水による予備浮力の減少や自由水による GM の見かけ上の減少を招く。最悪の場合には，GM が負になって転覆する危険があるので，十分注意して行う必要がある。

⑷　積荷の投げ捨て

復原力を保持するためや喫水を浅くして浸水量を少なくするため，また浸水による積荷の発火や吸水膨脹（貨物によって異なる）などの危険が生じる可能性があるときは，積荷の一部を他船に移動させるか，海中に投棄する（共同海損行為については，3. 1. 1に記されている)。

⑸　事故後の航行

浸水防止措置中に，風浪などで船体動揺が激しい場合は，保針も難しく応急作業も困難となる。このような状況下では，海錨（sea anchor）を使用して船体の安定を図る（大型船の場合は，両舷の錨鎖を数節海中に繰り出して，懸垂する)。

浸水防止措置を施した後の航行は，損傷部を保護するよう風浪に対し針路速力を調整して，注意深く航行しなければならない。また，浸水が激しく沈没の危険が予想され，陸岸に近い場合は，任意乗り揚げ（beaching）を行う（任意乗り揚げについては，3.4.2に記されている)。

## 3.4　乗り揚げ

乗り揚げ（grounding）には，座礁（stranding）・座州・かく座・こう沙・任意乗り揚げ座礁（beaching）・沈座（scuttling）などの用語が使用されるが，ここでは，すべて乗り揚げとして扱う。

GNSS（衛星測位システム）やレーダそしてECDISなどが普及した現在の乗り揚げの原因は，気象海象によるものを除けば，船位の不確認・居眠り運航・操船不適切・水路調査不十分や機関・舵故障による操縦不能などである。ここでは，乗り揚げた場合の一般的処置を述べることとする。

### 3.4.1　乗り揚げ時の処置

(1)　乗り揚げ直後の機関の操作

直ちに機関停止とする。他船に衝突した場合と同様に，反射的に機関を後進にかけることは次の理由により危険である。

①　乗り揚げた船底の損傷部分が拡大し，離礁したときに沈没の危険を招く。

②　破口が拡大し，トリムと船体傾斜が増加する。貨物が移動することにより浸水損害が増加し，転覆の危険が生じる。

③　舵やプロペラの損傷が生じやすく，その後の操船に支障をきたす。

④　底質が泥や砂の所では，機関の冷却水取入口から砂が混入し，機関使用不能となる。

⑤　一軸船の場合，機関を後進にかけると船尾を振って海岸線に平行となりやすく，船体損傷の増大を招く。

⑥　全速後進で離礁した場合，他の暗礁に再び乗り揚げる可能性がある。

### (2)　状況の調査

乗り揚げたとき，直ちに触底の範囲や次の事項を調査して，「自力で離礁するか」「他船に救助を求めるか」「船固めをするか」の判断をしなければならない。

(a)　損傷の状況

①　乗員や積荷の状況

②　各タンクや空所及び船倉を測深し，浸水の有無を確認する。船体損傷があるときはその程度

③　舵やプロペラの異状の有無と，主機及び補機の使用の可否

④　喫水・トリムの変化や船体の傾斜

⑤　燃料・貨物油の流出の有無と，オイルフェンス展張の可否

(b)　付近の状況

①　船体周囲の水深・底質・海底起伏と船体乗り揚げ姿勢

②　干満の差や潮時及び風浪と潮流の船体に及ぼす影響および気象状況

③　船固めを行うための付近の地形と状況，支援体制の有無

④　ECDIS や手用測鉛などを使用しての船体運動の察知

⑤　船主や関係官庁及び保険会社への乗り揚げ位置や状況などの報告資料

(c)　海底から受ける反力の算定

「乗り揚げ時の喫水」と「乗り揚げ前の喫水」との差により海底から受ける反力を求めることができる（(3.2) 式)。

$$R = \Delta d \times T \tag{3.2}$$

$R$：海底からの反力（トン)，$\Delta d$：乗り揚げ前後の喫水変化量（cm)

$T$：毎センチ排水トン数（乗り揚げ前後の平均喫水に対する T)

乗り揚げ後に，潮位が低下して喫水が低下すれば，それに相当する浮力も減少し，海底からの反力は増加する。干潮時には海底から受ける反力が最大となる。

また海底から受ける反力は，船体損傷に伴う浸水があれば，その浸水区画線下容積に相当する浮力だけ増加する。したがって，船底の一部分が海底から支持されるときは，船体破損を生じる可能性が高くなる。

(d)　復原力損失の算定

船が乗り揚げた場合には，海底からの反力を受けて，浮力の損失を招いて静的復原力が減少する。すなわち，海底からの支持力（反力）のため，船のGMは見かけ上減少する。浸水がないときの復原力は（3. 3）式のようになる。

$$復原力 = W\{GM_1 - (KM_1 + S\cot\theta)R/W\}\sin\theta \quad (3.3)$$

W：乗り揚げ前の排水量，R：海底からの反力，G：船の重心位置

K：基線の位置，$M_1$：乗り揚げ後の平均喫水線に対応する横メタセンター位置

S：海底からの反力中心から船体中心線までの距離，$\theta$：船体の横傾斜角

よって，$W \times GM_1 < (KM_1 + S\cot\theta)R$ となった場合には，船は転覆する。

さらに船底が損傷して浸水すれば，それによって傾斜モーメント及びトリムモーメントが与えられ，いっそう復原力を損失する。

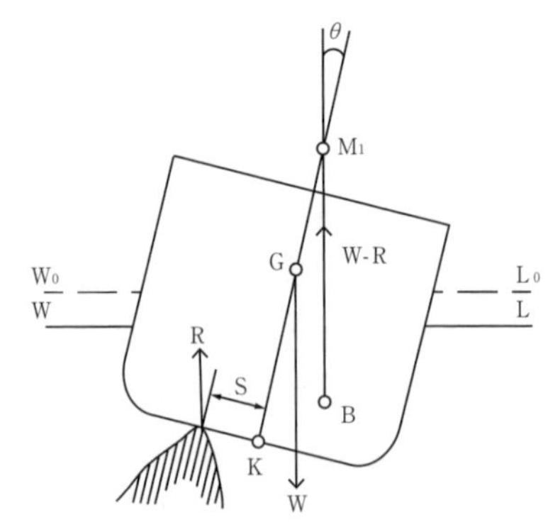

図3–6　乗り揚げ時の復原力

(3)　船固め（securing）

乗り揚げたときに，何も対策を取らなければ海潮流や風浪の影響で，船体はさらに海岸の方へ押し流されたり，波浪に横たわったり，船体の上下運動で船体損傷部が拡大したり，舵や推進器の損傷を招いたりして，離礁作業が困難となる。

船固め（securing）は，このような危険や障害を避けるため，船体運動の軽減及び風浪や海潮流に対し，船体を一定の姿勢に保持するために行われる。

(a)　船体の固縛法（図3–7）

船体を固縛する場合は，次の点に注意して行う必要がある。

① 固縛には，錨（主錨・中錨）・錨鎖・係留索・曳航索を使用する。

② 外力の影響の最も大きい方向に，主錨と錨鎖を配置する。

③ 錨鎖および索は，なるべく長く伸出して，把駐力をもたせる。

④ 陸上の岩石や樹木及び構造物などを利用して，「陸張り」を十分にとる。

⑤ 錨や錨鎖の搬出は，通常大型船の場合は専門のサルベージ業者に依頼

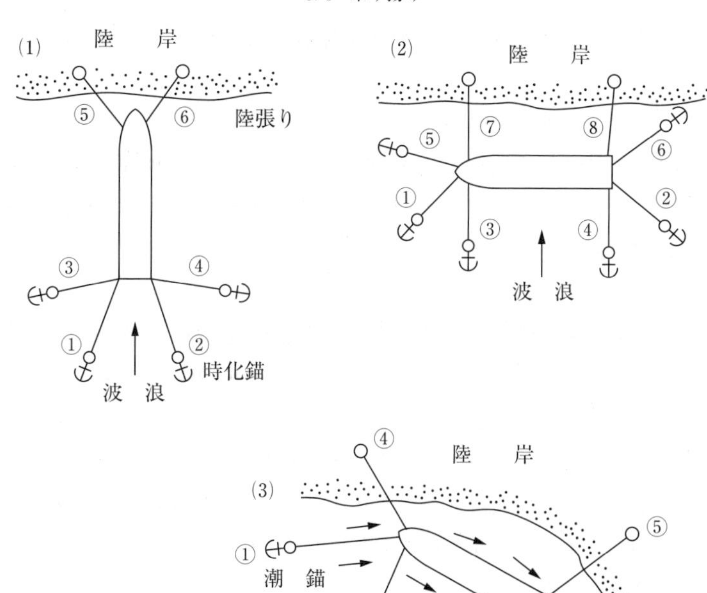


**図3-7　船体の固縛法**

※　番号はその搬出順序を表している。

して行うが，不可能な場合には本船のボートを使用して行う。状況によってはボート2隻を組み合わせて行う。

⑥　波の影響が強いときは，索の増し取りを行い，索にかかる力を分散させる。また錨鎖や重錘（sinker）などで波のエネルギーを吸収させる。

⑦　固縛のために錨鎖や索をとる順序は，一般的に風潮上及び沖合から順次行う。

⑧　固縛に使用した錨鎖や索が，引きおろしの作業にそのまま使用できるよう配置する。

⑨　錨鎖や索は，適度に張り合わせておき，適宜弛みを取る。

(b)　乗り揚げ中の船体の保護

船固めをした状態において，船体を保護するためには，次の注意を要する。

① バラスト注水（ballasting）

船固め中で最も危険なことは，沖合からの波により船体が動揺することである。船体を安定させるために，バラストタンクなどに張水することは，船底を海底に圧着させるので効果的といわれている。

② 沈座（scuttling）

錨・錨鎖・係留索などの停泊用具（ground tackle）に適当なものがないときは，「非常措置として船倉に注水する」「船側外板に穴をあけて浸水させて乗り揚げる」方法がある。穴は船底船側湾曲部の上部付近にあけるようにし，離礁のときに簡単に塞ぐことのできる大きさとする。一般商船では，通常２つ程度の船倉に浸水させるが，どの船倉を使用するかについては，貨物の種類や数量などを考慮して決めなければならない。

③ 船体周りの海底変化

乗り揚げた場合の船体周りの水の流れは，周囲の流れに比べて複雑に変化する。海底が泥や砂の場合は，水の流れによって移動して海底に凹凸をつくる。そのため，船体は海底から部分的に支持される状況が生じて，最悪の場合には，船体折損や転覆に至る。

このような現象は，船が海岸線に平行に乗り揚げたときに生じやすいとされている。波浪によって船首尾付近の船底下が掘られることによって，ホギング（hogging）状態になる傾向がある。したがって，船首尾タンクへの注水は極力避ける。

④ 防水・排水・補強作業

浸水の状況に応じて，浸水防止や排水の実施及び隔壁の補強などの作業を実施する（防水措置については，3.3.3に記されている）。

(4) 救助要請

自力による引きおろしが不可能な場合や被害が大きく危険が切迫している場合は，速やかに他船や海上保安機関または救助機関などに救助要請を行う。その際には，下記事項に基づいて遭難状況を通報する。

(a) 船名，総トン数

(b)　発航港，寄港地，仕向港

(c)　発航日時

(d)　遭難日時，潮時

(e)　遭難の原因

(f)　遭難後の経過ならびに現状

(g)　乗り揚げ位置

(h)　船首方向，船体傾斜（左右，前後）

(i)　損傷箇所，浸水状況ならびにその程度の概要と，すでにとった応急処置

(j)　遭難現場付近の水深および底質

(k)　現場付近の潮汐，干満の差，潮流，波浪，天候に関する事項

(l)　遭難前後の喫水

(m)　積荷の種類及び積載量

(n)　機関使用の可否，排水・揚錨・操舵・揚貨装置などの動力使用の可否

(o)　乗組員の概要および現状

(p)　流出油の有無

(q)　その他救難作業に参考となる事項

### 3.4.2　任意乗り揚げ（beaching）

船が浸水や火災などによる非常事態に陥った場合に，人命や船体及び積荷を救助する目的をもって，故意に浅瀬へ乗り揚げることを任意乗り揚げ（beaching）という。

(1)　場所の選定

任意乗り揚げは，できる限り船体損傷を防ぎ，船固めが可能で，引きおろしが容易な場所を選ばなければならない。また，外洋に面した海岸でなく湾内が良いとされている。

以下の事項について検討してから，任意乗り揚げを行わなければならない。

(a)　波浪やうねりの影響の少ない場所を選ぶ。高い波浪やうねりは，船体の移動・破損・転覆を生じさせる。その後の救助作業を困難にするので，波高が2～3 m以下の場所を選ばなければならない。また局地的な風が強く吹

く所も避ける必要がある。

(b) 潮流の影響の少ない所を選ぶ。船体が圧流され，水中作業が困難となるので，流速２～2.5ノット以下の場所が望ましい。

(c) 水中作業が行いやすい遠浅で水深12 m 以下の場所を選ぶ。水深30 m 以上では水中作業が困難となる。

乗り揚げる斜面は，本船のトリムよりも少し海底傾斜がある場所を選ぶ。こうすることで，船首部が乗り揚げて，船尾部が少し海底から離れる状態となり，舵やプロペラの損傷を最小限に抑えることができる。

(d) 海底が平坦な砂の所で，凹凸のある岩礁は避ける。

① 底質が砂であるところは一般に地形が平坦である。船底との接触面積も広くて柔軟であるので，船底が損傷することもなく，その後の救助作業が容易となる。しかし，波浪が高いときは，船首尾付近の船底下の砂が掘れて，船体がホギング状態となり，重量物を満載した貨物船は船体折損する危険がある。

② 底質が泥の場合も，砂と同様に救助作業は比較的容易となる。

しかし，衝突事故などで浸水して浮力を失った船は，乗り揚げ後も浸水が続くことにより船体が沈下し続ける。特に軟泥の場合は，船体重量に耐える支持力（海底からの反力）が弱いため，船体が泥の中に沈み込む。最悪の場合には，予備浮力や支持力を失って船が転倒に至ることがある。また泥には吸着性があり，船体を引きおろすためには，船体重量を約15%増しで見込む必要があるといわれる。

③ 底質が岩盤で平坦な場所は，軟泥のもつ欠点がないので，救助作業は容易となる。

日本沿岸では，ほとんどが凹凸の激しい岩盤となっている。このような場所では，船底を損傷して浸水する危険が高くなる。最悪の場合には，ホギングやサギングが原因で船体が切断する危険がある。

(e) 陸上または海上から救援が得られやすい場所。

(f) 二次災害の発生する恐れのないこと。乗り揚げを行った場合は，船底破損による燃料油や貨物油の船外への油流出に注意しなければならない。その主な対策は，破損したタンクからの油抜き取りや移動及びオイルフェンスの展張がある（防除措置については，3.6.4に記されている）。

⑵　実施法と注意事項

(a)　任意乗り揚げを行う際には，船体がなるべく海岸線に対して直角の姿勢となるように行う。

①　船首から乗り揚げる場合は，舵とプロペラは沖側となり，海底から離れる状態となる。よって舵やプロペラを損傷することが少なくなり，その後の引きおろし作業や自力航行の際に有効となる。

②　船尾から乗り揚げる場合は，あらかじめ両舷主錨を投下してから乗り揚げる。その後の船固め作業が容易となるだけでなく，主錨を巻くことにより引きおろし作業が容易となる。この姿勢は波浪の影響を最も小さくすることができる。しかし，舵とプロペラが陸側となるため，損傷する危険が高くなる。

③　強い風潮流が海岸線に沿って存在する場合を除いて，海岸線に平行に乗り揚げない方が無難であるとされている。

(b)　乗り揚げ時の船速は，本船の損傷状況や底質を考慮し決定しなければならない。船速が過大であると，船体損傷が拡大して，引きおろしが非常に困難になる。また船速が不足すると，乗り揚げが中途半端な状態となり，風潮流や風浪の影響により船体が動揺または移動して，船体損傷の拡大を招いてしまう。

(c)　乗り揚げの時機は，一般的には干潮時を選ぶ。これは引きおろしを満潮時に行うことで，作業が容易となるためである。

緊急時以外の任意乗り揚げの実施方法として，満潮時に船を所定の場所に定置させ，干潮時を待って乗り揚げる方法が，最も船底を損傷しない方法とされている。

(d)　乗り揚げ前に，バラストタンクに張水し喫水を深くしておく。こうしておくことで，乗り揚げ後の船固め作業が容易になる。また，引きおろす際にバラストタンクから排水し喫水を浅くすることで，離礁を容易にすることができる。

### 3.4.3 引きおろし

⑴ 自力での引きおろし

乗り揚げた際に船体の損傷がない，もしくは軽微な場合には，状況に応じて本船の機関を使用して容易に引きおろすことも可能である。一般的には船固めを行い，防水・排水・補強作業及び船体重量の軽減やトリム調整を施した後，船体を浮上させても差し支えないと判断してから引きおろす。

(a) 基本的な事前作業

① 船体の浸水及び漏水箇所は，すべて防水処置を施しておく。

② 船体重量軽減のため，バラストタンクや船倉に張水した水を排水する。必要であれば，積荷を他船に移動させるか陸揚げする。また，海底と接触している船底タンクなどの油は，他のタンクに移送しておく。その際には，船体強度（bending moment）のチェックが必要である。

③ トリムは，海底の傾斜角より少し緩やかになるように調整する。

④ 船固めをしていなかった場合は，引きおろし作業で使用する錨を沖合に投入し，錨鎖を張り合わせておく。

(b) 引きおろし作業

① 引きおろしの準備は，満潮となる前に完了させる。引き下ろし作業は，満潮時またはその直前に実施する。その際，風潮流の利用も考慮しなければならない。

② 引きおろすときには，機関を後進にかけ，同時に錨鎖を巻き込む。

③ 底質が岩盤の場合，一挙に引きおろすと船底の損傷拡大や新たな損傷を招く恐れがあるので，徐々に行う。また底質が泥や砂の場合，長時間全速後進をかけると，機関の冷却水取入口から泥や砂が混入することで，機関が使用不能となる恐れがあるので，注意しなければならない。

④ 引きおろしが成功しなかった場合は，引きおろし方法を十分に再検討したうえで，次の満潮時に実施する。

⑤ 機関を後進にかけると，右回り一軸船では船尾が左に振れる特性があることを考慮しなければならない。

⑥ 引きおろし成功後は，直ちにビルジを測深して新たな浸水がないか調査する。危険と判断されるときは，再度任意乗り揚げを行う。

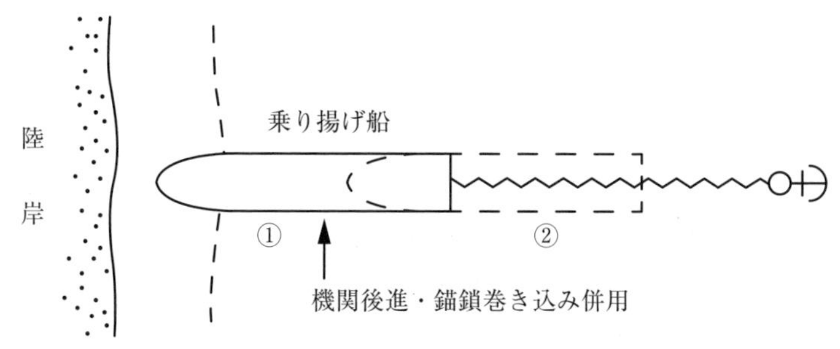


**図3-8 自力での引きおろし法**

⑦ 油の流出を調査する。もし，流出が発見されたときは，直ちに最寄りの海上保安庁などに通報した後，応急措置や防除措置を行う（防除措置については，3.6.4に記されている）。

(2) 引きおろしに要する力

(a) バラスト及びトリム調整を実施後の，引きおろし後の排水量が推定できれば，それに相当する喫水と満潮時の水深（乗り揚げ中の喫水）の差から，(3.2) 式で引きおろしの際に船体が受ける海底からの反力 $R$ が求められる。

(b) 引きおろしに要する力 $F$ は，海底からの反力 $R$，海底と船底との摩擦係数 $\mu$ から (3.4) 式によって決まる。

$$F = \mu \times R \tag{3.4}$$

$F$：引きおろしに要する力（トン）

$\mu$：海底と船底との摩擦係数

① mud：0.2～0.4

② sand：0.3～0.5

③ gravel：0.5

④ coral：0.5～0.6

⑤ rock：0.5～1.5

(c) 引きおろしに要する馬力：固定ピッチプロペラ（FPP）の前進時の推力は，100馬力あたり1トン，後進時の推力は前進推力の約70%といわれる。

よって，固定ピッチプロペラ船を使用して，後進にて引きおろし作業を行う場合に必要となる馬力は，(3.5) 式により求めることができる。

$$H = F \times 100 / 0.7 \quad (3.5)$$

$H$：引きおろしに要する馬力（HPS）

$F$：引きおろしに要する力（トン）

【参考：ZP 型タグボートの曳航力】

① 3,600 PS：前進48.0トン・後進45.0トン

② 4,000 PS：前進55.0トン・後進52.0トン

③ 4,400 PS：前進57.0トン・後進53.0トン

したがって，船体を引きおろすためには，自船の推進器や錨鎖などの巻き込み及びタグボートなど救助船の曳航力との合計が，引きおろしに要する力を上まわる必要がある。

なお，船体の沖側部分が波浪で上下動しており，浮上する傾向があれば，引きおろしが可能とされている。

(3) 救助船による引きおろし

(a) 救助船が投錨できる場合

① 救助船は，図3-9に示すように，引きおろす方向のなるべく沖合に両舷の錨を投錨する。同時に救助船の船尾から乗り揚げ船の船尾に曳航索をとった後，救助船の錨鎖を巻いて曳航索を張り合わせる。

② 満潮時に，救助船は機関を前進にかけると同時に両舷錨を巻き込みながら，引きおろしを試みる。乗り揚げ船は，前もって救助船が沖合に投下した予備錨から錨鎖またはアンカーロープを本船に取り込み，救助船と同調しながら巻き込む。

③ 錨鎖の巻き込みと救助船による引きおろしは徐々に行い，乗り揚げ船の損傷拡大を避ける。

④ 引きおろし作業は，多少風浪のある方が，船体の動揺を利用できるた

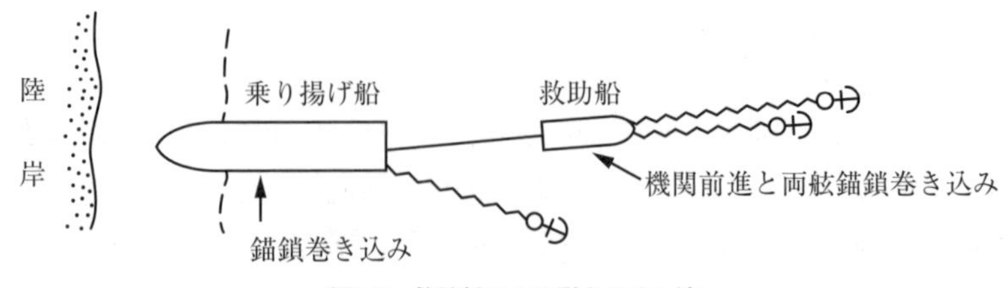


**図3-9　救助船による引きおろし法**

め有効とされている。

⑤　海岸に沿った強い潮流のある場合は，転流時に両船間の曳航索を強く張り合わせておくと，潮流の最強期には救助船が強く横に圧流される。これを利用すれば，両船の引きおろす能力以外の力が加わることとなり，引きおろし作業が容易となる。

⑥　引きおろし作業中，乗り揚げ船が浮上すれば，船体が急に動き出す場合がある。その場合，救助船と衝突する恐れがあるので，十分注意して作業を行わなければならない。

(b)　救助船が投錨できない場合

救助船が前進して引きおろしを行うと，曳航索が緊張する度に救助船の船首が振れ回る。このような状況では，曳航力を平均に保つことが難しくなり，最悪の場合は救助船も流されて乗り揚げることがある。

このような場合は，曳航索を救助船の中央より少し船首側にとり，前進推力と操舵によって船首を風潮にたてるように操船する。このようにすれば，曳航索がプロペラへ絡むことを防ぐことができ，乗り揚げ船が動き出したときの衝突防止にも有効である。

(a)・(b)いずれの場合でも，「自力での引きおろし」の際に必要な事前準備と注意事項を行うことが必要である。

救助船がある場合に，次の準備をすることは引きおろし作業をより容易にする。

①　泥や砂のように軟らかい底質に乗り揚げた場合で，タグボートの救援があるときは，タグボートのプロペラ流（screw current）を利用して，乗り揚げ船周囲の泥や砂などを吹き散らす。

②　船を沖の深い所に動かすために，事前に海底を掘り下げておく。

(c)　救助船による巨大船の引きおろし例

大型 Bulk carrier（15万重量トン）が空船の状態で，底質 fine sand の海岸に直角に船首から約1/2船長乗り揚げた。この引きおろし作業では，船側の海底を1.5 m 掘り下げ，主錨の搬出と錨鎖の張り合わせ，船体のトリム調整の後，4日後の満潮時にブルドーザー3台（陸上から押す）とタグボート7隻（合計27,500馬力）を使用して，引きおろしが成功した。

# 3.5　舵 故 障

船舶が航行中に自船の操舵装置や舵に故障が発生し，操舵不能に陥った場合は，重大な事態となるため，直ちに非常操舵部署を発令し，対処しなければならない。

このような状態を避けるため，船舶設備規程第３編第２章（操舵の装置）では，「主操舵装置及び補助操舵装置の設置の義務（第135条）」が定められている。

また，船員法施行規則第２章（船長の職務及び権限）では，「非常操舵操練の実施（第３条の４）」，「二以上の動力装置の作動義務（第３条の14）」，「自動操舵装置から手動操舵装置への切替え義務（第３条の15）」が定められている。

しかし，舵の故障は上記操舵装置の故障だけではなく，荒天中の波浪による衝撃や，障害物との接触などによる舵本体の破損・脱落によるものもある。

このような場合でも，２軸船や２枚舵の船舶では，機関の適確な使用や正常な舵によって航行が維持しやすいが，現代の大型船のほとんどが１軸１枚舵であるため，曳航を依頼するのが一般的である。

## 3.5.1　舵故障時の応急処置

(1)　操舵装置故障時の対処方法

操舵装置に故障が発生した場合の例として練習船鳥羽丸（横河電子機器株式会社　PT 500 A-K-N 2）における対処方法を以下に説明する（図3-10）。

①　まず異常が「制御装置（オートパイロット）」「油圧ポンプユニット（図3-12）」「パワーユニット」のどこに発生しているのかを確認する。

「制御装置（オートパイロット）」の異常であれば，個別表示灯（ANNUNCIATOR UNIT）に警報音とともに表示される。

「油圧ポンプユニット」の異常であれば，「BRIDGE ALARM PANEL」（図3-11）に「油圧ポンプユニット停止（STEER GEAR STOP）」などが警報音と共に表示される（通常２系統備えられており，他方が正常であれば操舵は可能）。

図3-10 鳥羽丸のオートパイロット

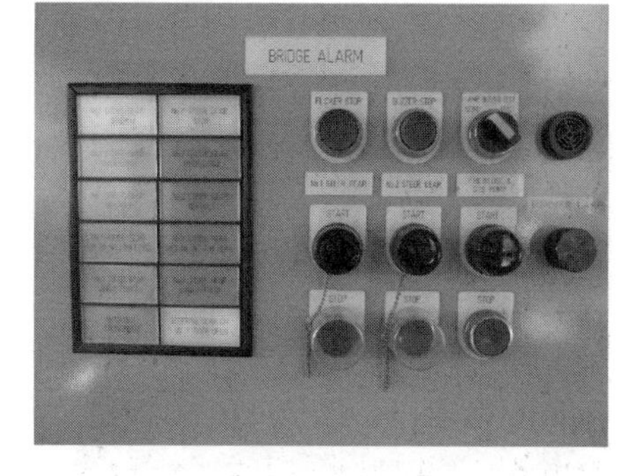


図3-11 鳥羽丸の BRIDGE ALARM PANEL

② 操舵モードが「AUTO（自動操舵モード）」「NAVI（ECDISなどによる操舵モード）」であれば，「HAND（手動操舵モード）」に切り替える。

通常制御装置も２系統備えられているので，NF-1追従操舵（No. 1フォローアップシステム）からNF-2追従操舵（No. 2フォローアップシステム）など使用していないシステムへ切り替えてみる。

③ フォローアップシステムが使用できない場合は，ノンフォローアップ操舵（無追従操舵）に切り替えて「ノンフォローアップ操舵レバー」での操舵を試みる。

④ ノンフォローアップ操舵も使用できない場合は，操舵機室（STEERING ROOM）に設置されている「油圧ポンプユニット」の電磁弁（図3-12）をピンで直接押すことにより操舵する。（操舵室とはインターフォンで連絡する。）

⑤ 「油圧ポンプユニット」の故障であれば，ポンプユニットを停止し，操舵油圧系統を予備操舵ポンプ（図3-13）による人力操舵に切り替えて操舵する。

(2) 投錨

港内や狭水道及び船舶交通が輻輳する海域や潮流の強い水域において，操舵装置が故障し，非常操舵や手動操舵に切り替える時間的余裕がないときは，直ちに機関を適宜使用して衝突・乗り揚げの回避に努め，なるべく航路筋を避け

図3-12 鳥羽丸の油圧ポンプユニット

図3-13 鳥羽丸の予備操舵ポンプ

て安全な場所に投錨する。

⑶ 漂泊

洋上や陸岸から離れた水深の深い海域で故障した場合は，機関を停止して漂泊しながら故障箇所の修理を行う。風浪のある場合には，海錨（sea anchor）を投入（大型船では両舷主錨を数節海中に繰り出す）して，船首を風浪に立てる。風浪が強い時は，機関を適宜使用し，横波を受けないように保針する。

⑷ 注意喚起

投錨や漂泊を行う場合は，周囲の船舶に対して国際 VHF にて注意喚起を行う。また，海上衝突予防法の「運転不自由船」として，「AIS（Automatic Identification System 船舶自動識別装置)」の Navigation Status（航海状態）を「Not Under Command（NUC)」に切り替える。

また，昼間であれば最も見えやすい場所に「球形の形象物２個」を連掲し，国際信号旗「IA 8（舵故障)」を掲揚する。夜間であれば最も見えやすい場所に「紅色の全周灯を２個」連掲する。

⑸ 曳航の依頼

舵故障の修理見込みが立たず，非常操舵装置の使用も困難な場合は，船主または保険会社に連絡して，曳船の手配を依頼する。自船で曳船（tug boat）の手配を行う場合でも，あらかじめ船主または保険会社の了解を得てから行うことが事後の処理上で大切となる。

(6) 仮舵または応急舵（jury rudder）の作製

船員の先人たちは，自力で航海を成就するために，船内のあらゆる資材を利用して，応急的な仮舵（応急舵）を作製し，舵故障に対処してきた。

近年，操舵装置や舵の品質や信頼性が大幅に向上していることなどから，仮舵（応急舵）による航走は，ほとんどない。しかし，洋上において曳船の依頼が不可能な場合は，自力で航海を続ける最後の手段として，仮舵（応急舵）を作製しなければならない。

## 3.5.2 仮舵（かりかじ）（応急舵）による航走

(1) 仮舵の要件

仮舵（応急舵）は，船舶の大小，喫水，航海の長短，海面の状況，船内で利用できる資材および仮舵の操作に使用する甲板機械の能力に応じて，適当な大きさと方式の仮舵を作製する。その際，下記の要件を満たす必要がある。

① 船内にある限られた資材で乗組員の技術によって作製できること。

② 船の保針性と回頭効果が良好に得られること。

③ 船体抵抗の増加が少ないこと。

④ 操舵の操作が容易であること。

⑤ 取り付けが容易で，堅牢であって波浪で破損しにくいもの。

⑥ 使用中に推進器や船尾材などに損傷を与えないもの。

⑦ 仮舵の舵面積は，少なくとも装備されている舵面積の1/2以上であること。

⑧ 水中に適度の深度を保ち，かつ使用中に転倒せず安定すること。

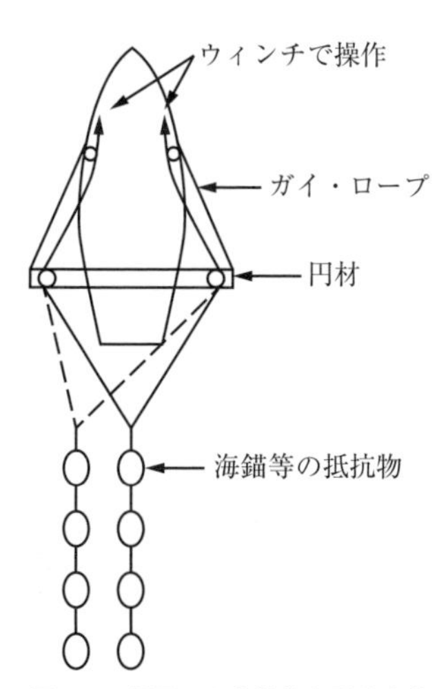

図3-14 船尾から曳航物を引く方式

(2) 仮舵の種類

① 曳航式仮舵

(a) 船尾から曳航物を引く方式（図3-14）

海錨やドラム缶などの抵抗物を索によっ

て船尾から曳航し，これを索の操作により左右に移動させ，船に回頭モーメントを与える方式。この方式は保針性が良く，波浪中での安定性を増す利点があるが，回頭性が悪く，低速航行時や大型船では，ほとんど舵効がないため小型船用といわれている。

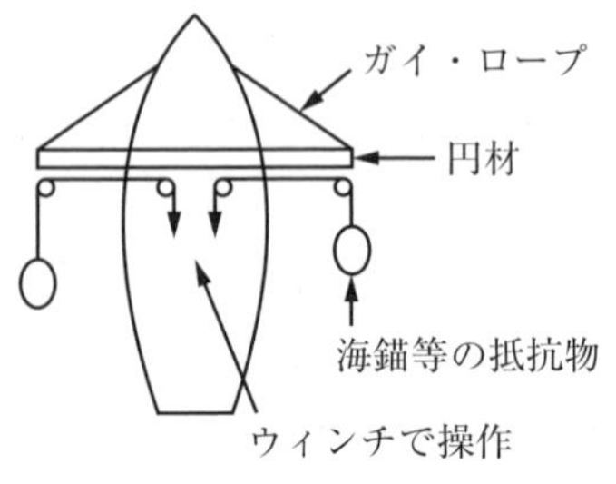

図3-15　両舷船側から曳航物を引く方式

(b)　両舷船側から曳航物を引く方式（図3-15）

回頭させたい舷側の抵抗物を海中に流し，反対舷の抵抗物を引き揚げることにより，回頭モーメントを得る方式。この方式は，回頭性が良好であるが，保針性は悪い。船の転心（pivoting point）から前方または後方に遠ざけて設置する必要がある。曳航物は大きな抵抗を受けるため，索具が切断して推進器を損傷する危険性があるため，小型船用といわれている。

(c)　船尾材に仮舵を取り付ける方式（図3-16）

流失した本来の舵に代わり，類似の舵板を作製して船尾材に取り付け，船尾甲板上から舷外に導いた索の操作で操舵する方式。

仮舵は，デリック，スパンカー，ブーム等の円材にハッチボード等の厚板を釘づけし，下部には適当な重りをつけて上下方向の安定性をはかり，舵板の上端には鎖をつけてラダートランク内に導き，これを支点として吊

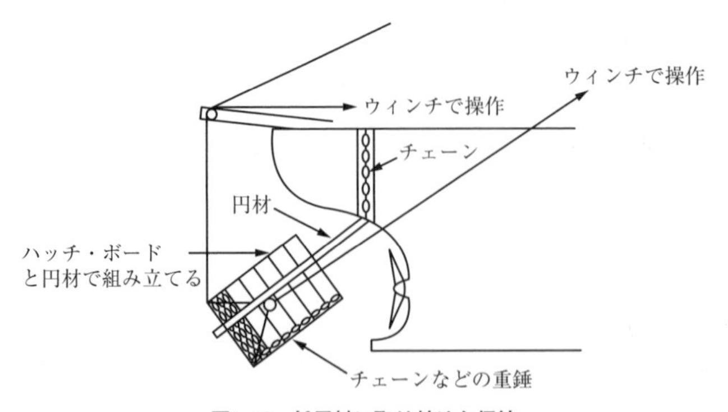

図3-16　船尾材に取り付けた仮舵

り下げ，さらに舵板後端上部もワイヤロープで吊り下げて固定する。

この方式の仮舵は，大きな抵抗を受けるので，丈夫な資材で作る必要がある。吊り下げているワイヤロープが切断した場合は，推進器に損傷を与える可能性が高く，船尾が「cruiser stern」形状の船には設置しにくい。荒天時には大型船に不向きとされている。

(d) 遊よく舵による方式（図3-17，図3-18）

図3-17に示すような仮舵をハッチボードや円材等を組み合わせて作製し，船尾から約70～100 m 後方で曳航し，仮舵後端に船尾両舷から導いた操舵索を取り付け，これを引き締めることにより回頭モーメントを得る方式。

回頭したい側の操舵索を引き締めることにより，遊よく舵が反対舷の斜め前方に移動して，船尾が仮舵の方向に引かれることにより船を回頭させる。

この方式は，大型船にも有効で保針性もよく，船尾形状や海面状況にも左右されない長所がある。しかし，仮舵の構造がやや複雑になることと丈夫な資材を使用しなければならないので作製が難しくなる。また，仮舵の浮力調整と転倒防止のための重りの調整が難しいとされる。さらに仮舵の遊よく範囲が広く，船の回頭が緩慢で，前進抵抗も大きいといわれている。

上記以外にも種々の方式の仮舵（応急舵）が考案されたが，すべての仮舵の要件を満たし，その機能を発揮したものはないといわれている。しかし，遊よく舵は仮舵の中で最も優れたものの1つとされている。

(3) 参考事例

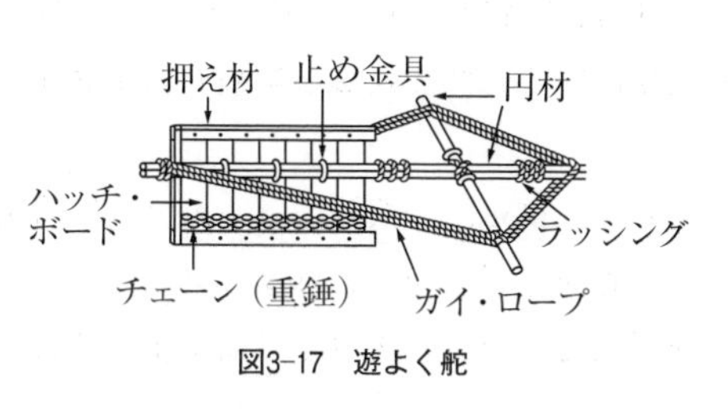


図3-17 遊よく舵

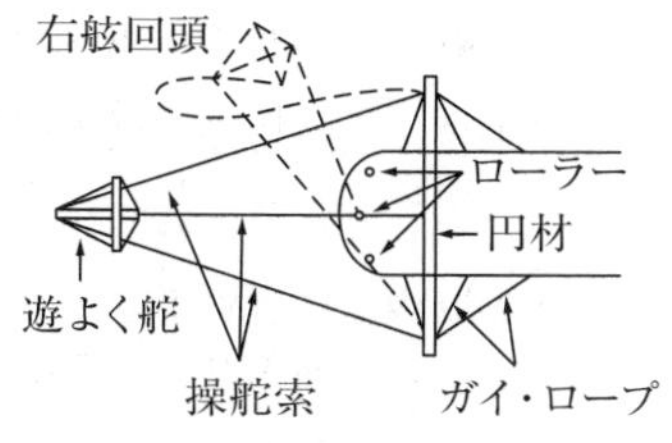


図3-18 右舷回頭時の遊よく舵

汽船「隆洋丸」(総トン数6,709トン) は，小麦などを積載するために福岡県三池港からカナダバンクーバーに向けて，空船廻航を行っていた。昭和5年1月10日北太平洋アリューシャン列島沖合で荒天に遭遇し，ラダーポストとラダーを流失した。18日間の漂流と試行錯誤を経て，石垣留由船長（明治43年鳥羽商船高専卒業）は，自ら考案した遊よく舵を作製し，船体に取り付けた。自力で2,040海里を超える航海の後，2月9日に無事浦賀港に到着した。当時仮舵にて2,000海里を超えて航走した実例は世界的になかった。

なお仮舵は，デリック・ハッチボード・ボルトナット・チェーンと索具などを使用して作製され，仮舵は装備されていた舵面積の約1/2で，自重約3.5トンであったとされている。

## 3.6 バラスト水と油汚染

### 3.6.1 油汚染

船舶からの大量の油流出事故は，海洋の自然環境に与える影響が甚大かつ広大なため，最も社会から注目され，批判される海難といえる。被害額と流出油処理費用は莫大なものとなり，船会社の存続すら危ぶまれるといっても過言でない。このため，船会社と船員は流出油事故防止のため，細心の注意を払っている。「海洋汚染等及び海上災害の防止に関する法律」(以下同法という) は，詳細な規定を設けて，その防止をはかっている。

また，「STCW 条約（1978年の船員の訓練及び資格証明並びに当直の基準に関する国際条約)」に基づいた，「船員法」(船員法第117条の3・同法施行規則第77条の6）で，「船舶所有者は，石油タンカー，液体化学薬品タンカー及び液化ガスタンカーなどの船舶に幹部職員（船長・一等航海士・機関長・一等機関士）又は幹部職員以外の危険物等取扱責任者を乗り組ませようとする場合は，船員手帳に危険物等取扱責任者資格認定を受けている者を乗り組ませなければならない」と定められている。

危険物等取扱責任者資格認定を受けるためには，一般財団法人海上災害防止センターなどで開催されている所定の講習を修了しなければならない。

講習には「油タンカー等の乗組員を対象としたコース（5日間：座学2日・

油火災消防実習等２日・流出油対応実習等１日)」「油防除を専門としたコース（５日間：座学２日・油防除実習３日)」などがある。

### 3.6.2　排出基準

自然環境保護の見地に立てば，油の海洋への排出はすべて禁止されるべきである。しかしながら，それでは船舶の運航が不可能となるため，同法は次の排出基準を定めている。

◎何人も，海域において，船舶から油を排出してはならない。ただし，次の各号の１に該当する油の排出については，この限りでない。(第４条第１項)

①　船舶の安全を確保するための油の排出。

②　人命を救助するための油の排出。

③　船舶の損傷その他やむを得ない原因により油が排出された場合において，引き続く油の排出を防止するための可能な一切の措置をとったとき。

これは，いわば非常時における油の排出の許容であるが，通常の運航状態における油の排出については，次の基準を満たせば許容される。

◎船舶からのビルジその他の油（タンカーの水バラスト，貨物倉の洗浄水およびビルジであって貨物油を含むものを除く）の排出で，次の基準に適合する場合。(第４条第２項)

・すべてのタンカーおよび総トン数100トン以上のノンタンカー

＜一般海域＞

①　油分濃度が15 ppm 以下であること。

②　航行中であること。

③　ビルジ等排出防止設備のうち一定の装置を作動させていること。(総トン数１万トン以上の船舶にあっては油水分離装置およびビルジ用濃度監視装置，総トン数100トン以上１万トン未満のノンタンカー，総トン数１万トン未満のタンカー及び総トン数100トン未満の非タンカーにあっては油水分離装置)

④　できる限り海岸から離れて行うよう努めること。

＜特別海域＞（地中海・バルティック海・黒海・北西ヨーロッパ海域）

タンカーとノンタンカーおよびトン数により，ビルジ等排出防止設備が異なるほかは，一般海域の基準と同一である。

<南極海域>

排出不可

◎タンカーからの貨物油を含む水バラスト等の排出（第4条第3項）

<一般海域>

(a)　次の条件にしたがって排出する場合

①　排出される油分の総量が，当該航海の直前の航海において積載されていた貨物油の総量の1/30000以下であること。

②　油分の瞬間排出率（ある時点における1/時による油分の排出速度を当該時点におけるノットによる船舶の速力で除したもの）が，1海里あたり30ℓ以下であること。

③　すべての国の領海の基線からその外側50海里を超えること。

④　航行中であること。

⑤　海面より上の位置から排出すること。（ただし，貨物油を含む水バラスト等であって油水分離したものを水バラスト等の油水境界面を確認した上，重力排出する場合は，この方法に限定しない。）

⑥　水バラスト等排出防止設備のうち一定の装置を作動させていること。

（150トン未満のタンカーと特定のタンカーはバラスト用油排出監視制御装置，その他のタンカーはバラスト用油排出監視制御装置およびスロップタンク装置）

(b)　クリーンバラストを排出する場合

海面より上の位置から排出すること。ただし排出直前に当該水バラストが油により汚染されていないことを確認した場合は海面下に排出することができる（港および沿岸の係留施設以外で排出する場合は，重力排出に限る）。

<特別海域>（同施行令第1条の7第3号）

クリーンバラストとして排出する場合のみ許容され，クリーンバラストに関し国土交通省令で定める基準（同施行規則第8条の2）に適合すること。

### 3.6.3　通　　報

◎船舶から大量の油の排出があった場合には，油の防除作業を実施するとともに，敏速かつ適切な油の処理のため，船長は以下の事項を直ちに最寄りの海上保安機関に通報しなければならない。(同法第38条第１項)

大量の油とは

① 100 ℓ 以上の油分を含む油の量（同施行規則第30条，第30条の２）

② 1000 ppm 以上の油分濃度（同上）

③ 10000 $m^2$以上の油のひろがりの範囲（同施行規則第28条）

油とは，原油，重油，潤滑油およびこれらを含む油性混合物（同規則第29条）

通報事項（同施行規則第27条）

① 油の排出のあった日時および場所

② 排出された油の種類，量およびひろがりの状況

③ 油の排出時における風および海面の状態

④ 排出された油による海洋の汚染の防止のために講じた措置

⑤ 船舶の名称，種類，総トン数および船籍港

⑥ 船舶所有者の氏名または名称および住所

⑦ 積載されていた油の種類および量

⑧ 船舶に備えつけられている排出された油による海洋の汚染の防止のための器材および消耗品の種類および量

⑨ 船舶の損壊により油が排出された場合は，損壊箇所およびその程度

◎船舶の衝突，乗り揚げ，機関の故障その他の海難が発生した場合において，船舶から大量の油の排出のおそれがあるときは，以下の事項を直ちに最寄りの海上保安機関に通報しなければならない。(同法第38条第２項)

① 海難のあった日時および場所（以下，同施行規則第30条の３）

② 海難の概要

③ 前述の③，④，⑤，⑥，⑦，⑧

また通報先は，海上保安庁の事務所のほかに外国等の海上保安機関も含まれる（米国の場合…U. S. Coast Guard)。

### 3.6.4　防除措置

◎大量の油の排出があったときは，船長及び船舶所有者は直ちに以下の方法

により，排出された油の広がりおよび引き続く油の排出の防止並びに排出された油の除去のための応急措置を講じなければならない。（同法第39条）

応急措置（同施行規則第31条）は，以下の順序で行う。

① オイルフェンスの展張その他の油の広がり防止のための措置

② 損壊箇所の修理その他の引き続く油の排出の防止のための措置

③ 他の貨物倉その他の油槽への残っている油の移し替え

④ 排出された油の回収

⑤ 油処理剤の散布による排出された油の処理

⑴ オイルフェンス

(a) 種類としては，衝立形，発泡浮体形，気体浮力室形，エアーカーテン式の4種類がある。

(b) 効果の限界として，潮流0.5ノット以下，風速10 m/sec 以下，波浪1 m 以下といわれ，比較的平穏な海面である港内や湾内でしか対処できない。

(c) 展張の形態

① 包囲（船の全周を囲む）

② 待ち受け（潮流の一定している海域で，流下側のみ半円形に囲む）

③ 閉鎖（運河等の場所で，船の船首側と船尾側を各々直線状に囲む）

④ 誘導（流出油を，オイルフェンスで誘導して漁場等を守る）

⑤ 曳航（半円形に展張したフェンスで油を囲み，引船で曳航する）

⑥ 流し（油の全周をフェンスで囲み，油とともに流してしまう）

⑦ ドレッジング（フェンスに海底抵抗物をつけて，油とともにゆっくり流す）

⑧ 多重展張（油の全周を幾重にも包囲する）

⑵ 船体の損傷箇所と流出油の関係

① 船底に破口が生じたときは，破損した貨物油タンクの内圧と，外部の海水圧との差がなくなった時点で，流出は停止する。

② 水面下船側に破口が生じたときは，内外圧の差で急速に流出して内外圧

の差がなくなった後，破口部上端から上の油を残して，他は流出する。

③　破口部が船側の水面下と水面上にまたがるときは，当初はヘッド差で流出し，その後は水面下の油が海水との比重差により全量が流出する。

(3)　油の回収

油を物理的に回収する方法で，柄杓ですくう，油吸着材（ウレタンフォーム，ポリプロピレン繊維，パーライト，パルプ材等）を散布して油を吸着させた後に回収する方法のほか，可搬式スキマー（skimmer）や油回収船など，専用の機械力を利用する方法がある。いずれの場合も，オイルフェンスで流出油を包囲し，その内側で行うのが効果的であるが，海面状況により回収効率が影響を受ける点は，オイルフェンスと同様である。

(4)　油処理剤

油の回収は，あくまで物理的方法が優先されるが，最後の手段として油処理剤による化学的処理が行われる。処理剤の型としては，

①　凝集沈降型（海底生物に悪影響を及ぼすため，現在使用禁止）

②　乳化，乳化分散型（油を乳化分解消滅，乳化分解分散させる方式）

③　凝集浮上型（ゲル化剤が代表例で，最も理想的であるが高価）

があり，一般には②の乳化，乳化分散型が多用される。

その使用にあたっては，処理剤による二次公害が最も問題となり，昭和48年２月の官房長通達による「流出油用処理剤の使用基準」を守る必要がある。

(a)　火災の発生等による人命の危険，財産への重大な損害の発生のおそれがある場合や，他の方法による処理が非常に困難な場合以外は使用禁止。

(b)　その場合にあっても，特別な事情がある場合を除き，流出油が軽質油（灯油・軽油），動物油または植物油であるとき，流出油がタール状または油塊となっているとき，流出油が水産資源に重大な影響を及ぼす場合は，使用禁止。

(c)　使用に際しては，次の事項に留意しなければならない。

①　原則として散布器を使用すること。

②　散布量に注意し，特に過度の散布に注意（油量の２～３割が適量）

③　散布後は直ちに十分な攪拌（かくはん）を行うこと。

④　できる限り風上から散布し，強風時は海面の近くで散布すること。

⑤　散布作業員は，顔面その他の皮膚の露出をさけること。

⑥　処理剤で成分を分けて保有するものの混合は，計量器，攪拌器等を用いて正確に行うこと。

### 3.6.5　バラスト水

IMO（国際海事機関）によると船舶によって年間30億トンから50億トンのバラスト水が国際移動しているといわれている。船舶のバラスト水により海洋環境に影響を及ぼす水生生物の越境移動を防止するため，IMOはバラスト水及び沈殿物の管制及び管理のための国際条約（以下，「バラスト水管理条約」という）を2004年に採択し，2017年９月８日に発効した。

バラスト水とは船舶が空荷になった時，安全確保のために揚げ荷した港で積み込む海水のことで，貨物の積載港で排出される。このとき船舶から排出されるバラスト水に含まれる従来その海域に生息していない海洋生物や病原菌が「外来種」となり固有の生態系を破壊し人に健康被害を及ぼすこととなる。

日本においては，バラスト水管理条約を国内的に担保するため，2014年に「海洋汚染等及び海上災害の防止に関する法律」の一部を改正し，（以下「改正海防法」という），同年10月に本条約が締結された。

改正海防法では

①　有害水バラストの排出禁止

②　船舶所有者などに対するバラスト水処理設備の搭載，管理計画，記録簿の据え置きの義務付け

③　船舶検査，証書（海洋汚染防止証書・国際海洋汚染防止証書）の交付

が実施される。

⑴　有害水バラストの排出禁止

改正海防法ではバラスト水に含まれる水生生物，各細菌類を排出規制対象としており，対象となる生物の大きさや種類毎に表3-2のような排出基準が定められている。

同法では，排出基準値を超えるバラスト水を「有害水バラスト」と定義し，原則すべての船舶からの排出を禁止している。ただし，バラスト水を運搬するよう設計・建造されていない船舶や内航船等は排出規制が適用除外となってい

**表3-2　バラスト水排出基準**

<table>
<tr><th colspan="2">対象生物</th><th>排出濃度</th></tr>
<tr><td colspan="2">0.05 mm 以上の生物<br>主として動物プランクトン</td><td>10個体/m³未満</td></tr>
<tr><td colspan="2">0.01～0.05 mm 以上の生物<br>主として植物プランクトン</td><td>10個体/ml 未満</td></tr>
<tr><td rowspan="3">細菌類</td><td>病毒性コレラ菌　(O-1及 O-139)</td><td>1 群体/100 ml 未満<br>or<br>動物プランクトン 1 g<br>当たり 1 群体未満</td></tr>
<tr><td>大腸菌</td><td>250コロニー/100 ml 未満</td></tr>
<tr><td>腸球菌</td><td>100コロニー/100 ml 未満</td></tr>
</table>

る。

(2)　バラスト水処理設備

改正海防法では船舶所有者に対し，原則バラスト水処理装置の搭載を義務付けている。同法に基づき，国土交通省で承認された処理設備以外は搭載することができない。

処理の方法には下記のものがあるが，単一の処理方法の装置や複数の方法を組み合わせた処理装置もある。一般的にフィルターを用いた処理装置が多い。

【処理方法】

フィルター，電気分解，紫外線，薬剤，オゾンガス，イナートガス，遠心分離他

それぞれの処理方法の特徴は表3-3のとおりである。

(3)　バラスト水管理計画書

バラスト水管理条約のガイドライン G 4 に規定されている下記の項目を補完するよう個々の船毎に具体的な計画書を作成し，主管庁の承認を受けなければならない。また，計画書は船内に所持しかつ履行しなければならない。

①　船舶の主要目

②　船舶および乗組員のための安全対策

③　バラストシステム図

④　バラスト水サンプリングに関する図

⑤　バラスト水管理システムの運用

⑥　沈殿物（海上/陸揚げ）の管理方法，処分の手順

**表3-3　処理方法と特徴**

| 処理方法 | 特徴 |
|---|---|
| フィルター | 比較的大きな生物を分離除去できる<br>適宜掃除・交換する必要がある |
| 電気分解 | 海水を電気分解し，生成した次亜塩素酸ナトリウムで生物を殺滅する<br>淡水では使用できない |
| 紫外線 | 紫外線を照射し，生物を殺滅する<br>完全に殺滅できず，再増殖する可能性がある |
| 薬剤 | 薬剤を用いて生物を殺滅する<br>薬剤の補給や濃度調整が必要 |
| イナートガス | 消費電力が少ない<br>各バラストタンクへの配管が必要 |
| オゾンガス | 圧力損失がない<br>ガスに対する安全対策の検討が必要 |
| 遠心分離 | 消費電力が小さい<br>圧力損失が大きくなる |

⑦　連絡方法

⑧　バラスト水管理担当士官の責務

⑨　記録保持の要件

⑩　乗組員の訓練と習熟

(4)　バラスト水記録簿

バラスト水管理条約付録Ⅱに規定されている下記の項目について記載し，バラスト水関連作業について記録し，士官及び船長が署名する。

①　船舶の主要目

②　バラスト水を取り入れた/排出した場合の詳細

1)　取り入れ/排出日時，場所，水深

2)　推定取入れ/排出量および排出後の残量

3)　バラスト水管理計画書にしたがった実施

4)　作業責任士官の署名

③　陸上の施設に排出した場合の詳細

④　バラスト水の偶発的また例外的な排出があった場合の詳細

(5)　船舶検査

この条約が適用される400総トン数以上の船舶は，処理設備が船舶に搭載された状態でシステムとして適切に稼働するかを確認する必要がある。また，船毎に作成された手引書に条約で定められた記載事項が適切に記載されていることも確認する。こうして検査に合格すると，証書（海洋汚染等防止証書，国際海洋汚染等防止証書）が交付される。

⑹　外国籍船への立ち入り検査

寄港する外国籍船が条約の内容を満足しているかを立ち入り検査し拘留，是正などの措置を講じることができる。

条約が発効された現在，批准した55か国では自国籍船はもちろん，批准していない船籍国の船舶が自国内に入港する場合にも，下記のいずれかの方法により条約を遵守させることが求められる。

①　2017年９月８日以前に起工した船舶

条約発効から２年後以降の最初の定期検査（IOPP 証書の更新時）までにバラスト水処理装置を搭載。それまでは，指定された交換水域もしくは最も近い陸地から200海里以上離れかつ水深200m以上の水域においてバラスト水の交換を行う。上記水域での交換が不可能な場合においても，最も近い陸地から50海里以上離れかつ水深200m以上でバラスト水の交換を実施しなければならない。

②　2017年９月８日以降に起工する船舶

竣工からバラスト水処理装置を使用し，バラスト水中の水生生物や細菌を除去，殺滅する。

⑺　今後の課題と展望

これまでたくさんのバラスト水処理装置が開発されており，船舶の大きさや構造に適切なシステムの処理装置が選択できるようになってきた。しかし，処理装置が大きく既存の船内の限られたスペースに配置できるコンパクトな処理装置の開発が今後の課題となっている。

また，バラスト水管理条約の締結によりバラスト水の管理については大きく前進したが，船体に付着した貝類や海藻類などの移動・拡散問題は依然として残っている。IMO によると水生生物が新たな地域に到達する要因は未処理バラスト水の排出より船体に付着した貝類や海藻類によるものの方が比較的多いことがわかってきた。生物の船体付着に対し IMO は2011年，『侵入水生生物の移動を最小化にするための船舶の生物付着の管理及び制御のためのガイドライン』を採択した。しかし付着生物の管理や制御はまだ自主的対応に頼っている状態である。今後，付着生物をどのように管理するかが大きな課題である。

（3.1〜3.5　齊心俊憲・3.6　山野武彦）

# 第4章　火災と消火

火災とは，「人の意に反した，制御の効かない燃焼であるため，発生するエネルギーは暴走し，放置すると多くの貴重な人命と財産の損失を伴う。このため消火する必要がある」といえる。このような火災が船舶において発生した場合，陸上の施設と異なり消火支援を得ることは難しく，さらに避難，救助についても陸上ほど効果的に行うことができない。このため悲惨な状態に至ることは，幾多の事故例を見るまでもなく容易に想像することができる。しかし，火災は人災の一種であり，その発生を未然に防止することは十分可能である。火災を予防するためには，火災も燃焼の1つの形態であるので，燃焼と消火に関する知識を併せて理解し，可燃性物質を安全に取り扱うことが大切である。

## 4.1　燃焼の理論

### 4.1.1　燃焼の定義

物質が酸素と化合することを酸化といい，この化合が急激に進行し，著しい発熱と発光を伴う酸化反応を燃焼という。鉄が錆びるのは酸化反応であるが，熱を発生しないので燃焼とはいわない。燃焼による光は，温度の上昇によって生じるものである。温度が上昇するにしたがい，500℃付近から赤熱色となり，1000℃付近を超えると白熱色になる。

### 4.1.2　燃焼の3要素

燃焼するためには，「可燃性物質」「酸素」「着火源」の3つが同時に存在することが必要で，これを燃焼の3要素という。また，燃焼は，次々と分子が活性化されて酸化反応を続けることにより継続する。この「連鎖反応」を燃焼の要素に加えて燃焼の4要素ということもある。

(1)　可燃性物質

物質には可燃性物質になりうるものとなりえないものとがある。可燃性物質となりうるものは，酸素と化合することができるすべての物質が含まれる。しかしその際，発熱する物質であることが必要で，反応熱の小さいものは可燃性物質とはいわない。このように，酸素と化合して発熱反応により燃焼が継続して進行する物質を可燃性物質という。木材，石炭，ガソリン，灯油，プロパンガス等である。二酸化炭素（$CO_2$）のように飽和の酸化物であるものは，これ以上酸素と化合できないので，可燃性物質にはなりえない。また，窒素（$N_2$）は酸素と化合して，一酸化窒素や二酸化窒素等の酸化物となるが，これらの反応はいずれも吸熱反応で，反応により温度が下がるのでこれも可燃性物質といわない。

発熱反応　$C + O_2 = CO_2 + 94.1\ \text{kcal}$

吸熱反応　$N_2 + O_2 = 2NO - 43\ \text{kcal}$

⑵　酸　　素

一般的な燃焼における酸素は，空気中の酸素によって供給される。空気は約21%の酸素を含んだ混合物である。ところがセルロイドのように可燃性物質に含まれている酸素が酸素供給源となり，他から酸素を供給しなくとも燃焼するものがある。このような燃焼を自己燃焼または内部燃焼と呼び，燃焼速度が速く，爆発的である。酸素はそれ自身が燃焼する性質をもっているわけではなく，酸化剤として作用し，燃焼を助ける作用をするところから支燃性ガスと呼ばれる。

⑶　着 火 源

燃焼は可燃性物質と酸素が存在するだけでは起こらない。もう1つ着火源が必要である。着火源とは，燃焼反応を起こすのに必要な活性化エネルギー（酸化反応を開始させるためのエネルギー）を与えるものである。いいかえれば，活性化エネルギーが着火源から与えられ，燃焼が開始する。火気（マッチ，ライター等の炎）をはじめ，電気火花（電気スパーク）や，静電気，摩擦あるいは衝撃等による火花も着火源となる。また，ディーゼルエンジンのように，断熱圧縮熱によって着火する場合もある。このほかに，油類のしみたボロ布（ウエス：Waste）などが，ゆっくり酸化されて，自然発火に至る酸化熱も熱源となりうる。

⑷　連鎖反応

燃焼のメカニズムは複雑で，単純に可燃性物質が直接酸素分子と反応して二酸化炭素や水を生じるのではない。不安定で反応性に富んだ遊離基や中間生成物を作って連鎖反応を繰り返した後に，安定な二酸化炭素や水になる。

以上，燃焼の３要素または４要素は，燃焼の必要条件であっても十分条件ではない。すなわち，燃焼が起こるには，燃焼の３要素または４要素に，可燃性物質と空気との混合気の組成条件（燃焼範囲）と，燃焼のエネルギーに関する条件（発火温度と最少発火エネルギー）の２条件が，同時に満足されることが必要である。

### 4.1.3 燃焼（爆発）範囲と引火点

⑴ 燃焼（爆発）範囲

燃焼範囲とは，可燃性蒸気が空気と混合したとき，これに着火して爆発的に燃焼する濃度範囲をいう。つまり，可燃性蒸気が濃すぎても，薄すぎても燃焼は起こらない。この燃焼範囲の下限と上限をそれぞれ燃焼（爆発）下限値，燃焼（爆発）上限値という。下限値が小さいものや，燃焼範囲の広いものほど危険性が大きくなる。燃焼範囲は，一般に空気に対する可燃性蒸気の容量％で表される。ガソリンの爆発範囲が1.4～7.6％ということは，100の容積中ガソリンの蒸気が1.4～7.6で，その他が空気の割合で混合した場合，点火すると爆発的に燃焼することである。

**表4-1 主な物質の燃焼（爆発）範囲**

| 物 質 | 下限値（％） | 上限値（％） |
|---|---|---|
| メタン | 5.3 | 14.0 |
| 水素 | 4.0 | 75.0 |
| 一酸化炭素 | 12.5 | 74.0 |
| アセチレン | 2.5 | 81.0 |
| ガソリン | 1.4 | 7.6 |
| 軽油 | 1.0 | 6.0 |

⑵ 引 火 点

可燃性液体の温度を上昇させると，可燃性蒸気の発生量が増加する。可燃性液体が，その液表面に燃焼範囲の下限値に相当する濃度の蒸気を発生するときの液温を，その可燃性液体の引火点という。いいかえると，引火点とは可燃性液体が燃焼するのに必要な量の可燃性蒸気を，その液表面に発生する最低の液温ということになる。このため液温が引火点より低いときは，可燃性蒸気が少なすぎて点火源を近づけても引火しない。ただし，可燃性液体の温度が引火点より低い状態であっても，布や紙等にしみ込んだり，あるいは霧状になっている場合などは，わずかな熱源により容易に引火点以上に加熱されて，引火するので注意が必要である。引火点以上では点火エネルギーさえあれば，いつでも引火することになるので，引火点の低いもの，特に常温以下の引火点をもっている液体（引火性液体といい，可燃性液体と区別する場合がある）はそれだけ引火性が高く，危険性が大きい。

表4-2 主な物質の引火点

| | |
|---|---|
| ガソリン | 0℃以下 |
| 灯　　油 | 40～60℃ |
| 重　　油 | 70～150℃ |

ガソリンの引火点が0℃以下ということは，火災のとき，水で消火を行うとガソリンは水より軽いので流動的となり，かつ水温で十分に可燃性蒸気を発生するので火災の拡大を招く。灯油や重油の引火点は常温より高いので，加熱しないかぎり引火する危険はないが，引火した場合はすでに液温も高くなっているので消火の際，液温を引火点以下に下げるまでは再発火の危険があり，安全とはいえない。

### 4.1.4 爆　　発

燃焼の火炎伝播が極めて速い場合は，一時に多量の熱膨張が起こり，圧力が急激に上昇して，爆発音を発することがある。これを燃焼のうち特に爆発とよび，反応速度が音速を超えるときは爆轟（デトネーション：Detonation）という。爆轟でない火炎伝播を爆燃（デフラグレーション：Deflagration）と呼んでいる。

### 4.1.5 発火点と自然発火

(1) 発 火 点

可燃性物質を空気中で加熱した場合，ほかから点火されなくても，自ら発火し燃焼を開始する最低の温度を発火点または着火温度という。可燃性気体の発火点は酸素との混合物の発火点であり，その混合割合によって変化する。一般に発火点は，200～600℃の範囲で高い温度ではない。また，空気中の粉塵のように可燃性物質が微小のときは，その発火点まで温度を上げるのに，熱量があまりいらないので，静電気のようなわずかなエネルギ

表4-3 主な物質の発火点

| | | | |
|---|---|---|---|
| 木　　材 | 400～470℃ | ガソリン | 約300℃ |
| コークス | 400～600℃ | 軽　　油 | 約260℃ |
| 紙 | 450℃ | 重　　油 | 250～380℃ |

ーで発火爆発する。発火点の低いものほど，わずかな加熱により着火しやすく，危険性が大きい。

発火点は，可燃性物質が加熱されて酸化反応によって発生する熱量と，外気に放散する熱量とのバランスによって決まるもので，可燃性物質の周囲の条件によって影響を受ける。また，高圧下では発火点は一般に低くなり，内燃機関で高圧の燃焼室に噴射された燃料油は着火しやすくなる。

⑵　自然発火

自然発火とは，物質がほかから加熱されることなく，常温の空気中で自然に発熱し，その熱が長時間にわたり蓄積され，ついに発火点に達して，燃焼を起こす現象である。自然発火の発生は，物質の酸化熱，分解熱，吸着熱等に起因する。貯炭場の石炭は酸化によって発熱し，発火することがある。

### 4.1.6　燃焼の難易

可燃性物質が燃焼する場合，その難易に関係する要因は，次のとおりである。

①　化学的親和力：酸素との親和力の大きいもの，すなわち，酸化されやすいものほど燃焼しやすい。

②　酸素との接触状況：霧状の可燃性液体や，空気中に浮遊する可燃性粉体のように，酸素と接触する面積の大きいものほど酸化反応の機会が多くなり，その結果，発熱量も大きくなるため非常に燃焼しやすくなる。

③　発熱量の大きいもの：燃焼した場合に発生する燃焼熱が大きなものほど，次の分子の活性化に役立ち，また温度上昇に伴い反応も進行しやすくなるため燃焼しやすい。

④　熱伝導度の小さいもの：熱伝導度が小さいとは，熱を伝えにくいもの，つまり冷えにくいことである。発生した熱がすぐに逃げるような状態では，燃焼も継続しにくく燃えにくい。気体，液体，固体のうちで，気体の熱伝導率が最も小さいので，気体は燃焼しやすい。

⑤　よく乾燥しているものほど燃えやすい。

### 4.1.7　燃焼の形式

物質の燃焼は，いろいろな形式に分類される。その代表的なものを説明する。

(1)　可燃性物質の燃焼

可燃性物質は気体，液体，固体の3体に大別され，燃焼の形式も異なる。

(a)　気体の燃焼

気体の燃焼には，可燃性気体と空気とを，あらかじめ混合させて，これを噴出燃焼させる予混合燃焼と，燃焼過程の中で可燃性気体と空気とが互いに拡散，混合によって混合気を形成して燃焼する拡散燃焼とがある。

(b)　液体の燃焼

ガソリンや灯油等の可燃性液体は，液体そのものが燃えるのではなく，液体が加熱されて可燃性蒸気が発生し，この可燃性蒸気と空気が混合し，着火源によって燃焼する。これを蒸発燃焼という。

(c)　固体の燃焼

固体の燃焼は，分解燃焼，表面燃焼，蒸発燃焼に分かれる。

①　分解燃焼：木材，石炭の燃焼のように，加熱されて熱分解し，その際発生する可燃性蒸気が燃焼する。

②　表面燃焼：木炭，コークス（骸炭：Coke　石炭を蒸し焼きにして炭素だけを残した燃料）のように，ほとんど炭素だけでできているものは，熱分解も蒸発もすることなく，その固体表面で高温を保ちながら酸素と反応して燃焼する。

③　蒸発燃焼：蒸発燃焼する固体は少なく，まれにナフタリンの燃焼のように，固体から蒸発した蒸気が燃焼する。

(2)　発炎燃焼と無炎燃焼（表面燃焼）

可燃性物質が燃えるとき，炎を出すものと出さないものがある。炎は可燃性気体が空気と混合して燃えるときに出る。つまり炎をあげている燃焼は，それが液体であっても固体であっても，すべて液体や固体から発生した可燃性気体が燃えている結果であり，燃焼が気相の状態で行われていることを表す。また炎を出す燃焼は連鎖反応によるため，燃焼の4要素で説明される。可燃性液体および気体の燃焼はすべて炎型である。これに対し，木炭やコークス等の表面燃焼では，固体の表面で純炭素が炎を出さずに燃焼する。また表面燃焼では連鎖反応を伴わないので燃焼の３要素で説明できる。

### 4.1.8 燃焼生成物

燃焼によって発生する生成物には，炎，熱，煙およびガスがある。これらの生成物は，消火作業を困難にさせ人体にも影響を与える。主な燃焼生成物について説明する。

(1) ガ　ス

(a) 一酸化炭素（CO）

一酸化炭素は，炭素を含んだ物質が燃焼するとき必ず生成され，特に不完全燃焼の場合は大量に発生する。このため密閉区画が多く，通風，換気の悪い船舶においては火気の使用に十分注意が必要である。一酸化炭素は血液中のヘモグロビンと，酸素とヘモグロビンとの結合力より約250倍の大きさで結合して，血液の酸素運搬能力を失わせる。また一酸化炭素は無色，無味，無臭，無刺激のため，その存在に気付かず極めて危険である。猛毒であると同時に，爆発範囲が12.5～74％と広いので爆発にも注意が必要である。一酸化炭素の空気中での許容濃度は50 ppm である。

(b) 二酸化炭素（$CO_2$）

二酸化炭素は，火災時に多く発生する。二酸化炭素は，無味無臭で毒性はないが，多量に存在すると酸欠状態となる。人によっては５％でも呼吸困難になるといわれている。

(2) 熱

通風，換気が悪く高温，高湿度の火災現場で，長時間熱射に曝されると体温の調節や循環器の働きが障害を受けて，吐き気，頭痛，目眩等を起こすことがある。火傷は炎との接触や放射熱によってできる。皮膚温度が55℃で20秒保持されるか，70℃で１秒保持されると火傷２度になるといわれている。

(3) 煙

煙は，暖かいので空気より軽く天井付近を広がる。また一般に煙は一酸化炭素を含んでいるので，立った姿勢での呼吸はガス中毒にかかることがある。これに対して，外の冷たい清浄な空気は重たいので，必ず床近くを流れている。

また避難誘導灯も床近くに設置されているので，できるだけ身を低くして移動することが大切である。

## 4.2 消火の理論

### 4.2.1 消火の原理

消火のためには燃焼の3要素である「可燃性物質」「酸素」および「着火源」のうち，少なくとも1つを取り除くことが原則である。これに，燃焼の連続的関係を断ち切るため，酸化反応を遮断する作用を利用した負触媒消火法がある。そして，実際の消火作業で重要なことは，適切な消火法を選択し初期消火に努めることである。

### 4.2.2 消火の方法

(1) 除去消火法

燃焼の1要素である可燃性物質を取り去って消火する方法である。ガス栓あるいは燃料タンクの元弁を閉めると，可燃性物質の供給が断たれ消火する。ロウソクの火を息を吹きかけて消すのも，可燃性蒸気を吹き飛ばす除去消火法である。山火事では木を伐採して防火帯を作り，延焼をくい止める方法がとられるが，これも一種の除去消火法である。

(2) 窒息消火法

燃焼の1要素である酸素の供給を断つことにより消火する方法である。アルコールランプの蓋をして火を消す。火炎に濡れた毛布や布団をかぶせて消火する。あるいは，炭酸ガスのような不活性ガスを用いて酸素希釈により消火する方法等がある。一般に空気中の酸素を約15～16%以下にすれば消火するといわれている。しかし密閉区画を酸素希釈により消火する場合，発火点以下に冷却されないと何らかの理由で新気が侵入したとき，ブローバック（Blowback）という爆発を起こすことがあるので，注意が必要である。

(3) 冷却消火法

燃焼している可燃性物質を冷却し，温度を発火点以下に低下させて消火する方法である。水による消火はその代表である。水は容易に使用でき，蒸発潜熱も大きく，比熱も大きいので効果的である。水を噴霧状にして燃焼物に注水すれば，冷却効果が大きくなる。しかも気化した水蒸気による窒息効果も期待できる。

(4)　連鎖反応の抑制

連鎖反応によって燃焼は継続されるので，この反応を遅らせるか中断させることにより消火する。アルカリ金属塩を主成分とする粉末消火剤を用いる。成分中のアルカリ金属は，燃焼を継続させる化学的活性種であるH，OH等のラジカルを捕捉して燃焼反応を中断し消火する。

## 4.3　消火剤と消火器

### 4.3.1　消火剤と消火器

(1)　消 火 剤

消火剤にはすべての火災を消火できる万能のものはなく，その物性や消火作用，消火原理をよく理解して使用することが重要である。また，同時に消火剤にはそれぞれの火災に対して，一定量以上を放出しないと消火できない限界供給率（単位時間，単位容積あたりに放出する消火剤の量）というものがある。特に，放出を停止すると逸散してしまうような消火剤（例えば炭酸ガス，ハロン，粉末消火剤等）は少量ずつ放出するのではなく十分な量を一斉に放出することが必要である。

(2)　消 火 器

消火器は火災初期の小さな火災を消火する目的で，人が火災現場に携帯し，人が操作する器具のため，消火器の重量が制限される。大きな火災を消火器で消火する場合，放射熱等により消火器の放射距離内への近接が難しく，また消火剤量も少ないため，消火ができないばかりでなく消火作業者の危険を伴う。この場合は非常部署の本格消火で対処する。また，消火器の配置は，発生する火災の種類に適した消火器の選択と設置場所，数量が問題となる。船舶消防設備規則及び船舶の消防設備の基準を定める告示では消火器を，消火剤の種類，容量または重量で，簡易式，持ち運び式，移動式および固定式に分類している。

### 4.3.2　液体消火器

水または薬剤の水溶液を，手動，加圧または蓄圧の三方式で放射する。

(1)　水消火器

(a)　消 火 剤

水は比熱も気化熱（約540 cal/g）も大きいので，燃焼のために必要なエネルギーを取り去る冷却効果が最も大きく，また，気化し燃焼物の周囲で水蒸気に変わるとその容積は約1700倍に膨脹するため，燃焼物と空気との接触を妨げる窒息効果がある。しかも手近で最も容易に大量に入手できる消火剤である。注水の方法としては棒状注水と噴霧状注水がある。水の粒子は棒状注水，噴霧状注水の順序で細かくなり，表面積が大きくなるので蒸発しやすく，冷却効果も大となるが，到達距離が短くなって火点への到達が難しくなる。水は電導性があるので，感電の危険がある。したがって，可能な限り電源を切って消火作業をしなければならない。噴霧状注水は火炎および放射熱から作業員を防護し，負傷者の救助や延焼を防止するのに極めて有効なものである。また棒状注水のような感電の危険がない。

(b)　消 火 器

①　清水または界面活性剤を添加した清水により消火能力を高め，また不凍性を持たせて使用温度範囲（−20〜＋40℃）を拡大したものである。

②　冷却作用により普通（固体）火災に適する。

③　可能な限り近接して，炎の根元に向け放射する。

④　有効放射距離：6 m 以上（放射初期9 m 以上）

⑤　有効継続放射時間：60秒以上

(2)　酸・アルカリ消火器

薬剤は炭酸水素ナトリウムと硫酸からなり，これらが化合して発生する内圧12〜15 kg/cm$^2$の炭酸ガスを圧力源として薬剤が放射される。薬剤は水と同様の効果で普通火災に適応するが，低温になると反応が鈍くなり効果は激減する。

(3)　強化液消火器

強化液は炭酸カリウム（$K_2CO_3$）の35〜40％水溶液で，薬剤の冷却作用と再熱防止作用（燃焼物の表面に，再熱を防止する結晶性の被膜を形成し，炎を抑制する）により普通火災に適応する。霧状に放射する場合は，電気火災と化学的抑制作用によって油火災にも適用される。強化液は，アルカリ性（約 pH 12）で，銅および銅合金を腐食するので防錆処理をした容器に入れる。凝固点が－20℃以下であるため，不凍性が高く寒冷地でも効果を発揮する。

(4)　自動拡散型液体消火器

消火液は，塩化アンモニウム，尿素，無水炭酸ソーダ，硅酸ナトリウム，硫酸アンモニウム等を成分としたものである。容器は特殊強化ガラスで，90～110℃の温度になると，薬液がガス化して膨張し，その圧力によって容器が破裂し，消火液を散布する。

### 4.3.3　泡消火器

(1)　消 火 剤

燃焼物を空気または炭酸ガス等を含む泡によって，空気との接触を断つことにより消火する方法である。この泡は非常に薄い膜でできており，火災に対して強靭で，燃焼する液面上を自由に流動展開する性質をもつため，火災の表面を覆って窒息効果をもたらす。また泡は多量の水を含んでいるので，液面を覆うとともに冷却作用がある。

消火泡には化学泡と空気泡とがある。化学泡は重炭酸ナトリウムと硫酸アルミニウムの化学反応による炭酸ガスを含む泡で，燃焼物を包み込み空気を遮断する。空気泡は粘度の大きい液体に空気を含ませた泡で，大規模な消火設備に用いられる。空気泡は，いかなる引火性液体よりも軽く，流動性があるので，液表面をまんべんなく覆うことができる。

(2)　化学泡消火器

(a)　消 火 剤

重炭酸ナトリウムを主剤とし，泡の粘性，起泡力，耐火性をよくする薬剤を添加した外筒用薬剤と，硫酸アルミニウムの内筒用薬剤を水溶液として充填する。使用時，両薬剤が化合して，炭酸ガスを含んだ多量の泡を放射する。

(b)　消 火 器（図4-1）

①　転倒式，破蓋転倒式，開放式がある。

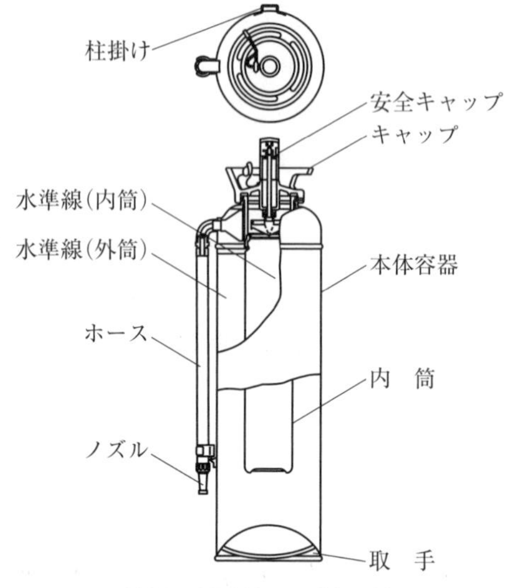


持ち運び式泡消火器（破鉛式）

持ち運び式泡消火器

移動式泡消火器

図4-1　泡消火器
（画像提供　ヤマトプロテック㈱）

② 普通火災には，燃焼面に向けて放射する。油火災には火災が拡大するので壁にぶつけたり，前面でバウンドさせたりして燃焼面を覆うように操作し，直接燃焼油面に放射しない。

③ 普通火災の場合，燃焼物の内部まで消火剤が届かない欠点がある。

④ 放射距離：JG では6m 以上，放射時間：60秒以上

⑤ 消火液は保存性が悪く，1年で交換する必要がある。

### 4.3.4 炭酸ガス消火器

(1) 消 火 剤

炭酸ガスは空気より重く，化学的に安定な不燃性気体である。加圧によって容易に液化するため，ボンベには約60 kg/cm$^2$の圧力で液状で充填されている。噴射の際，1kg の液化炭酸ガスは大気圧まで膨張して0.56 m$^3$となり，希釈効果，窒息効果によって消火する。また，このときドライアイスとなるので冷却効果もあるが，その能力は小さく水の1/10にすぎない。炭酸ガスは電気の不良導体で，感電の危険がなく，また消火後完全に気化して跡を汚さないので，電気火災の最良の消火剤といわれる。密閉された場所で放出する全域放出方式では高濃度になるため，酸欠に対する人体への注意が必要である。炭酸ガス濃度が容積比で，9％以上になると急激に意識を失い，約20％になると20～30分位で死亡するといわれている。また炭酸ガスが放出され気化する際に蒸発潜熱を奪うため，大量の霧状の水滴が発生し，避難する人にとっては視界がきかなくなり，出口を見失う危険性がある。

(2) 消 火 器（図4-2）

① 油火災，電気火災に適する。

② 有効放射距離（3m 以上）が短い。

③ 有効継続放射時間（25秒以上）と限定される。

④ 消炎には多量のガスを必要とし，再発火を防止するため，水などで十分冷却しなければならないので，比較的小さな火災に効果的である。

⑤ 風の影響が大きいので，必ず風上側から火元に接近して，燃焼面を掃くように放射する。

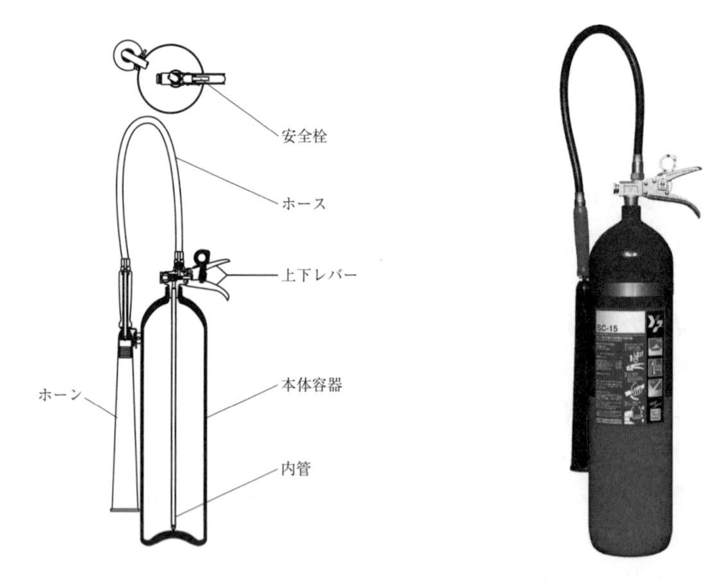


図4-2　持ち運び式炭酸ガス消火器

### 4.3.5　粉末消火器（ドライケミカル）

(1)　消 火 剤

粉末消火器には，炭酸水素ナトリウム，炭酸水素カリウム，リン酸アンモニウム，炭酸水素カリウムと尿素の反応生成物を主成分とするものがある。粉末消火剤の消火作用は，燃焼面被覆による窒息作用と燃焼反応の化学的抑制作用による。表面火災に対しては，速効性があるため火炎の拡大が早い引火性液体の消火に適する。また薬剤は電気絶縁性が高いので電気火災にも適用される。抑制作用を素早く行うために粉末は微粒とし，炎の中に完全に分散させる必要があるが，あまり細かすぎると放射距離が短くなる。

(2)　消火器（図4-3）

①　風の影響を受けるので，風上から火炎の根元に向けて放射する。

②　狭い場所での使用は，咽喉を痛め視界を妨げるので注意が必要である。

③　有効放射距離（5 m 以上）

④　有効継続放射時間（13秒以上）

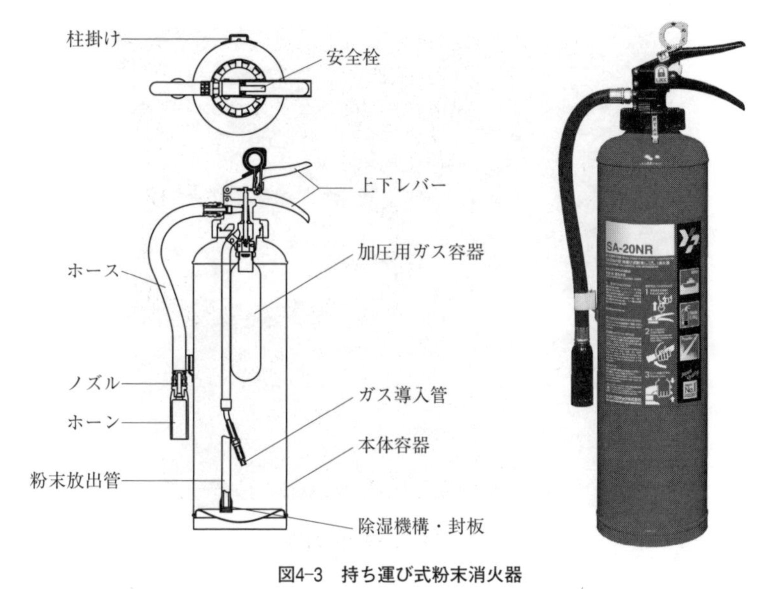


図4-3　持ち運び式粉末消火器

⑤　濡れた電気機器を消火した場合，使用再開にあたっては薬剤の除去をしないと漏電の危険がある。

⑥　消火剤が吸湿すると流動性を失うため保管場所に注意する。

⑦　機関室内や高温下などの保管状況によって，消火剤の流動性が失われている（固化）ことがあるため，使用の際には，消火器から身体を離して試し打ちを行い有効に放射されることを確認してから使用する。

### 4.3.6　持ち運び式泡放射器（図4-4, 5）

消火ホースで，送水管に連結できる発泡ノズル，20リットル以上の泡原液の入った持ち運び式のタンク１個及び予備タンク１個で構成される。

### 4.3.7　予備の消火剤

予備の消火剤は，固化，吸湿，変質その他の異状を生じさせないように容器に封入しておくこと。

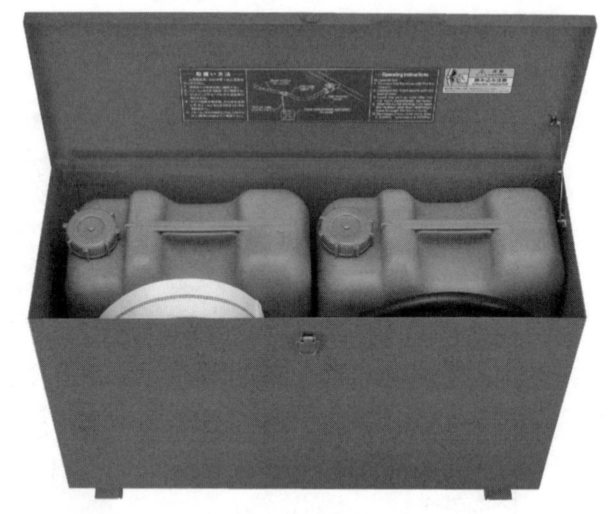

図4-4　持ち運び式泡放射器

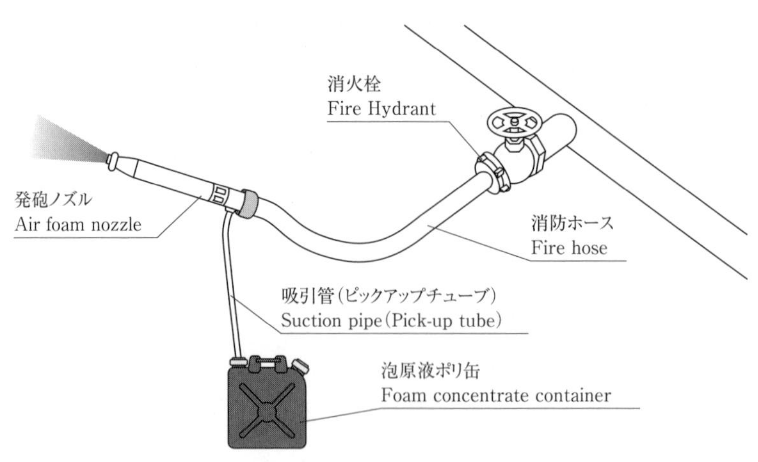


図4-5　持ち運び式泡放射器　使用図
（画像提供　ヤマトプロテック㈱）

# 4.4　固定消火装置

初期消火には消火器で対応するが，ある程度拡大した火災には固定消火装置を用いる。

## 4.4.1　水消火装置

水消火装置は，消火ポンプにより海水を汲み上げ，消火栓からホース，ノズルを通して放水する装置である。ポンプからの海水はこのほか，スプリンクラー消火装置や泡消火装置にも送水される。

(1)　装置の構成

(a)　消火ポンプ

消火ポンプは，2条の射水を充分な水量で同時に行える容量を要求される。消火ポンプは機関室に設置されるが，使用不能を考えて，機関室外に非常用消火ポンプを設ける。

(b)　消 火 栓

射水消火装置は，他の固定消火装置と比べ，広い場所の延焼防止装置としては消火の主体となる。このため船内どこでも最低2個の消火栓から，放水できるように配置されている。

(c)　ホース

(d)　ノズル（図4-6）およびアプリケータ

水が他の消火剤に勝る点は冷却効果にある。この消火効果を発揮させるものがノズルで，火災状況によって選定する。ノズルにはジェット・ノズルと噴霧ノズル，および両方を組み合わせハンドルなどで切り替えて操作するフォグ・ジェット兼用ノズルがある。このほかに曲げられたパイプの先端にフォグ・ノズルをつけたアプリケータ（長さ1.2 m～3.6 m）がある。これは，兼

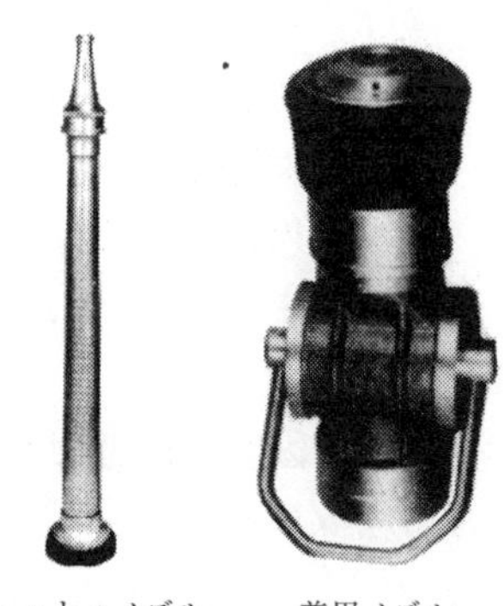

図4-6　ノズル

用ノズルのフォグ・ノズル側に挿入して使われるもので，低速水霧の到達距離（1.5～1.8 m）の短い欠点を補う。

(2)　消火水の形状

(a)　直 射 水

ジェット・ノズルを使用し，ノズルから出た水が棒状で放水される。棒状で火炎の中に入るのでは，冷却効果はまったく期待できないが，到達距離が大きく，衝撃力がある。燃焼油面には火勢が拡大するので直射水を放水してはならない。冷却効果を上げるためには，直射水の先端を壁や床にぶつけて，水霧にしてはじめて得られる。水霧は非電導体であり，電気火災にも使用できる。

(b)　低速水霧（広角水霧）

アプリケータからの噴霧である。水滴が非常に微細なため，吸熱面積が大きく瞬時に蒸発するので，放水量あたりの冷却効果が最もよい。噴霧角度が約120度と広いため，放射熱を遮蔽できるが，水霧の到達距離が短い。

(c)　高速水霧（狭角水霧）

水霧は粗く，円錐状に噴出する。兼用ノズルのフォグ・ノズルからでる水霧は，高速水霧であり，噴霧角度は約60度，到達距離は約7 m である。一般に噴霧角度を狭くすると，到達距離が延びる。

(3)　注意事項

①　火災現場には，直射水の到達距離から近づき，高温部に向け水霧効果が上がるように放水する。火炎または熱を抑えたならば，接近して水霧に切り替える。

水霧で消火する場合は，直射水の水量の半分で済むといわれている。

②　船内の火災では，復原力の損失を防ぐため，短時間の集中放水とし消火水量を最小限にする。

### 4.4.2　固定式炭酸ガス消火装置

炭酸ガス消火装置は，充分な密閉状態が可能であればほとんどの火災に適用できる。また常温で約60 kg/cm$^2$の高圧でボンベに充塡されているため，動力源が失われたとしても作動できる利点がある。しかし，窒息消火は一時的な消火であって，燃焼物の温度がその発火点以下に冷却されるまで時間を要し，その間炭酸ガス濃度を維持しなければならない。

(1)　船舶で使用される方式

(a)　全放出方式

機関室，ポンプ室，貨物倉等の密閉または半密閉区画の消火に用いられる方式で，その区画の密閉の程度が大いに影響する。対象区画内に迅速・均一に炭酸ガスが放出される。可燃性液体の火災である表面火災の消火に適している。

(b)　局部放出方式

ホースリール式のもので手動で操作する。リールに巻き取られているホースを引き出して，炭酸ガスを任意の場所に放出することができ，移動方式ともいわれる。燃料油設備，油だきボイラー室等の局所消火用として装備されている。ガスの量としては使用者に酸欠の危険を与えない程度である。

(2)　注意事項

①　全域放出装置では，消火に必要な炭酸ガス量を通常２分以内に放出する。

②　各ボンベの内圧が上がらないよう高温雰囲気での貯蔵は避ける。国土交通省（JG）では貯蔵室温度上限を55℃と規定している。

③　機関室の消火操作は，二段階になっている。第一段階は，モーターサイレンの吹鳴により，在室者を退去させ開口部を閉鎖する。人のいないことを確認したのち，第二段階操作で炭酸ガスを放出する。

### 4.4.3　スプリンクラー消火装置

(1)　機　　能

この装置は，区画の天井部に設けた散水頭（ヘッド）から水を放出し，冷却効果を利用して消火を行う装置である。しかし，設計に際して消火を目的とする場合と延焼を防止する場合とでは，消火水量が異なる。通常の可燃物または可燃性液体火災を消火するためには，８～10 $\ell/\mathrm{min}/\mathrm{m}^2$ 必要であり，延焼防止のためには，この1/10位といわれている。またこの装置は火災探知を兼ねる場合と火災探知装置を併用する場合がある。

(2)　船舶に使用される方式

(a)　自動スプリンクラー装置

①　閉鎖・湿式（図4-7）：常時配管内は圧力水が充満しており，火災時に室内温度がヘッドの作動温度（68〜79℃）に達するとヒューズメタルが変化し，アームおよびキャップが外れ散水する方式。

②　解放式：ヘッドは常に開口しており，加圧水は元弁まで充満している。ヘッドには感知機能がないため，火災時は別の火災探知装置と連動した元弁を開いて散水する。

図4-7　スプリンクラーヘッド（閉鎖式）

(b)　手動スプリンクラー装置

装置自体は自動スプリンクラー装置の解放式とほとんど同じで，手動で元弁を開いて散水する方式である。

### 4.4.4　固定式泡消火装置

(1)　機　　能

この装置は，水と泡原液を比率制御器で一定比率に混合し，次に空気泡発生装置で，その混合液を機械的に攪拌して空気を吸引しながら空気泡を発生する。この空気泡で燃焼油面を覆い，窒息効果と含有水の冷却効果で消火する。空気泡は発生する泡の倍率により低膨脹式と高膨脹式に分類される。泡の種類には空気泡のほかに化学泡があるが，貯蔵上の問題から小型消火器以外に船舶ではあまり用いられない。

(2)　プレッシャープロポーショナー方式（図4-8）

船舶には装置が簡単で，据え付け面積が小さく，設置費が安い低膨脹式が多く使用されている。この装置の駆動源は，機関室の消火ポンプまたは非常用消火ポンプを用いる。ポンプからの海水は，図のように一部が原液タンクに入り，原液を押し出し，プロポーショナーで海水と一定比率の泡溶液を作る。この泡溶液がスプリンクラーから吐出されるとき，空気と攪拌混合して空気泡となって放出される。

(3)　使用上の注意事項

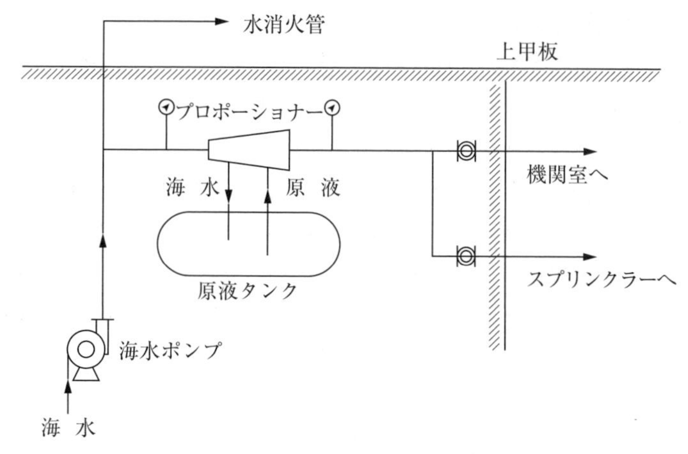


**図4-8　プレッシャープロポーショナー方式**

① 原液と水の混合比率が一定でないと消火泡としての機能を失う。原液が多すぎると，固い泡となり，流動性が失われ火面を覆わず，少なすぎると薄い泡となり，耐火性が悪く火勢に負ける。

② 泡による消火は，火面を泡で覆うことで早く消火できる。しかし直接消火泡を火面に投入すると泡膜を破壊させ，空気と接触する機会を与えることになり，また火面を波立たせ油火災では火炎が拡大するおそれがある。このため壁に泡をたたきつけ，落下した泡が流動して火面を覆うようにする。甲板上の油火災，または火炎が動き回る場合は，炎の前面を外して，床に一度バウンドさせて，霧状にした泡を注ぐ。消火したならば，周囲を冷却し，再発火を防止するため，液面上の泡を修正する。

③ 船の動揺等によって泡膜が破れない十分な泡の厚みが必要で，経験で15 cmといわれている。

## 4.5　火災探知装置

火災探知装置とは火災の発生を初期の段階で感知し，自動的に警報を発する装置で，火災の被害を最少にするとともに人命の安全を確保する。この装置は，検出器の機能によって，イオン式，煙管式および熱式に分類される。

⑴　イオン式火災探知装置

火災の初期に発生する煙や炭化水素化合物等，燃焼生成物の微粒子を感知してイオン電流の変化として検出する。空気は常温・常圧では，電気的には絶縁体であるが，イオン化すると電気的導体に変わる。空気をイオン化する方法は，２つの電極間に置かれた放射線源からの$\alpha$線の放射で，空気の分子から電子をはじき出すことで行われる。検出器内で電界をかけると両極間にイオン電流が流れる。煙や炭化水素化合物等の燃焼生成物が入ってくると，イオン化された空気は中和されて電極間を流れる電流が減少する。このイオン電流の減少を検出して警報に変える。

⑵　煙管式火災探知装置

火災によって発生した煙の濃度を光電素子で検出する。本装置は吸煙器，火災探知器，電動排気ファン，三方弁およびこれらを接続する煙管等からなり，区画内の空気を探知器に吸引し空気中の煙の有無を探知する。

⑶　熱式火災探知装置

熱式火災探知装置は，火災時に発生した熱を検出して警報を発するもので，差動式，定温式，補償式および補償率式に分けられる。本装置の検出器には設定温度でサーモスタットの接点を作動させ電気回路を作り，警報を出す電気サーモスタット式と，空気の熱膨脹を利用して接点を作動させ，電気回路を形成する空気式の２方式に大別される。一般的には電気サーーモスタット式が広く使用されている。火災の探知，つまり熱の検出は周囲の温度と周囲温度の上昇率を感知する。定温式（バイメタル式）は，あらかじめ設定した温度（通常60℃）に達すると，機械的に電気回路を形成し警報を発する。差動式はあらか

煙感知器

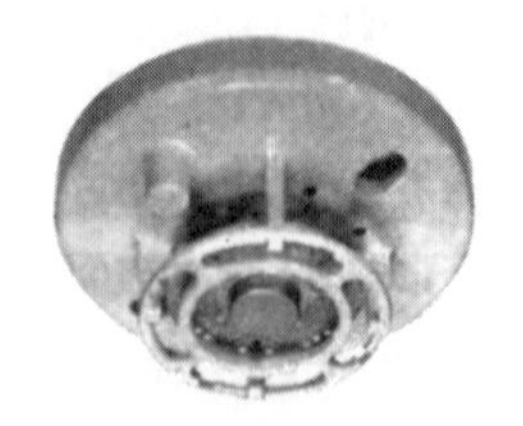

熱感知器

図4–9　感 知 器

じめ設定した温度上昇率（通常毎分10℃以上）のあるとき作動する。60℃というのは火災の理想的な予防温度で，火災予防値（Selected Protection Level：S. P. L.）といっている。温度上昇率による火災の発生状況では，毎分22℃以上の火災の場合は爆発的火災として扱われ，火災の約３％を占める。ほとんどの火災はこの上昇率以下のものである。定温式はバイメタルの温度上昇の遅れのため，設定温度以上にならないと接点が作動しない。また差動式は，温度上昇率が低い場合は高温になっても信号を発しない欠点をもっている。補償率式はこの両者の欠点を補うために両方の特性を組み合わせた型式のものである。

## 4.6　消防員装具

消防具装具は火災によって発生した煙，ガス等により火災現場に接近し難いときに用いる。一般に呼吸具，防護服，命綱，安全灯，ヘルメット，防火斧等で構成されている。

### 4.6.1　呼吸用保護具（マスク）

(1)　呼吸用保護具の種類

呼吸用保護具は，「供給式」と「濾過式」に大別される。供給式は有害環境外から呼吸可能のガス（空気とは限らない）を何らかの手段で装着者に供給する型式のマスクをいう。有害環境内の空気とは無関係であるので環境に支配されない。これに対し，濾過式は有害環境内の有害物質を「フィルター」で濾過

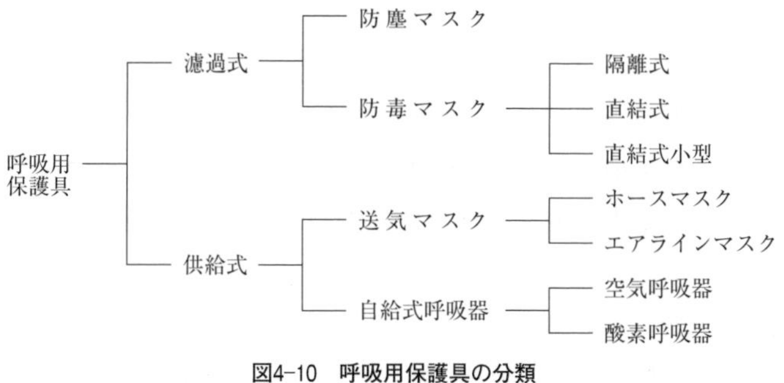


図4-10　呼吸用保護具の分類

し，残りの清浄空気を呼吸する型式のマスクをいう。したがって，酸素濃度が低い場合，または有害物質がフィルター能力を超えるような高濃度の場合には使用できない。

⑵　防毒マスク（図4-11）

有害なガス，蒸気および空気中に浮遊する微粒子状物質を吸入することにより，人体に有害なおそれがある場合に使用するマスクである。ただし，酸素欠乏，または有害ガス濃度が著しく高濃度の環境においては使用できない。防毒マスクは大別して隔離式（高濃度ガス用），直結式（中濃度ガス用），直結式小型（低濃度ガス用）の３種類がある。

直結式小型（低濃度ガス用）

直結式（中濃度ガス用）

隔離式（高濃度ガス用）

**図4-11　防毒マスク**

⑶　防塵マスク

発生する浮遊粉塵を吸入することにより，人体に有害なおそれ（塵肺等）のある場合に使用される。

⑷　送気マスク（図4-12）

有害環境外の清浄空気をホースを通して呼吸する型式のマスクである。その種類は自然の大気を供給するホースマスクと，圧縮空気を供給するエアラインマスクとがある。経費が安く使用時間に制約がないが，行動範囲が制限される。

⑸　自給式呼吸器（図4-13）

自給式呼吸器とは，装着者が自分自身の給気源（空気または酸素）を携行する型式のもので，循環式と開放式の２種類に分けられる。

(a) 開 放 式

使用するガスの種類により酸素呼吸器と空気呼吸器に分けられる。空気呼吸器は操作も簡単であり，安全性も高くランニングコストも比較的安価なため，広く用いられており，自給式呼吸器の大部分を占める。開放式の欠点は重量の大きいこと，使用時間の短いことである。なお，酸素呼吸器は火災現場での使用は危険である。

図4-12 送気マスク（エアラインマスク）

(b) 循 環 式

開放式の場合，呼気は直接面体外へ放出されるが，循環式は呼気を器具に戻し，呼気中の炭酸ガスを除いた残存酸素を再利用する型式の呼吸器である。このため，比較的軽量であるにもかかわらず，長時間（１～４時間）使用することができる。なお，この型式には圧縮酸素式と酸素発生式とがあるが，前者の方が広く使用されている。

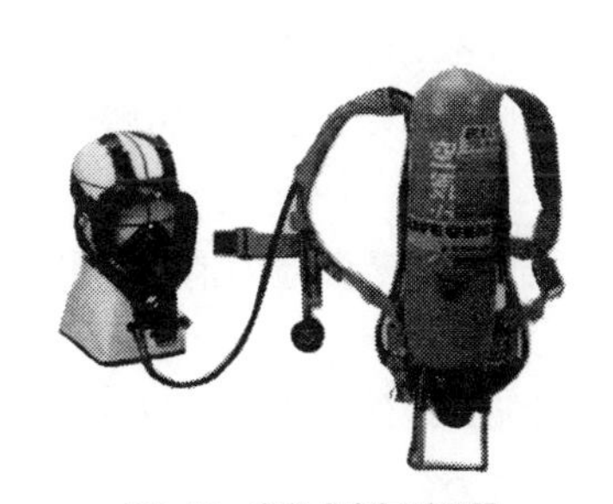

図4-13 自給式空気呼吸器

(6) 避難用呼吸保護具

緊急用といえども原理的には同じである。ただ，携行に便利なように小型化されている。危険区域からの脱出に使われるものである。

① 非常脱出用呼吸器（EEBD：Emergency Escape Breathing Device 船舶設備規程第122条の９）機関区域内や居住区域内に設置（図4-14，図4-15）される，脱出時の個人用の呼吸器。船舶の大きさ・用途・航行区域によって備え付ける数量が決められている。

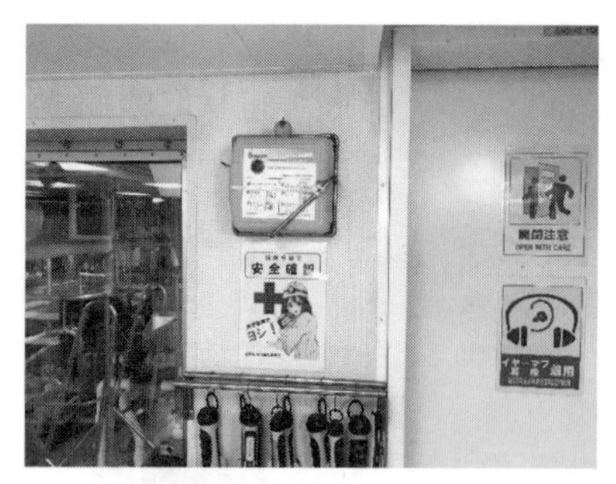

図4-14　機関区域内の設置例

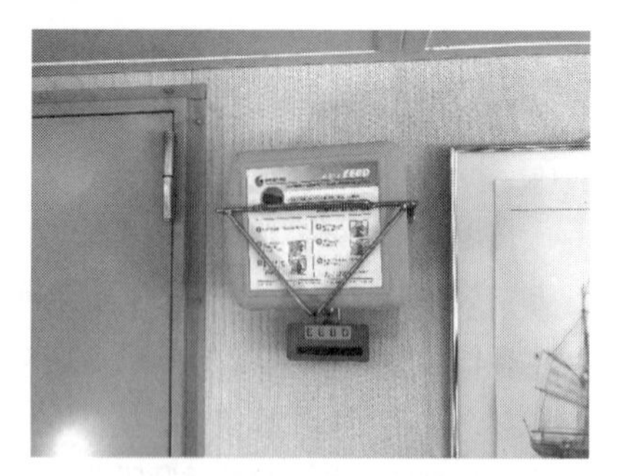

図4-15　居住区域での設置例

(7)　注意事項

①　定期的に検査およびその機能を確認する。欠陥があれば直ちに修理し記録を取っておく。使用後は速やかに規定圧力に充塡し，マスクは清掃し，消毒する。

②　格納場所は，容易に近づくことができる場所に保管する。

③　誤った使用，非効率的使用は使用者の人命を失う危険があるので，訓練を受けた者以外の使用は厳禁しなければならない。このため使用者に呼吸具に関する実技や訓練を実施し，習熟させる。

## 4.6.2　その他の消防員装具

(1)　命　　綱

命綱は，作業員（呼吸具装着者）の安全をはかり，補助員（命綱員）との連絡のためのものである。呼吸具を装着して消火作業を行う場合は，事故の原因となるので命綱をつけてはならない。

(2)　安 全 灯

可燃性ガス発生の危険のある場所等で使用する防爆型の電池式照明器具である。3時間以上の照明時間と，40度以上の射光角度を有する。

(3)　防 火 斧

片手で使用できる手斧と，構造物の破壊に使用する柄の長い重量のある消防斧の2種類がある。

(4)　防 護 服

防護服は蒸気や火炎からの放射熱から皮膚を守り，防水効果をもつ材質が望まれる。一般にアルミ加工布が用いられる。この布は難燃性であるが，不燃ではない。防護服は乾燥した状態で，呼吸具が格納してある近くに保管する。

## 4.7　検知器具

### 4.7.1　検知器具の必要性

船内においては

① 可燃性ガスの引火，爆発による危険

② 毒性ガスによる被毒の危険

③ 酸素欠乏による窒息の危険

といった危険，有害な状態の発生が考えられる。これらの危険区域に立ち入るときは，可燃性ガス，有毒ガス，酸素について測定を行い，安全を確保しなければならない。

### 4.7.2　可燃性ガスの測定（図4-16）

測定の原理は，300～400℃に加熱した検出素子に可燃性ガスが接触すると，接触燃焼反応を生ずる。この反応熱で検出素子の温度が上昇し，電気抵抗が大きくなる。この電気抵抗の変化はガス濃度にほぼ比例する。ブリッジ回路によって，この抵抗値の変化量を電圧として取り出し，ガス濃度を求める。

### 4.7.3　酸素濃度の測定（図4-17）

空気中には酸素が約21％存在する。この酸素が，鉄板の酸化，塗料の酸化，植物の呼吸，発酵，窒息性ガスの発生，不活性ガスの投入等種々の原因で減少すると酸欠の危険が発生する。作業の状態によっても異なるが，酸素濃度が16％以下になると人体に危険が生ずるので，安全をみて18％未満を酸欠状態と決めている。したがって，酸素濃度を測定して18％未満なら換気等の対策を行う必要がある。酸素の測定には，一般にガルバニ電池方式の計器が使用される。原理は隔膜を透過した酸素が，陰極に達すると電極上で還元され，酸素濃度に比例した電流が発生する。この電流を増幅してメーターに指示させる。酸

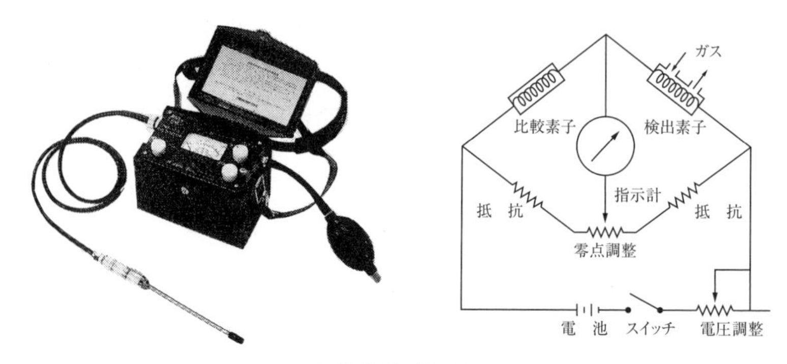


可燃性ガス検知器

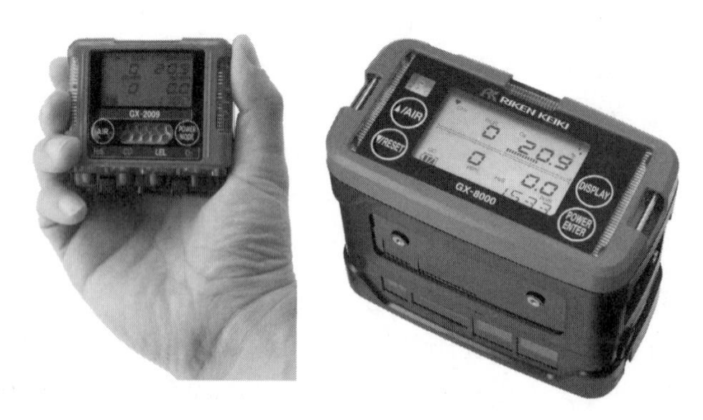


複合ガス検知器（可燃性ガス・酸素など）

図4-16　ガス検知器
（画像提供　理研計器株式会社）

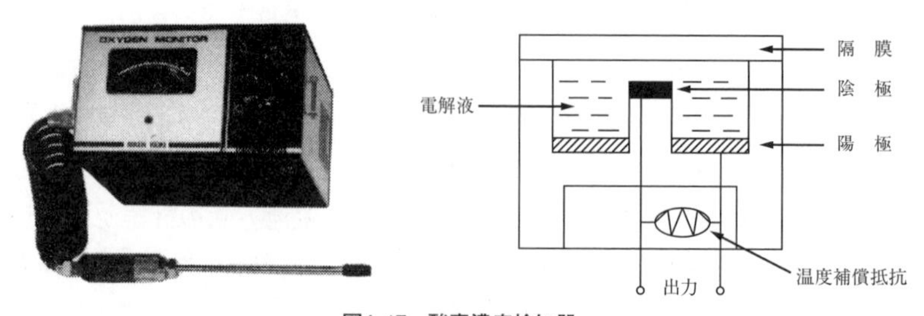


図4-17　酸素濃度検知器

素の隔膜透過速度は温度の影響を受けるので，迅速な測定が望まれる。このほか検知管式，磁気式，熱伝導式等がある。

### 4.7.4　ガス測定上の注意事項（図4-18，図4-19）

下記の点に注意して測定すること。

① 測定対象とその濃度範囲について適切な測定器を使用する。

② 測定場所に直接立ち入ることは大変危険である。保護具を着用する

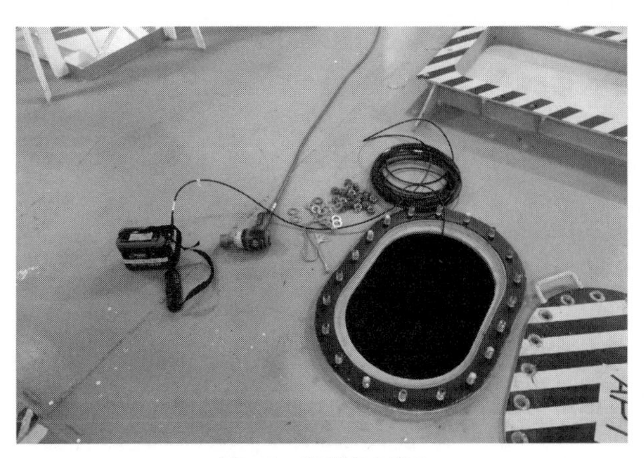

図4-18　ガス検知の様子

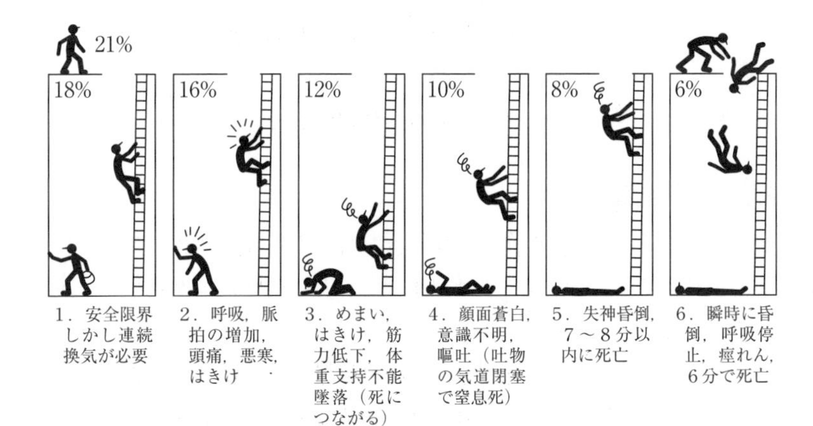


図4-19　酸欠の危険性

か，採取管を測定箇所に挿入して測定する。

③　採取管の空積部分を十分に吸引，排除した後測定する。

④　計器の通気部の漏れ，詰り，電気部の不調，電源の消耗，検知管については有効期限を確認して，保守用品，準備品等の整備を行う。

⑤　ガス漏れ警報器の検知部は，プロパンは空気より重いので下方に，都市ガスは空気より軽いので天井に近いところに取り付ける。

## 4.8　消火作業

### 4.8.1　消火体制

火災が発生した場合，早期発見，初期消火が重要である。消火作業は一刻を争い，最初の数秒間にとられる敏速な行動が，その後の消火作業に大きく影響する。ところが火災は激しい炎と煙を伴い，冷静な判断ができにくい状態となるため，次の事項を満足した船内消火体制を，あらかじめ確立しておくことが必要となる。

①　各種の消火装置，防火設備は定期的な点検，作動試験等を励行し，いつでも使用できる状態に維持管理しておく。

②　延焼を防止し，効果的に火災を終息させ，かつ人命救助を考慮した消火作業を行うため，防火部署を含んだ非常配置計画を作成しておくこと。

③　全乗組員を対象に，消火装置等の使用法と非常配置計画の実施に関する訓練及び操練を頻繁に行っておくこと。

以上の成果が，実際の消火作業の成否を決定するといっても過言ではない。

### 4.8.2　非常配置計画

火災という緊急時の処置を確実に遂行させるためには，乗組員がいかに行動すべきかといった作業内容を十分検討するとともに部署表を作成し，非常配置計画を立てておく。

計画にあたっては，火災を発見したものは警報器を作動させ，その状況を当直士官に通報し，それによって当直士官は緊急体制を発動する。同時に火災の規模と危険性の評価を行い，人員および消火機器が配置されるまで，迅速に行われることが重要である。非常配置部署は指揮班，緊急処置班，後方援助班および機関班の4部門で構成するのが一般的である。

### 4.8.3　訓練と操練

乗組員は消火理論に精通し，消火および緊急設備の使用について実技と訓練を定期的に行うとともに，非常配置に必要な操練を実施する。特に消火器は初期消火で大事なので，実際の放射時間，放射距離等を確認しておく。

### 4.8.4　消火作業の原則

① 有効な消火ができる距離まで可能な限り火元に近づく。
② 姿勢を低くし，炎や煙，熱から身を守る。
③ 風上から消火する。
④ 燃えているものに消火剤を確実に放射する。
⑤ 出入り口を背にして，いつでも脱出可能な状態にしておく。
⑥ 火災拡大のスピードは，供給空気量に比例して速くなるので，火災現場を密閉し，火災の拡大を防止する。
⑦ 複数名で対応する。

### 4.8.5　火災の種類と消火方法

火災を予防し，適切な消火手段を選定するために，火災の種類を知ることが大切である。

(1) A火災（普通火災）

一般固体可燃物（寝具類，衣服類，木材，紙等）の火災である。これらは発火点以下に冷却することで消火する。この火災の特徴は，燃焼すると灰を残すもので，炎が消えても内部の奥深いところで燃焼は継続している可能性がある。したがって，徹底的に燃焼物を破砕して内部まで完全に冷却する。冷却が不十分な場合，空気と接触すると再発火を起こすことがある。炭酸ガスや粉末消火剤で窒息または抑制させることは，一時的な火災拡大の防止に役立つが，密閉区画以外は完全に消火することはできない。水または水を含む溶液の冷却作用が最も有効である。直射水は燃焼物を破壊するのに使用される。

⑵　B火災（油火災）

ガソリン，重油等，可燃性液体の火災をいう。B火災は，可燃性液体自身の燃焼ではなく，加熱により液表面から発生した可燃性蒸気と空気の混合気が燃焼するので蒸発燃焼ともいわれる。この火災は，A火災と異なり，燃焼後には何も残さず，発熱量が大きく多量の発煙を伴う。酸素の供給を絶つか，酸素を希釈するか，連鎖反応を抑制するかで消火する。泡消火が最も適切な消火方法である。B火災は消火しても，周囲の放射熱で再発火するおそれがある。このため，消火後も水霧のバリヤー（障壁）で放射熱を断つことが必要となってくる。可燃性液体の温度上昇は意外と遅いので，早期に局限し，速やかに消火作業を開始することが大切である。プロパンガス等の可燃性気体の火災も一種のB火災であるが，この場合ガスの漏洩が止まるまでは消火しても二次爆発の危険があるので，消火を行ってはならない。粉末消火剤が消炎に有効である。

⑶　C火災（電気火災）

電気火災といっても，通電している電気機器の過負荷による発熱，漏電，短絡等による電気機器の火災である。感電の危険があり，まず電源を切って，炭酸ガスや粉末等の電気絶縁性の消火剤を使用する。特に炭酸ガスは，電気の不良導体で使用後の影響もないので最適の消火剤である。蒸留水は電気を通さないが普通の水，海水は導電性がある。しかし噴霧状注水であれば使用可能である。

## 4.9　応急手当

事故などによって傷病者が発生したとき，まず傷病者を安全な場所に移動させる。次に冷静に傷病者の状況観察を行い，一刻も早く適切な応急手当を開始することが，傷病者の救命効果に影響を与える。特に呼吸が停止しているときは，5分以内に人工呼吸を行う必要がある。手遅れにならないよう日頃から，応急手当に対する知識と心肺蘇生技術を身につけておくことが大切である。

### 4.9.1　救助作業

人命救助は迅速かつ効果的な対応が要求される。このために救命索，呼吸具，蘇生器等の救命設備は常に使用できる状態に準備しておき，訓練された救助班を組織しておくことが重要である。

人身事故が発生した場合，最初にとるべき処置は，警報を発し，人の援助を求める。人命救助は一刻を争うが，二次遭難をさけるため，必要な人員と用具が得られるまで行うべきでない。次に現場立入りに際しては，有毒ガス，酸欠等の安全状態を確認し，内部状態が疑わしいときは，必ず呼吸具を装着する。また救助，脱出の通路をあらかじめ確認し，場合によっては救命索を使用する。救助は重症の者から行うのはいうまでもない。救助指揮者は，区画外で最も効果的に監督できる場所から指示を行う。

### 4.9.2　救命・救急処置

まず傷病者を観察し，重症度判定のポイントは，バイタルサイン（生命兆候）である。骨折や出血も重要なサインであるが，意識があるか，心臓は動いているか，呼吸をしているかのチェックが第一で，もしこのどれかでも認められないときは最重症である。心臓と呼吸が止まっているときは蘇生術をして救命することが必要である。

(1)　バイタルサイン（生命兆候）

(a)　意識の確認

軽いのは昏迷という状態で，ボーッとしていて反応は鈍いが，呼べば応える。重い場合は昏睡で，呼んでもたたいても目を開かないだけでなく，体を動かそうともせず，何の反応もない。

(b)　呼吸の確認

顔を近づけて鼻や口から出す息を感じる。またはティッシュペーパーをちぎって鼻や口に近づけて，息が吹かれるのを観察する。

(c)　脈拍の確認

心臓が動いているかどうかは，手首，首筋等の動脈を触れるか，分かりにくいときは，耳を傷病者の左胸に直接あてて心音を聞く。

(d)　瞳孔の確認

瞳孔は脳の異常を推定するのに大切である。正常の場合は，左右の大きさが等しく円形で，光をあてると小さくなる。左右非対称，開きっぱなしで光をあてても同じ場合は，脳の異常として重要視する。

(2)　応急手当

意識がある場合は，傷病者の訴えを聞き必要な応急手当を行う。意識がない場合は，外傷のあるなしで下記の要領で応急手当を行う。

(a)　外傷がない場合

素早く以下の３点を確認し，具体的な応急手当を行う。

①　口腔内の確認…気道確保

呼吸のための空気の通り道がつまると窒息するので，２～３分するとチアノーゼ（紫色）になり，意識がなくなる。５分もすると心臓が止まり，そのままでは死亡する。このため異物があるときはこれを取り除き，気道を確保する。

②　呼吸の確認…人工呼吸

呼吸が停止した場合，人工呼吸を行って肺の中に空気を入れたり出したりして呼吸作用を維持させる。いろいろな方法があるが，口移し法（マウス・ツー・マウス）が最も簡単で確実である。

③　脈拍の確認…心臓マッサージ

心臓が止まったり，動いていても血液を送ることができない状態のとき，手で心臓を圧迫して，心臓から血液を拍出させる方法をいう。心臓が止まって１～２分以内に行わなければ，酸素の供給が断たれて，最も弱い脳細胞は機能を失い，再び心臓が動き出しても，正常な人間に戻らないことがあるため，急を要する。

④　AED（自動対外式除細動器：Automated External Defibrillator）の使用（図4-20）

意識が無い場合に，気道確保・心臓マッサージ（可能であれば人工呼吸も併用）を行いながら，周囲に支援を呼びかける中でAEDが近くにある場合は，直ちに持ち寄り使用する。

AEDが自動的に心臓の状態を判断して，心室細動を検出した場合に自動的に除細動を行う必要があるかどうかを音声で知らせる。除細動（電気ショック）によって，心室細動を止めて正しい心臓の動き（正常な拍動）を促す。除細動を行った後も速やかに心臓マッサージ（可能であれば人工

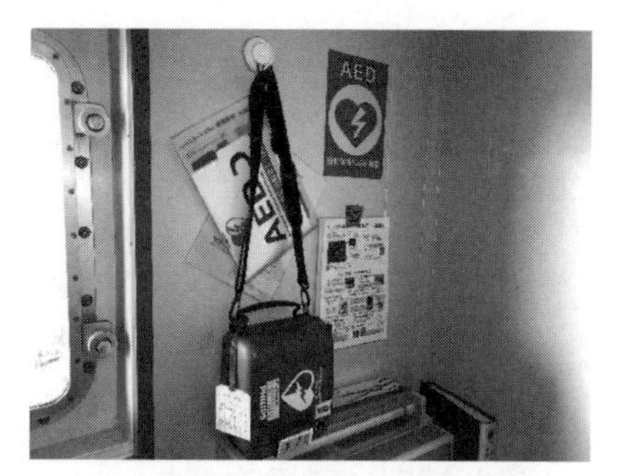


図4-20　AED の設置例（船内の病室）

呼吸）を行い，拍動の回復を促す必要がある。

(b)　外傷がある場合

けがの応急手当は，第１に止血，第２に創傷の保護と感染予防である。素早く以下の３点を確認し，具体的な応急手当をする。

①　出血の確認

表4-4　出血の種類と手当て

| 出血の種類 | 手　　　当　　　て |
|---|---|
| 毛細管出血 | 滲み出てくる出血で，ガーゼを少し厚くあて，ややかために包帯をすれば，出血は止まる。 |
| 静脈出血 | やや黒ずんだような血が湧き出るように流れ出る。出血部を心臓より高くしてガーゼを当て，ややかたく包帯をする。 |
| 動脈出血 | 心臓の拍動に一致して，真っ赤な血が噴き出す。この出血は大量に出るので緊急を要する。止血帯などを用いて，止血に努める。 |

②　骨折の確認

骨折した場合は安静にし，動かさない。やむを得ず動かす場合は骨折箇所を固定して移動する。この場合，指先は血液の循環を確認するため見えるように少し出しておく。

③　火傷（熱傷）の確認

(3)　火傷

(a)　火傷の分類

### (b)　火傷の手当て

**表4-5　火傷の分類**

| 火傷の分類 | 症　　状 |
|---|---|
| 第１度熱傷 | 皮膚が赤く腫れるが，２～３日でおさまる。痛みも１～２日でなくなる。 |
| 第２度熱傷 | 赤く腫れた皮膚に水泡ができる。痛みは強いが２～３日後には軽くなる。 |
| 第３度熱傷 | 皮膚がただれ，一部は黒くなって壊死する。あとは化膿し，ひきつれとなる。 |

基本は受けた熱量分を，素早く水等で除去することである。火傷した部分は清水につけるか，水道水を流して十分冷やす。これで痛みがやわらぎ，治りも早くなる。熱傷面積が局所的な小さなものは第２度，第３度の熱傷でも影響が小さいが，体全体の1/3を超える場合，ショックが死因の原因となるので，早急な医師の処置を必要とする。

（清田耕司・大内一弘）

# 第５章　洋上生存

## 5.1　タイタニック号の遭難とSOLAS条約

### 5.1.1　海上における船舶遭難時の人命の安全に関する歴史の概要

海上において船舶が遭難した場合の，人命の救助に関する対策については，古くからその重要性が認識されていた。

英国は，海運国としての歴史も長く商船も多く保有していた。しかし，海難も多発し，船員の死亡率も高かった。そのために，18世紀の後半に英国沿岸における船舶遭難時の救助のために，沿岸各地に救助艇が配備された。この救助艇が改良されて，船舶に搭載される救命艇の原型となっていった。

英国では，1852年の「BirKenHead号」の海難事故で，救命艇が３隻しか使用できず，約400名以上が死亡した。この事件後，英国においては，海上における人命安全確保のためには，船舶への貨物の積み過ぎを制限し，有効な救命設備を備えつける必要が認識された。

その後，英国のホワイトスター社の客船「タイタニック（Titanic）号」が，1912年４月14日の深夜に北大西洋で氷山に衝突し沈没した。この事故で，全乗船者2201名中1490名が死亡した。この事故により，海上における人命の安全を国際的に考える機運が高まり，国際人命安全会議がロンドンで開かれ，1914年にSOLAS条約（International Convention for Safety of Life at Sea：海上における人命の安全のための国際条約）が調印された。

### 5.1.2　タイタニック号の遭難とその教訓

英国のホワイトスター社のタイタニック号は，1908年にアイルランドのベルファストで建造が開始され，1911年に進水した。デッキには，木造の救命ボート16隻と折りたたみ式救命ボート４隻が搭載されていた。

1912年４月10日に，英国サウザンプトンを出港して，アメリカのニューヨークに向かう処女航海に出発した。４月14日には，氷山出現の警告を，付近の他

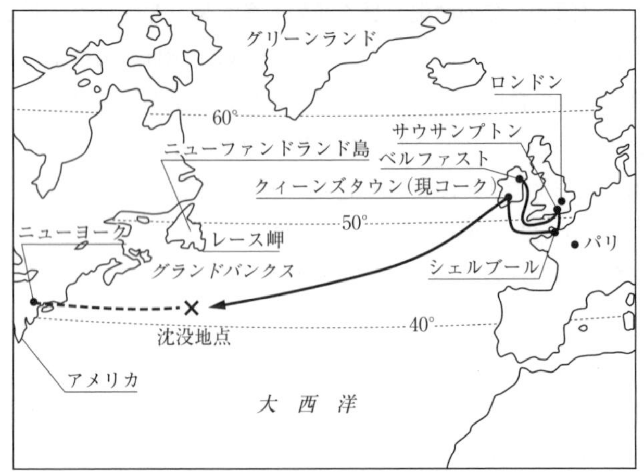


**図5-1　タイタニック号（上）と処女航海の記録（下）**

の船から7回にわたり受け取っている。その日の23時40分頃，氷山が船首右舷に激突して浸水が始まった。4月15日の午前0時頃，タイタニック号は無線で救難信号を発信した。0時5分頃，乗客および乗組員はデッキに集合したが，全乗船者数の約半数が収容できる救命ボートしか搭載していなかった。2時5分頃，最後の救命ボートがタイタニック号を離れていき，1500人以上の乗客・乗員が船上に取り残された。2時18分頃，タイタニック号は2つに折れて，船首の部分が海中に沈んでいった。その約2分後に，切り放された船尾部分が海中に没していった（図5-1）。

4月15日の0時25分頃，タイタニック号の南東約50海里の位置にいたカルパチア号が，救難信号をキャッチし救助に向かい，午前３時30分頃遭難現場に到着し，約700人を救助した。その後の捜索作業で約300人の遺体が収容された。

タイタニック号の海難事件は，海上における船舶の安全上，次にあげるような多くの教訓を残した。

⑴　船体の水密構造の問題

右舷船首の舷側の氷山との衝突による亀裂部の長さは，約70 mで５区画であったが，水密隔壁の間隔や高さが十分ではなかったことが，沈没の時間を早めることになった。

⑵　遭難通信の聴取の問題

当時は，遭難通信の聴取を強制する規則がなかったことと，視覚信号による遭難信号の意味の国際的な統一がなされていなかったために，救助船の遭難現場への到着が遅れた。

⑶　救命艇の搭載の問題

タイタニック号の最大搭載人員は3500名であるのに，搭載救命艇は16隻で，全収容人員はその他の端艇等を含めても1700名であった。しかも，積み付け位置が水面上約20 m以上の高さで，救命艇の降下進水作業が困難であった。

⑷　流氷監視の問題

北大西洋の流氷海域における流氷監視が国際的になされていなくて，結果的に氷山に衝突して大きな犠牲を出してしまった。

### 5.1.3　SOLAS条約

⑴　SOLAS条約の歴史

18世紀末になると，海上輸送は帆船から汽船へ移行し，国家間の物資の輸送も飛躍的に増大した。それに伴い，海上における人命や財産の安全確保が必要であると認識されてきた。この問題が，初めて国際的に検討されたのは，1910年のベルギーのブラッセルであった。その後，前述したようにタイタニック号の遭難が契機となり，1913年にロンドンで13か国が参加して第１回のSOLAS会議が開催され，1914年に英国ほか４か国がSOLAS条約に調印した。その後の，1914年SOLAS条約から，1929年，1948年，1960年SOLAS条約まで時代の変化に伴い改正されている。

⑵ 1974年SOLAS条約の内容とその後の改正

1974年に採択されたSOLAS条約は，近年の造船および船舶運航に関する技術の大幅な進展と，交通量の飛躍的な増大の結果，船舶とその運航の安全を確保するために，1960年SOLAS条約の大幅な見直しが必要となり改正された。1974年SOLAS条約は，安全規制の一段の強化がはかられたほか，今後の技術革新等に即応するため，条約改正の手続きの簡素化がはかられた。

第1章　一般規定
第2-1章　構造（区画・復原性・機関・電気設備）
第2-2章　構造（防火・火災探知・消火）
第3章　救命設備
第4章　無線電話
第5章　航行の安全
第6章　穀類の輸送
第7章　危険物の輸送
第8章　原子力船
第9章　船舶の安全運行の管理
第10章　高速船の安全装置
第11章　海上の安全性を高めるための特別装置
第12章　ばら積み貨物船の安全装置

その後，1974年SOLAS条約は，1983年から度々一部が改正され現在に至っている。

## 5.2 海難における人命喪失傾向

### 5.2.1 要救助海難船舶と死亡・行方不明者の推移

⑴ 海上保安庁交通部航行安全課の統計資料によれば，日本の周辺海域で海難が発生し，救助を要する海難に遭遇した船舶（以下「要救助船舶」という。）は，平成13年が2,199隻発生し，令和元年では1,679隻となっている。

⑵ 死亡・行方不明者の推移を約20年間でみると，平成13年は152人，令和元年では64人と減少の傾向を示している（表5-1・図5-2）。

表5-1　要救助船舶隻数および死亡・行方不明者数

| 年 | H13 | H14 | H15 | H16 | H17 | H18 | H19 | H20 | H21 | H22 |
|---|---|---|---|---|---|---|---|---|---|---|
| 隻　数 | 2199 | 2008 | 2072 | 2392 | 1883 | 2008 | 1957 | 1817 | 1875 | 1749 |
| 死亡・行方不明 | 152 | 165 | 150 | 155 | 121 | 108 | 87 | 124 | 143 | 99 |
| 年 | H23 | H24 | H25 | H26 | H27 | H28 | H29 | H30 | R1 | |
| 隻　数 | 2004 | 1804 | 1811 | 1690 | 1644 | 1690 | 1605 | 1704 | 1679 | |
| 死亡・行方不明 | 108 | 78 | 84 | 100 | 48 | 56 | 82 | 75 | 64 | |

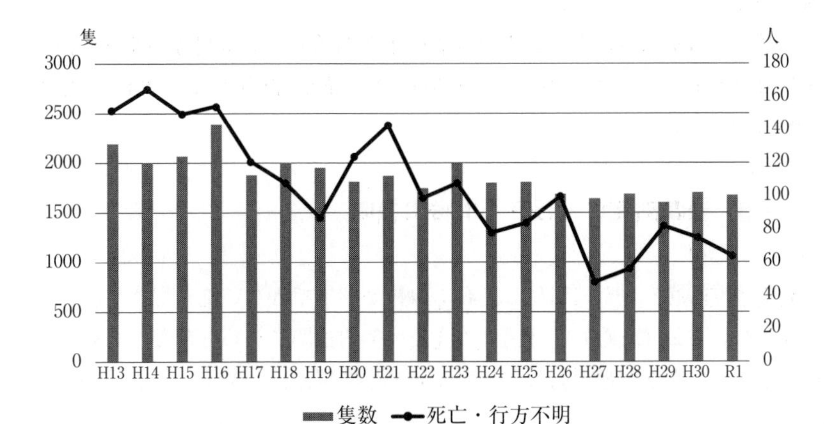


図5-2　要救助船舶隻数および死亡・行方不明者の推移

## 5.2.2　人命に関わる海難の概要

海上保安庁からの統計資料により，同庁および他の機関が救助を行った要救助船舶の，最近の５年間（平成27年～令和元年度）の海難発生状況を次に示す。以上の統計から次のことが分かる。

表5-2　トン数別海難隻数（平成27～令和元年）

| | 衝突 | 乗揚げ | 機関故障 | 火災 | 爆発 | 浸水 | 転覆 | その他<br>推進器・舵故障，運航不能，行方不明 | 計 |
|---|---|---|---|---|---|---|---|---|---|
| ５トン未満 | 662 | 564 | 1,013 | 109 | 5 | 464 | 607 | 2,170 | 5,594 |
| ５～20トン | 253 | 362 | 254 | 92 | 1 | 121 | 52 | 435 | 1,570 |
| 20～100トン | 24 | 46 | 28 | 10 | 0 | 3 | 4 | 31 | 146 |
| 100～500トン | 92 | 165 | 103 | 30 | 2 | 30 | 5 | 85 | 512 |
| 500～1,000トン | 26 | 32 | 30 | 11 | 1 | 4 | 0 | 28 | 132 |

| 1,000～3,000トン | 26 | 25 | 51 | 21 | 2 | 4 | 1 | 34 | 164 |
|---|---|---|---|---|---|---|---|---|---|
| 3,000トン以上 | 40 | 31 | 77 | 17 | 0 | 6 | 2 | 31 | 204 |
| 計 | 1,123 | 1,225 | 1,556 | 290 | 11 | 632 | 671 | 2,814 | 8,322 |

⑴　要救助海難の発生状況は５年間で8,322件である。

⑵　海難の種別に見ると，機関故障が1,556件約19％，乗揚げが1,225件15％，衝突が1,123件13％である。

⑶　総トン数別に見ると，20トン未満の小型船舶の占める割合が非常に高く，総数の約86％を占める。20トン以上500トン未満が658件８％，500トン以上が500件６％である。

### 5.2.3　種類別死亡・行方不明者の傾向

⑴　転　　覆

転覆は短時間のうちに発生し，救命設備を利用できないことが多く，海中に放り出されておぼれたり，体温低下または船内に閉じこめられて窒息死したりするなど，死亡率が最も高い。ほとんどの転覆事故は1000トン未満の船舶で発生している。原因は荒天時の積荷の移動，船内に打ち込む海水や遊動液の移動，着氷などがある。

2014年４月16日に大韓民国で発生した客船セウォル号の転覆沈没事件が記憶に新しい。この沈没事件は過積載が原因で，航行中に激傾斜の上，荷崩れを起こし転覆沈没した。乗員・乗客476人の内，船内に取り残された299人が死亡した。

⑵　浸　　水

荒天時に多く発生し，超大型専用船の折損による浸水事故も決して少なくない。原因は荒天による波の打ち込み，折損箇所からの海水の流入である。

⑶　衝　　突

その衝撃により怪我をしたり死亡したりするほか，衝突に伴う浸水や爆発・火災等の２次災害によって死亡することも多い。トン数とは無関係に発生しているが，人命の喪失は1000総トン未満の小型船に多く，沿岸の交通輻輳海域で発生している。原因は航法違反，輻輳海域での自動操舵の使用，機関や舵の故障である。

⑷　乗り揚げ

3000総トン未満の船舶では人命の喪失が見られるが，大型船ではほとんど見られない。原因は航路選定の誤り，情報入手不足，見張り不十分である。

⑸　火　　災

総トン数や海域とは無関係に発生している。タンカー火災は爆発の危険もある。原因は火気の取り扱い不適切，可燃物管理の不十分，静電気による火花，漏電である。

## 5.3　生存維持作業の流れ

### 5.3.1　生存維持作業

海難が発生し，船舶を放棄して安全な場所に退避し救出されるまでに実施される作業を生存維持作業といい，標準的な作業を図5-3のフローチャートで表すことができる。また，その過程を次の４つに大別することができる。

⑴　防火・防水等の応急部署作業（A～B）

海難が発生し，消火作業，防水作業あるいは排水作業を行うも失敗し，総員退船部署（総端艇部署）発令となるまでの間，人命と船舶の安全を確保するための作業。

⑵　船舶放棄作業（B～C またはD，E）

船長が応急作業成功の見込みがないと判断して，総員退船部署を発令し，乗船者が船舶を放棄して本船を離れるまでの作業。

⑶　洋上漂流作業（C またはD～F）

船舶を放棄してから救助船が到着するまで，救命艇等にて生存維持をはかる作業。

⑷　救出作業（F～G）

救助が到着してから無事救出されるまでの作業。

船長は応急部署作業時間と船舶放棄に必要な作業や損傷の程度から，船舶が全損状態になるまでの時間を予測し，総員退船部署を発令する時期を決定する必要がある。

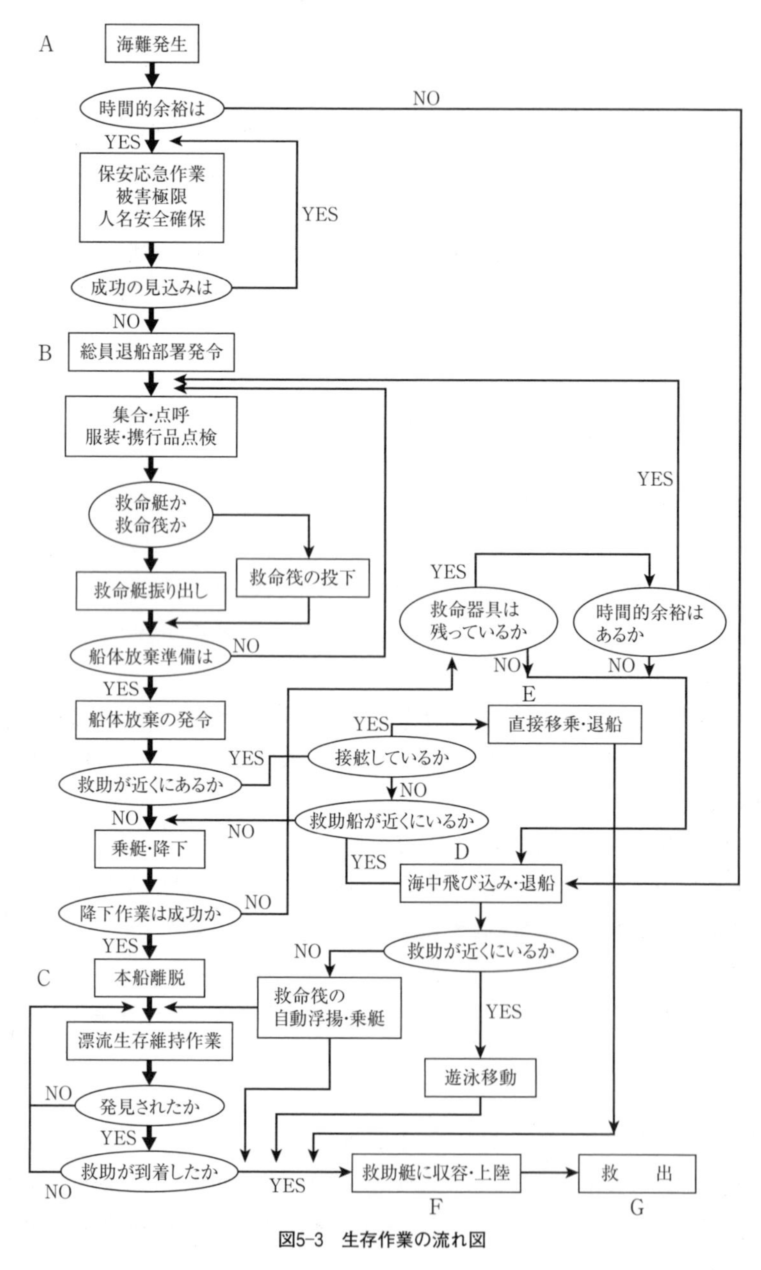


図5-3　生存作業の流れ図

### 5.3.2　海難の種類と救出の関係

(1)　転覆および衝突は遭難時間が短く，早い時期に船舶放棄する場合が多い。

(2)　火災は遭難時間が比較的長く，時間的余裕をもって船舶放棄が行われる。

(3)　荒天の海では船舶放棄は遅いが，危険が切迫すると風浪条件に関係ない。

(4)　時間的余裕をもって船舶放棄した遭難者は，救出されることが多い。

(5)　視界の良否は救出の遅速にあまり関係ないが，無線通信設備が有効に活用され，遭難現場近くから捜索活動が開始されると救出は早い。

(6)　遭難船に接舷して救出したり，至近距離を泳がせて救出する場合も多い。

### 5.3.3　生存維持作業における救命器具の使用効果

遭難船舶が使用する救命器具は，陸岸や救助船との距離，あるいは救助船が現場到着に必要な時間と接近可能距離，使用できる救命設備の種類と数，自然条件や遭難の実状によって異なるが，すべての遭難船舶において完全には使用されてはおらず，救命器具の使用率は救命艇が約45%，救命筏が約51%，救命浮環と救命胴衣の合計でも約75%にすぎないといわれている。遭難者が救命艇や筏を使用する場合のほとんどが他船に救出されており，その場合の救出率は90%を超えているといわれている。荒天時，救命艇の降下作業は極めて難しく，降下に成功する可能性が少ないため，救命筏の方が有利といわれている。遭難時間が長い大型船の場合は救命艇の方が有利である。海中転落事故ではそのほとんどが救助されておらず，転落時に救命胴衣を着用している者は極めて少ないし，その場合ほとんど死亡している。転落のおそれのある作業においては，救命胴衣を着用し救命器具（救命浮環，自己点火灯や自己発煙信号）を手近に置かねばならない。

### 5.3.4　操練の重要性

船長は自己の指揮する船舶または他の船舶の遭難を知った場合は，人命の救助に必要な手段を尽くさなければならない（船員法第12条，第14条）。このために非常の場合の乗組員の配置および行うべき作業について，あらかじめ非常配置表を作成し，船内の見やすい場所に掲示し，定められた期間内に操練を実施しなければならない（船員法第14条の３）。

海難等，緊急事態が発生した場合，これに迅速的確な対応は乗組員の生命を救うため是非とも必要で，これに成功するには乗組員の日頃からの訓練による習熟と点検整備が行われていなければならない。よって生存維持をはかるためには操練実施は不可欠なものであり，船員法ではその実施を要求している。

おもな操練の実施については次のとおりであり，表5-3に全体を示す。

(1)　膨脹式救命筏の振出しまたは降下および付属品の確認は，１年に１回実施する。

(2)　救命艇の進水および操船は，３か月に１回実施する。

救命艇操練および非常操舵操練は，３か月に１回実施する。

(3)　国際航海に従事する旅客船では，旅客の乗船後24時間以内に旅客に対する避難のための操練を実施し，その後毎週１回海員に対する操練を実施する。

(4)　旅客船以外の船舶にあっては，毎月１回操練を実施する。

国際航海に従事する旅客船および遠洋・近海区域を航行区域とする船舶は，停泊中に乗組員の1/4以上が交代したときは，発航後24時間以内に操練を実施する。

**表5-3　操練実施一覧表**（船員法施行規則3-4）

<table>
<tr><th rowspan="2">操練</th><th rowspan="2">内容</th><th rowspan="2">旅客船<br>国内航海</th><th rowspan="2">国際航海</th><th colspan="2">旅客船以外(遠洋近海)</th><th colspan="2">漁船</th></tr>
<tr><th>国内航海</th><th>国際航海</th><th>外洋大型</th><th>左以外</th></tr>
<tr><td>防火操練</td><td>防火戸の閉鎖，消火設備の操作<br>乗組員の配置</td><td>1月1回</td><td>発航前及びその後1週1回※</td><td colspan="3">1月1回※</td><td>1月1回</td></tr>
<tr><td rowspan="4">救命艇等操練</td><td>救命艇等の振り出し又は降下及び付属品の確認，乗組員の配置</td><td>1月1回</td><td>発航前及びその後1週1回※</td><td colspan="3">1月1回※</td><td>1月1回</td></tr>
<tr><td>膨張式救命筏の振り出し又は降下及び付属品の確認，乗組員の配置</td><td colspan="5">1年1回</td><td>2年1回</td></tr>
<tr><td>救命艇の進水及び操船(搭載する全てについて実施)，乗組員の配置</td><td>1年1回</td><td>3月1回</td><td>1年1回</td><td colspan="2">3月1回</td><td>1月1回</td></tr>
<tr><td>救命艇の機関の始動及び操作<br>照明装置の使用，乗組員の配置</td><td>1月1回</td><td>発航前及びその後1週1回※</td><td colspan="3">1月1回※</td><td>1月1回</td></tr>
</table>

| 救助艇操練 | 救助艇の進水及び操船，付属品の確認<br>乗組員の配置 | 1年1回 | 3月1回 | 1年1回 | 3月1回 | 1年1回 |
|---|---|---|---|---|---|---|
| 防水操練 | 水密戸等の閉鎖装置の操作<br>乗組員の配置 | 1月1回 | 発航前及びその後1週1回※ | 1月1回※ | | 1月1回 |
| 非常操舵操練 | 操舵設備の非常の場合における操作等<br>乗組員の配置 | 3月1回 | | | | |
| 旅客の避難のための操練 | 招集，避難要領等の周知乗組員の配置 | | 船客の乗船後24時間以内 | | 船客の乗船後24時間以内 | |

※海員の1/4以上が前回の操練に参加しなかった場合は，出港後24時間以内に実施。
外洋大型漁船：船舶職員法施行令に定める甲区域又は乙区域において操業する総トン数500トン以上の漁船。
特定高速船は省略。

# 5.4　生存技術の原則

## 5.4.1　生き抜くための生存技術

(1)　生存維持のための3条件

海難に遭遇し船舶を放棄して，救命艇や救命筏で生存維持をはかり，救助されるまで生き抜くためには，

(a)　生存者が遭難という逆境に耐えて，生き抜こうという強い意志をもつこと
(b)　遭難者が生存維持に必要な知識，技能をもっていること
(c)　生存維持達成に必要な施設，設備をもっていること

この3条件が満たされて，初めて遭難者の人命安全が確保される。

(2)　生存維持作業の基本原則

安全な場所に無事救出されるために必要な知識，技能として

(a)　救命設備とその艤装品の適切な使用方法
(b)　船体放棄の直前までにとられる保安，応急等の作業
(c)　救命艇や救命筏の降下，移乗等の作業
(d)　救命艇および救命筏内での生存維持作業

などを知っておく必要がある。

(3)　生存維持の技術

生存維持の技術として，次の4原則を記載順の優先度で実施すべきである。

(a) 暑さ，寒さからの人体の保護

(b) 遭難者の現在位置，動静を捜索救難機関などに通報する。

(c) 適切な飲料水の確保と使用

(d) 救難食糧，その他の応急食糧の確保と有効適切な配分

しかし，この4原則に優先する基本は「あくまで遭難という逆境に打ち勝って生き抜くという強い精神力」である。

### 5.4.2 指揮者の選出とその職務

(1) 指揮者の選出

船舶放棄に成功して本船を離れ，漂流開始となって，まずしなければならないことは，指揮者の選出である。救命艇や救命筏の指揮者や副指揮者は非常配置表に記載されている。しかし，状況の許す限り多くの艇や筏を使用した場合，非常配置表どおり乗り込みがなされない可能性も多い。遭難者が全員無事救出されるために集団行動をとる場合，集団の秩序を維持し，艇内を取りまとめていくためには指揮者が必要である。指揮者は原則として船長に指名された艇指揮がこれにあたり，艇指揮に事故があるときは艇長が指揮をとる。

(2) 指揮者の職務

(a) 食糧，飲料水を管理し，配給量と食事の時間を決める。

(b) 刃物類や危険な物を保管または投棄する。

(c) 信号類の適切な使用と管理

(d) 全員に平等かつ適正に仕事の分担をする。

(e) 士気を高揚し，必ず助かるという信念をもたせる。

### 5.4.3 漂流中の生存維持作業

(1) 通常状態における基本作業

(a) 負傷者がいれば手当をし，船酔いに備え船酔い防止薬を服用する。

(b) 艤装品の確認：使える物，流出した物をチェックする。

(c) 見張り当直を常時立てる（体力・集中力の点からも短時間の交代が良い）。

(d) 飲料水の配給：1昼夜経過後1日1人あたり約500 ccに制限。朝，昼，

夕の３回に分けてゆっくり飲む。決して海水は飲まない。

(e)　救難食糧の分配：救出される日を想定し食糧を３等分し，2/3を想定日まで割り当て，残り1/3は予定を超えた場合に備え保存しておく。

(f)　雨水の採取：２～３日は飲料水として使用できる。夜露もすする。

(g)　排尿はバケツで行い舷側に立って転落しない。

(h)　気室の圧力を維持し，刃物や尖った物で気室が破損しないよう注意する。

(i)　筏内は転覆を防ぐためバランスよく座り，内周救命索を活用し体が動揺でずれないように固縛する。

(j)　艇内に海水や雨水が溜まった状態を放置し，皮膚に触れ続けると，温帯水域でもイマーションフートシンドロームなどの障害を起こすので，あかくみ，スポンジで排水し，乾燥に徹する。

(k)　艇内で長時間同じ姿勢を保つと，床ずれやエコノミー症候群の発生の危険がある。姿勢を変えて，同じ場所に体重が掛かり続けないように心掛ける。

(l)　標識灯や室内灯（Canopy Light）を点灯：８時間有効。

(m)　生存指導書の熟読。

(2)　寒冷水域における追加作業

(a)　外気遮断と保温：天幕の内部を常に暖かく乾燥の状態にしておくため，水を拭き取る。体を寄せ合い，お互いの体温で暖をとる。

(b)　凍傷予防のため軽度の運動をし，血液の循環をよくする。

(3)　熱帯水域における追加作業

天幕内の通風換気をよくし，海水をかけて冷却したり，濡れた衣類による気化熱で発汗を防止する。

(4)　体温低下（ハイポサーミア）対策

人体は裸のままで水中にいる場合，同じ条件で空気中にいる場合に比べ，約25倍の速さで体温が下がっていく。体温が35℃に低下した状態を体温低下（ハイポサーミア，Hypothermia）にかかったという。

(a)　救命胴衣はエネルギーの消耗と体温低下を防ぐのに有効である。

(b)　体温低下を防ぐために１秒でも早く海中から出て水面上で寒さを防ぐため，雨，風，飛沫から体を守る工夫が必要である。

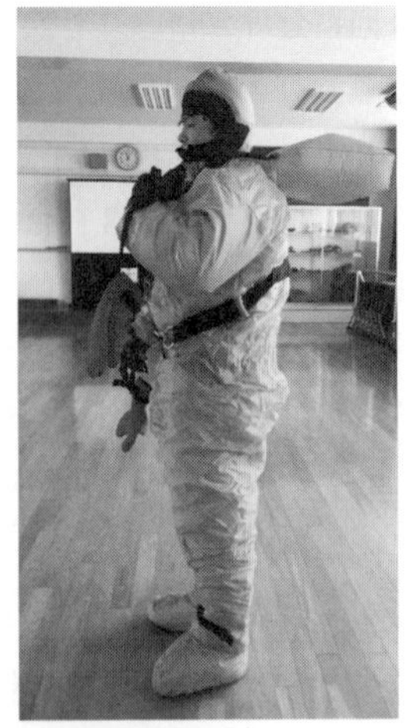

頭部浮体注気状態

海面浮揚状態

**図5-4　イマーションスーツ**

(c)　衣類を着用すれば断熱層で体熱の放出を防げるが，雨に濡れるとその効果はなくなるので，この場合，水を絞るあるいは乾かして着る。

(d)　イマーション・スーツ（Immersion suits）や保温具（Thermal protective aid）は非常に有効である。

(e)　水泳は体力を消耗し，体温低下を早めるだけである。

(f)　アルコールの飲用は体温の保温にあまり有効でない。

(5)　体内水分の維持

通常，体力を持った人間であれば飲料水のみで50日以上は生きることができるが，飲料水がなければわずか5日～7日間で死亡してしまうといわれている。そこで，生存維持のためには，飲料水は不可欠である。人間の体重の約60％は水分で，この水分量を維持するため排出と補給が行われる。

安静状態にある人体が必要とする1日あたりの飲料水の量は，約0.5ℓまで減らすことができるといわれている。体内水分の発散を抑えるには，出血，嘔吐，発汗，尿等による水分の放出を抑え，安静にして体力の消耗を防ぐ。決して海水を飲んではいけない。

⑹　救難時の食糧（Emergency Ration）

救難食糧は栄養に富み，調理が不要なビスケットやチョコレートを使用し，1人1日あたり800 kcalの摂取を標準として製造され，3日分積み込んでいる。鳥や亀を捕まえ，魚を釣って生で食べることは，これらの肉に含まれている水分を補給でき，体力維持に必要なことである。

## 5.5　生存維持作業における救命器具・救命設備規定の概要

### 5.5.1　救命作業からみた救命施設，設備の機能

⑴　船内からの脱出

非常の場合，乗船者は船内各区画から，安全迅速に脱出できなければならない。そのため通路や階段には脱出経路を表示した標識をつけ，非常灯を設置して足場を照明し，安全な通路が確保されなければならない。招集場所（Assembly Station）は乗船者が救命艇への集合，乗艇の場所であるとともに，その積み付け甲板でもある。また降下進水のための設備としてダビッドやウインチなどの装置や，安全脱出設備としてのジャコブスラダーなどの乗り込み装置も必要になる。

⑵　本船脱出後の人体防護

ⓐ　水中にある人体の浮力付与

緊急脱出した乗船者の水中における生存維持をはかるため，浮力材を人体につけることは重要なことである。このために用いられる物が救命胴衣であるが，さらに水中におけるすがりつき装置として，救命浮器や救命浮環も用いられる。これらは頭部を水面上に支持するものであるから，長時間使用を目的としたものではない。

ⓑ　人体の水面上の支持

漂流して救出を待つために，人体を水面上に支持することができる救命器具が救命艇や救命筏である。全乗組員が搭乗可能で生存維持や発見救出に有効な艤装品が積み込まれていることも要求される。

### 5.5.2 救命器具と進水装置

救命艇にはSOLAS条約付属書第Ⅲ章及び国際救命設備（LSA）コード（International Life-saving Appliance Code）が適用されている。国内法では船舶救命設備規則が定められている。

(1) 救 命 艇

救命艇には，旅客船に使用される部分閉囲型救命艇（旅客船用），全閉囲型救命艇，全閉囲型で空気自給式（有毒物を運搬する船舶用），全閉囲型で耐火救命艇（可燃性液体を運搬する船舶用）の4種類がある。

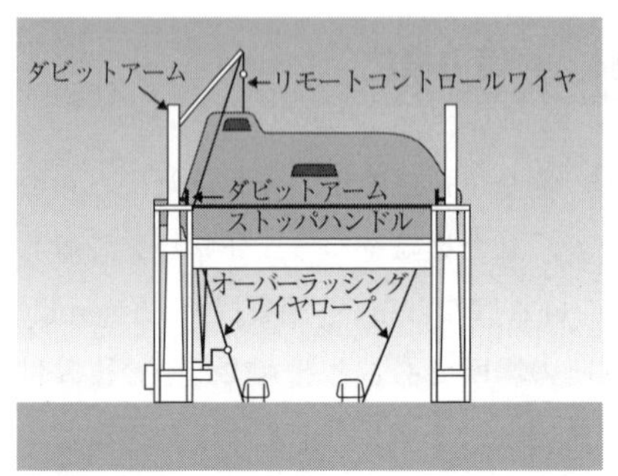

重力降下式ボートダビット（船側方向）

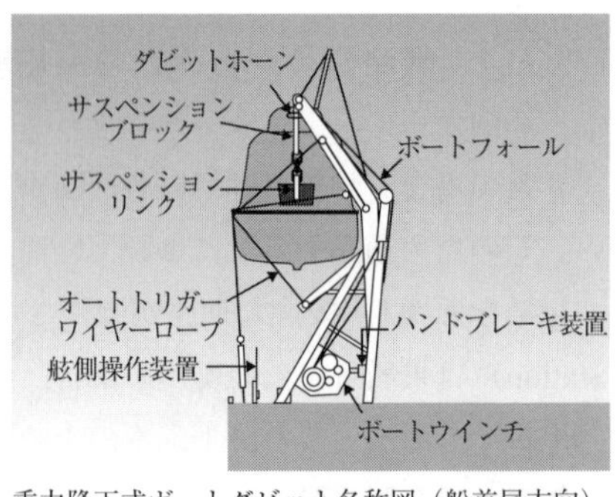

重力降下式ボートダビット名称図（船首尾方向）

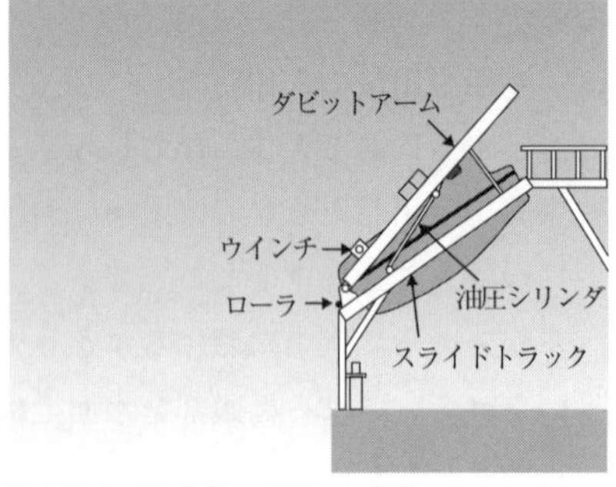

自由降下式救命艇　ダビット名称

図5-5　救命艇の進水装置

図5-6　救命艇の操練風景

全閉囲型救命艇では通常，重力降下式（Gravity davit）の進水装置を使用するが，2006年7月以降に建造されたバルクキャリアでは自由降下式の進水装置が付けられている（図5-5自由降下式）。材質は固形で難燃性であり，多くはFRP（Fiber Reinforced Plastics：繊維強化プラスチック）製である。推進方式は，発動機による方式である。

(a)　救命艇の構造と概要（略）

・材質はFRPなどの固形で難燃性であること。

・本船が5ノットで前進中に進水および曳航に耐えられる。

・平穏な海面で6ノットの速力で航行できる。

・舵およびチラーが取り付けられている。

・艤装品，食糧などを格納する水密箱または区画を有する。

・水面下の一箇所に穴が空いた場合，乗員・艤装品が水没しない。

・転覆時に乗員が水上に脱出できる状態になる。

・乗員の着座位置には転覆状態でも各乗員を支えることができる安全ベルトが装備され，仮に転覆しても自動的に復原するものでなければならない。

・内外から開閉・固定可能な水密閉鎖装置付きの乗込口を有する。

・艇の前端または後端から20%にわたり，難燃性の固定覆いを有する（部分閉囲型救命艇）。

・すべての乗込口および開口を閉じて乗員が安全に呼吸でき，かつ機関を10分間連続作動できること（空気自給式救命艇）。

・油火災に連続して8分間包まれても乗員を保護することができる（耐火救命艇）。

(b)　一斉離脱装置（Releasing gear）

救命艇が進水時に艇内の1人のハンドル操作によって，容易にかつ同時に

図5-7　救命筏の展張

吊りかぎ（サスペンションリンクおよび，離脱フック）の離脱を行う方式を一斉離脱方式という。一斉離脱は艇の着水前に行う（オンロード離脱：On load releasing）方法と，水面に浮いた後に行う（オフロード離脱：Off load releasing）方法がある。オンロード離脱を行う場合は荒天時やうねりなどで波高が高い海面へ進水する場合に使用する。これは高波高下での着水時に，吊りかぎ及びボートフォールに強い衝撃を受けるおそれがあるためである。波高の一番高くなる直前に一斉離脱を行うと，衝撃も少なく容易である。操縦席横の離脱ハンドルを操作することで，艇体はボートフォールのサスペンションリンクから離れて離船可能になる。また，離脱ハンドルはLSAコード96年改正以降，救命艇が着水前に離脱ハンドルの誤操作により落下しないよう，離脱ハンドルに着水を検出することで解除されるインターロックが備えられるようになった。

(c)　救命艇の推進装置の種類

【重力降下式】

部分閉囲型救命艇，および全閉囲型救命艇では通常は重力降下式を用いる。

【自由降下式】

2006年7月以降に建造されるバルクキャリアでは，自由降下式の進水方式が義務付けられ，救命艇も全閉囲型救命艇で自由降下式専用のものとなっている。

(d)　救命艇の艤装品

救命艇に備えなければならない艤装品の種類・数量および性能は，搭載船舶の航行区域，SOLAS条約の適用，救命艇の種類などによって異なる。艤装品は小さく軽量でかさばらない形にまとめて，乗込み作業や離脱作業の妨げにならない位置に配置しておく。

(2)　膨張式救命筏

(a)　救命筏の概要

救命筏に自航性はないが人為的に海に投入し，あるいは沈没時に自動離脱して使用可能状態になるから，特殊な進水技術は必要としない。その使用特性から，持ち運びの利便性のため重量制限，高所からの落下に対する強度，両面仕様の可能性など，SOLAS条約や船舶救命設備規則で規格が定められており，これに適合するように作られている。

(b)　膨張式救命筏の積み付け方法

膨張式救命筏は強化プラスチック製のまゆ型で，2つに分かれるコンテナに収容されている。作動索の操作で救命筏が膨張すると，コンテナ接合部のシールドコードが切断されて2片に割れ，浮揚して膨張展開する。コンテナを積み付ける装置として架台を用いる。架台への固縛はラッシングワイヤーをターンバックルで締め付け，この解放はレバー操作によるスリップフックの離脱によって行われる。また，本船が沈没時に救命筏の自動離脱装置で水深2.0 mから4.0 mを検出すると自動離脱装置が作動しラッシングワイヤーが解放され，救命筏はコンテナの浮力により自動浮上する。浮力により自動索が引かれ，救命筏は本船の沈没場所に浮上し膨張・展開する。

(c)　救命筏の艤装品

救命筏は生存艇として救命艇と同じ目的で使用されるから，その艤装品も救命艇に搭載される物とほぼ同じ物が用いられる。艤装品は流出しないよう収納袋に収められている。

(3)　その他の救命器具

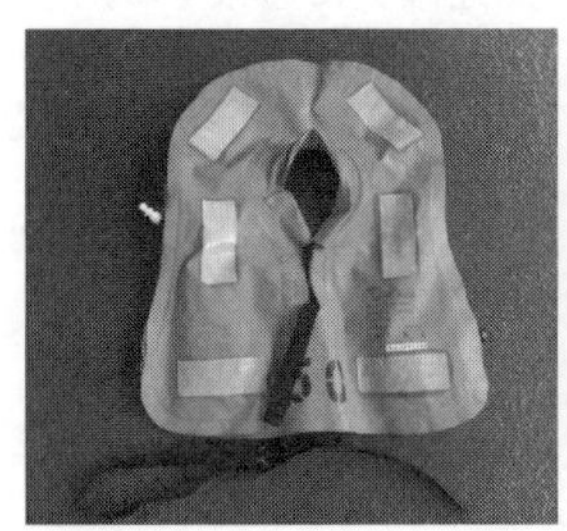

外観

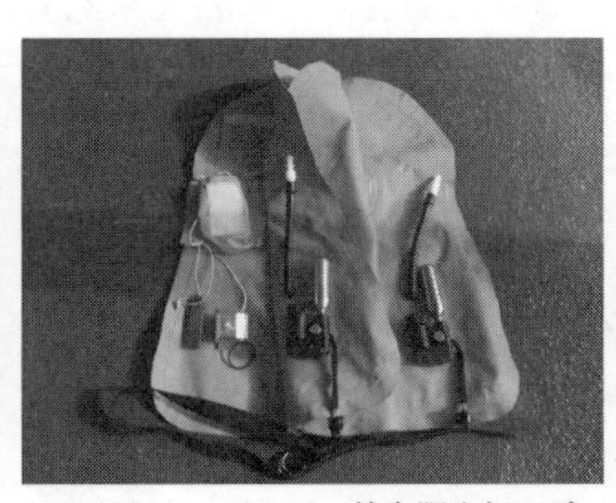

ガスボトル，ボンベ，救命胴衣灯，呼子笛

装着状況

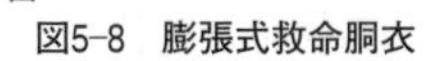

図5-8　膨張式救命胴衣

救命浮環，救命胴衣，イマーション・スーツ，保温具，救命索発射器，救命筏支援艇などがある。

### 5.5.3　信号および通信装置

(1)　GMDSS通信（Global Maritime Distress and Safety System：海上における遭難及び安全に関する世界的な制度）

従来，遭難・安全に関する通信は中波（MF），超短波（HF）によるモールス信号を主体になされていて，付近の船舶や陸上局しか通報ができない場合があった。1999年2月1日からGMDSSが完全実施された。GMDSSによる遭難通報には，非常用位置指示無線標識（EPIRB），国際VHF／MF／HF無線電話装置（DSC（Digital Selective Calling）：デジタル選択呼出装置），インマルサット衛星通信，レーダートランスポンダ（SART），双方向無線電話装置など，狭帯域直接印刷電信（NBDP）により確実に遭難通信を送受信することが可能となった。また，ナブテックス受信機（NAVTEX）やインマルサットEGCを使用することにより，遠距離まで混信の状況に関わりなく安全通信，緊急通信，遭難通信を受信することが可能となった。GMDSSによる遭難信号は付近航行中の船舶に対してだけでなく，陸上の捜索救助機関（MRCC：海難救助調整本部（日本では海上保安庁））に対しても送信され，これら機関ができるだけ早く調整された捜索救助活動を支援及び実施することができるよう，速やかに伝達されるようになっている。

(2)　船内警報装置

総員退船部署が発令された場合，その旨を乗船者に迅速確実に通報するための船内警報装置（可聴信号装置，視覚信号装置による）を備えて，召集および退船を周知，徹底させなくてはならない。

## 5.6　効果的な船舶放棄作業

### 5.6.1　退船時機の決定

(1)　船舶放棄の決断

船長は，その船ではもはや生存維持が期待できないと判断した場合，船舶放棄の部署である総員退船部署を発令し，安全をはかるため速やかに脱出する必要がある。放棄の時機を決定するには，海難の種類と程度，応急措置の進行状況，使用できる救命器具の種類等を考慮して決断する。

(2)　総員退船部署の発令

船長は，退船を決定し速やかに脱出するために全乗組員を招集場所に集めるため「総員上へ!!　総員退船部署につけ」(All hands on deck. All hands, report to your abandon ship stations.) の号令を発し，船内に迅速確実に伝えるため次の処置をとる。

(a)　汽笛またはサイレンを用いて連続した７回以上の短音とこれに続く１回の長音。

(b)　エンジンテレグラフを「終了」(Finish with engine) にし，必要事項を機関室に知らせる。

(c)　マイクで「総員上へ!!　総員退船部署につけ」を繰り返し放送する。

(d)　伝令に「総員上へ!!　総員退船部署につけ」をふれて回らせる。

### 5.6.2　総員退船部署発令から本船放棄までの間になすべきこと

(1)　救命艇の降下準備作業（重力降下式）

グラビティー（重力降下）式ボートダビットを使用した全閉囲型救命艇の降下作業は下記のとおり。

(a)　バッテリーチャージャーケーブルが外れていることを確認する。

(b)　救命艇のペインタ離脱装置にロングペインタが取り付けられていることを確認し，本船側前方の遠方のビットに固定する。

(c)　オーバーラッシングワイヤーロープを外す（オートトリガーワイヤーロープのみで，オーバーラッシングワイヤーロープが設置されていないものもある)。

(d)　外したオーバーラッシングワイヤーロープは救命艇に絡まないように厳重にまとめておく。

(e)　ボートウインチブレーキのロック（安全ピン）を解除する。

(f)　船首側，船尾側のダビットアームストッパーを解除する。

(g)　ボートウインチブレーキのリモートコントロールワイヤが艇内に導入さ

れていることを確認する。

(h) 救命艇の乗艇口を開き，全員が乗艇する。

(2) 乗艇後，艇内での準備

(a) ボトムプラグを閉める。

(b) 燃料バルブを開く。

(c) 冷却海水バルブを開く。

(d) 排気管ドレン弁を閉める。

(e) 離脱装置インターロック制御盤の電源を入れる（インターロックが電気式制御の場合)。

(f) 全員着座し，シートベルトを締める。

(g) 操縦者はエンジンを始動する（長時間の運転は，冷却海水が通っていないため，オーバーヒートや冷却海水ポンプを損傷させる原因になるので，降下進水前の短時間にとどめる)。

(h) 操縦者は振り出し，降下の号令をかけ，リモートコントロールワイヤを引き下げる。

※振り出し途中で停止すると艇が激しく横揺れして危険であるので，降下状態になるまで衝撃を恐れずに引き下げ量を保つ。ダビットアームがストッパーに当たる時に衝撃があるが，引き続き降下を続ければ衝撃はだいぶ緩和される。

(i) 振り出し後，降下状態になればリモートコントロールワイヤを一杯に引く（艇はガバナブレーキにより一定速度で降下する)。

(j) 着水したら乗員に「着水待機」を指示し，シートベルトを外さないようにする。

(k) 操縦者は離脱ハンドルのインターロックが着水を検出し，解除されているのを確認したら，離脱ハンドルを引いて一斉離脱を行う。

(l) エンジン・舵・ロングペインタを使用し，離船する。ある程度離船後にペインタ離脱装置を引き，ロングペインタを放して安全な位置まで離れる。

(1) 救命艇の降下準備作業（自由降下式)

フリーフォール（自由降下）式のボートダビットを使用した，全閉囲型救命艇の降下方法は下記のとおり（水域や水深に制限がある場合は，ダビットアームにあるサスペンションフックにボート吊りワイヤを取り付け，ウインチ操作により降下することが可能であるが，ウインチの油圧ポンプに電力が通電していることが必要である）。

(a)　救命艇の降下水面上に障害物がないことを確認する。

(b)　乗艇口手前のラッシングラインを解除し，ラッシングプレートが自動解除されていることを確認する。作動しない場合は，解除ロープにより手動解除する。

(c)　バッテリーチャージャーケーブルが取り外されていることを確認する。

(d)　離脱フック安全ピンを抜き，乗艇口を開く。

(e)　艇長は進水準備が確実に完了したか確認する。

(f)　全員が後部ハッチから乗り込み，最後に艇長が乗り込む。

(g)　乗艇口を確実に閉める。

(2)　乗艇後，艇内での準備

(a)　船首船底にあるドレン弁が閉まっていることを確認する。

(b)　全員が着座し，シートベルトを閉め，艇長以外は前座席の後部手摺に摑まる。頭部の固定ベルトがある場合は必ず着用する。

(c)　艇長は全員が着座し，シートベルトを閉めていること，救命胴衣を着用していないことを確認する。進水時は絶対に救命胴衣を着用しない。確認の後，艇長は操縦席に着座し，自分のシートベルトを締める。操縦席に着座する際，不用意に離脱レバーに触れないよう注意する。

(d)　エンジンを始動する（長時間の運転は，冷却海水が通っていないため，オーバーヒートや冷却海水ポンプを損傷させる原因になるので，降下進水前の短時間にとどめる）。

(e)　離脱レバーの固定ピンを外し，バイパスバルブを閉じる。

(f)　離脱レバーを数回押してメインラッシングを解除すると，救命艇は自由降下で進水する。

(g)　進水後は本船から離れ，安全な位置へと移動する。（ロングペインタは絶対に使用しない。）

(1)　救命筏（Life Raft）による退船

救命筏は１人で２～３分あれば容易に投下でき，救命艇を利用する場合でも予備の手段として使用すべきである。膨張式救命筏の投下方法は次のとおりである。

(a)　コンテナが余分なロープで固縛されていないことを確認する。

(b)　投下する海面に漂流者や漂流物がないことを確認する。

(c)　ストッパーピンを外す。

(d)　船の行き脚がほとんど止まり，船長または指揮者の命令により投下用引き手レバーを引き抜くと，架台のラッシングワイヤーが外れ，ストッパーが倒れ落下する。

(e)　上記の作業で落下しない場合は固着しているので，手で押すか，体重をかけて落とす。落ちなければ，救命筏はコンテナを含め180 kg 以下で設計されているので，２人以上で抱えて落とすことも可能である。

(f)　投下しても膨張しない場合は，本船が浸水傾斜などで水面が近く，コンテナ内の作動索が引かれていないことが考えられるが，ペインタを強く引くと膨張が始まる。'96 SOLAS 適合型標準積付適合の救命筏は，ペインタ，自動索，作動索がコンテナ内で連結されているウィークリンク方式となっている。また，'96 SOLAS 適合型標準積付以前のペインタと自動索が独立しているものがあるので，この場合は自動索を強く引く。

船が沈没により時間的余裕がなく，手動投下ができない場合は水深２～４ m で水圧自動離脱装置が作動し，コンテナは浮力で浮上して自動索が引かれ，膨張展開する。この時ペインタは自動離脱装置から切り離され，ウィークリンクでまだ船体に固定されている。ウィークリンクはライフラフトが膨張した後に張力で切断される。

(2)　裏返し（沈状態）で展開した筏の起こし方（反転法）

(a)　救命胴衣を着用した者が水に入る。

(b)　炭酸ガスボンベに足を掛けて，艇の裏面に取り付けられた反転索を摑んで体重をかければ反転する。

(c)　風が強い場合は２人で行い，船底部側を風下にすると風に押されて容易に反転する。

(d)　反転後，反転させた者は筏の下敷きになることが多いので，慌てずに艇の下より脱出する。浮遊しているロープに注意する。

(3)　救命筏への乗り込み

救命筏は水に濡れないで乗り込むことが原則である。

(a)　直接乗り込む場合

救命筏の近くにジャコブスラダー，格子状縄梯子などを下ろして水面近くまで降り，救命筏の入り口に飛び移るようにする。

(b)　水中に飛び込んだ後，乗り込む場合

水面近くまで降りて飛び込む。5m以上の高所からは危険であるから飛び込まない。飛び込みは衝撃の小さい次の姿勢で行う。

①　両肘をきちんと脇腹につけ，一方の手は口と鼻を覆い，もう一方の手で救命胴衣をしっかり押さえながら反対側の肘または反対側の救命胴衣の襟を摑む。

②　水面の安全を確かめ，本船側との距離を十分取るよう，垂直の姿勢で足から飛び込む。足は踏み出した後，足首を交差させる。

③　着水直後に足を開き，抵抗を利用して深くまで沈まないようにする。水を蹴って水面まで浮上する。

(c)　水中から救命筏に乗り込む場合

救命筏には，乗込み口に乗込み用の縄梯子又は乗込み台が取り付けてある。この縄梯子は乗込みが容易でない場合があるので，先に乗艇した者に補助してもらう。

(d)　救命筏の天幕上に飛び降りる場合

4.5m以下の高さでは救命筏の天幕上に飛び降りることが可能であるが，飛び降りる場合は艇内の人に注意する。

## 5.7　捜索および救出作業

### 5.7.1　捜索の実施基準

船舶が遭難した場合，まず遭難信号を発信する。遭難信号を受信した捜索救難機関または船舶は捜索活動を開始する。そこで必要となるのが，捜索方法のマニュアルである。現在，国際的に捜索救難活動に用いられている実施基準は「国際航空海上捜索救助手引書第三巻」であり，商船等の遭難船舶はこれに対

応した措置をとることになる。

### 5.7.2　捜索救難活動

(1)　救助船のとるべき措置

(a)　捜索救難活動のための調整

船舶等が遭難した場合，まず，救助調整本部が設置される。これは，捜索救難の関係機関，救助船，航空機等の捜索に関する調整を行う。捜索現場においては，海上捜索調整船が，捜索に参加している多数の船舶や航空機等の捜索の調整を行う。

(b)　遭難通報を受信した船舶の措置

遭難通報を受信した船舶は次の措置を行う。

①　遭難通報を再送して，他の船舶に遭難船舶があり救助を求めていることを知らせる。

②　遭難船から出された遭難通信電波により，遭難船の位置を確認する。

③　捜索区域では，レーダーを作動させ，見張り員を増員する。

(c)　救助船上における準備作業

救助船では，救命艇や救命筏の横付けや，水中漂流者および負傷者の船内収容のために，次のような準備を行う。

①　ヒービングライン，ジャコブスラダー，ロープ，ネットを取り付けたデリック等を準備する。

②　両舷の水線付近に，船首から船尾までロープを張り，防舷物を取り付ける。

③　応急医薬品，衣類，休養室の準備をする。

(2)　捜索の方法

(a)　捜索計画

捜索は，多数の船舶や航空機等が協力して行うために，あらかじめ捜索パターンが設定してある。どの捜索パターンを採用するかは，捜索に参加する船舶の隻数や航空機の有無，捜索目標の所在公算位置を中心に，海潮流や風圧による漂流方向等が勘案され決められる。

(b)　捜索パターン

① パターン１：方形拡大捜索パターンで，１隻の船舶で捜索を実施するときに用いる。(図5‒9)

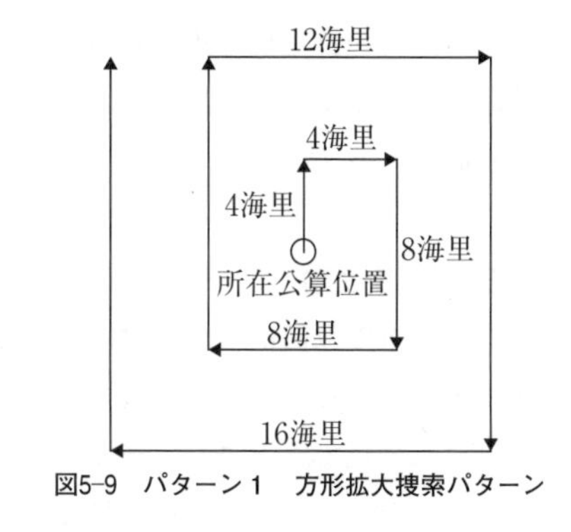


図5‒9　パターン１　方形拡大捜索パターン

② パターン１a：扇形捜索パターンで，１隻の船舶によって扇形の航跡をたどり捜索する。これは，航海中の船舶から海中転落者があったときに採用する。

③ パターン２：２隻の船舶による，平行捜索パターンである。(図5‒10)

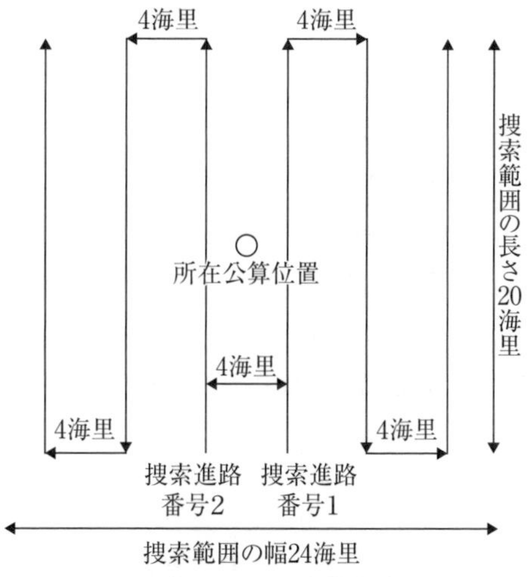


図5‒10　パターン２　平行捜索パターン
（２隻の船舶の場合）

④ パターン３：３隻の船舶による，平行捜索パターンである。

⑤ パターン４：４隻の船舶による，平行捜索パターンである。

⑥ パターン５：５隻またはそれ以上の船舶による，平行捜索パターンである。

⑦ パターン６：船舶および航空機による捜索パターンである。

⑶　捜索の実施

捜索は原則として目視により行い，レーダーも併用する。捜索船の船間間隔は，パターン図に示した値を標準とする。捜索船の速力は，最も速力の遅い船舶の最高速力とする。

これらは，捜索調整者がさまざまな状況を考慮して決定する。すべての捜索船は，その所定針路を正確に保持しなければならない。航空機による合理的な海面捜索高度は，昼間450 m，夜間600 m とされている。

また，晴天時の推定捜索視認距離は，海上の条件により異なるが，昼間の黄色の救命いかだで１～２海里，夜間は懐中電灯で約10海里である（双眼鏡を使用し，水面上６m）。

## 5.7.3　救出活動

⑴　海中転落者の救出活動における操船

人が海中に落ちた場合，またその可能性がある場合，乗組員はその者をできるだけ迅速に発見できるよう，航走している船舶を操船する必要がある。ここで，「国際航空海上捜索救助手引書第三巻」には，標準的方法として，⒜ウイリアムソン・ターン，⒝シングルターン，⒞シャーナウターンが規定されている。

⒜ウイリアムソン・ターン

海中転落者が即時に確認されている場合には，転落者舷に一杯転舵を行い，当初コースから60°回頭した後，反対舷に一杯転舵を行う。当初コースの反方向20°手前で舵中央とし，船舶を反方向のコースに入れる。

⒝シングルターン

海中転落者が即時に確認されている場合には，転落者舷に一杯転舵を行い，

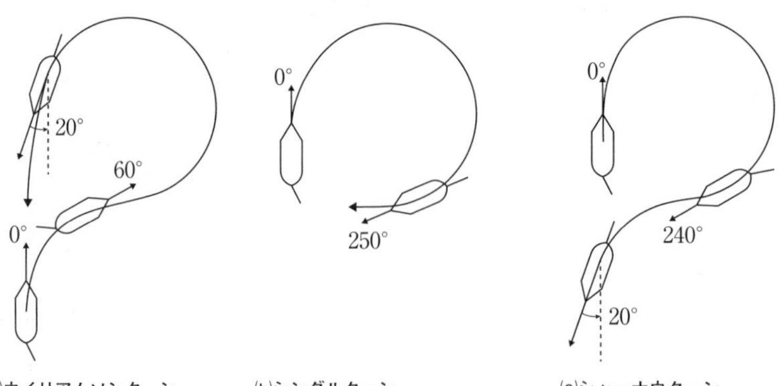


図5-11　「国際航空海上捜索救助手引書第三巻」に定める，海中転落者の救出活動における操船方法

当初コースから250°回頭した後，停船のための操船を開始する。

(c)シャーナウターン

海中転落者が即時に確認されている場合には使用しない。一杯転舵を行い，当初コースから240°回頭した後，反対舷側に一杯転舵し，当初コースの反対方向の20°手前で，船舶が反方向の針路に入るよう舵中央とする。

(2)　船舶による救出活動

船舶により，遭難者を救助するためには，救助艇を降下して救助する方法と，船舶で直接救助する方法がある。

(a)　救助艇による救出方法

船舶が航海中には，突然の海中転落者に備えて，いつでも迅速に降下できる救助艇を準備しておかなければならない。また，漂流者を救助するときにも，この救助艇を使用することになる。以下に救助艇を使用して，漂流者を救助するまでの概要を示す。

①　海上漂流者を発見したら，「救助艇部署」を発令する。本船の機関用意を行い，本船を漂流者の風上40～50 m の位置で救助艇が風下舷になるようにする。

②　救助艇の降下は，海上が平穏であれば船体が完全に停止しなくても，３～４ノット程度でもできる限り早期に行う。

③　救助艇は風上から漂流者に接近する。漂流者への接近には，本船とトランシーバー等で連絡を行い，本船から誘導するほうが漂流者を発見しやすい。

④　漂流者の艇内への収容は，ロープをつけた救命浮環につかまらせたり，直接引き上げる。収容した漂流者には，応急医療措置を講じ，呼吸の有無を確認し，毛布等で身体を温める。

⑤　本船への救助艇の収容は，原則として艇員・収容者を乗艇したままで行う。

⑥　本船は，収容するボートダビットが風下側になるようにし，本船が救助艇の風上に位置するように待機する。

⑦　救助艇が本船に接近するときは，ボートダビットの少し船首側の位置に，ほぼ直角に接舷し，ロングペインターを船首にとる。

⑧ 救助艇を収容するときは，乗艇員はできるだけ低い姿勢で，ライフラインを保持する。救助艇が端艇甲板の位置に達したら，救出された遭難者と艇員は本船に乗り移る。

(b) 本船による直接救出

漂流者を本船で直接救出するときは，本船を漂流者の風上側にできるだけ近い位置に停止させる。そして，本船を静かに漂流させながら，漂流者をジャコブスラダーやロープネットの位置に近づける。漂流者は，自力で本船に登ることになるが，自力で登れないときは，ライフラインを用いたり，本船乗組員が降りて，漂流者を支援して救助する。

(2) ヘリコプターによる救出活動

ヘリコプターによる救出の方法は，ヘリコプターを遭難船舶や救命筏の上空にホバーリングさせて，吊り上げて救助する。ヘリコプターの接近目標としては，オレンジ色の発煙信号や回転灯がよい。また，障害物のない甲板上に，白い太文字で「H」と表示して揚収場所の目標とする。ヘリコプターの吊り上げ索の長さは15 m 以上あって，備え付けのウインチで操作される。吊り上げ用の救出用具には，救助用スリング・救助用ネット・救助用つりかご・救助用担架等がある。

(3) 自力による直接上陸

救命艇または救命筏で，島や陸地に近づいたら自力で上陸することになる。陸地や島は，雲のたたずまい，鳥の有無，海の色の変化で確認することができる。陸岸に近づいたときには，風潮流の変化，波浪の大小，昼夜の別，海底の状態により慎重に接近する。陸岸に乗り揚げるときには，安全な場所の確認，艇内の整頓と固縛，波やうねりに対する注意をしながら行う。

## 5.8 SAR条約・船位通報制度

### 5.8.1 SAR条約

(1) SAR条約の目的

SAR条約（International Convention on Maritime Search and Rescue, 1979：1979年の海上における捜索及び救助に関する国際条約）は，海上における遭難

者を速やかに効果的に救助するために，沿岸国が自国周辺の一定の海域について捜索救助の責任を分担し，適切な捜索救助業務を行うために，国内制度を確立するとともに，関係各国間で海難救助活動の調整等の協力を行うことを定めて，世界的な捜索救助体制の創設を目指すものである。

この条約は，1979年4月に採択会議がハンブルグで開催され，51か国が参加し採択され，1985年6月22日に発効した。日本は1985年6月10日に SAR 条約の締結国になった。

SAR 条約を効果的に運用するためには，遭難および安全のための通信網を確立して整備することが必要であることが認識されて，IMO は全世界的な海上における通信および遭難救助のシステムを検討し，GMDSS が導入されることになった。

(2)　SAR 条約の内容

SAR 条約は，本文（8条）と付属書（6章）で構成されている。その主な内容は次のとおりである。

(a)　沿岸国は隣接国との合意のもとに捜索区域を定め，その区域内の捜索救助活動について責任を負う。

(b)　沿岸国は，捜索救助活動を適切かつ十分に実施するために必要な組織，体制，施設等を整備するとともに，隣接国との協力体制を確立する。

(c)　捜索救助の迅速化，効率化に役立つ船位通報制度の導入等，必要な情報を把握するための体制を整備する。

(3)　捜索救助に関する用語

SAR 条約の付属書第1章に，捜索救助に関する基本的な用語が定義されているので，主なものを次に紹介する。

(a)　捜索救助区域（Search and Rescue Region：SSR）

捜索救助業務が行われる一定の区域

(b)　救助調整本部（Rescue Co-ordination Center：RCC）

SAR 業務の効率的な組織化を促進し，SSR における捜索救助活動の調整を行う責任を有する機関

(c)　救助支部（Rescue Sub-Center：RSC）

SSR の特定の区域において，RCC を補佐するために設けられた RCC の下

部機関

(d)　救助部隊（Rescue Unit）

訓練された要員で編成され，かつSAR活動を迅速に行うのに適した装備を有する部隊

(e)　現場指揮官（On-Scene Commander：OSC）

特定の捜索区域において，SAR活動を調整するために指定された救助部隊の指揮官

(f)　海上捜索調整船（Co-ordinator Surface Search：CSS）

特定の捜索区域において，海上におけるSAR活動の調整をするために指定された救助部隊以外の船舶

## 5.8.2　船位通報制度

(1)　船位通報制度の概要

アメリカの沿岸警備隊（U. S. Coast Guard）によって，1958年から運用されていた船位通報および救助制度のAMVER（Automated Mutual Assistance Vessel Rescue）システムは，航行する船舶の航海中の位置や航海計画等を，沿岸警備隊のアンバーセンターに通報することにより，海難が発生した場合に遭難船舶の捜索と救助活動が容易にできることで高い評価をあたえられた。

SAR条約でも，これと同じような船位通報制度を導入するように勧告した。その内容の概要は以下のとおりである。

(a)　締約国はSAR活動を容易にするため，実行可能な場合は自国に船位通報制度を確立する。

(b)　船位通報制度は，捜索区域を狭い範囲に限定する等の目的のために，船舶の動静に関して最新の情報を提供する。

(c)　船舶の将来位置，予測可能な航海計画と位置情報の提供等の船位通報制度の運用上の要件を満たす。

(d)　船位通報制度の通報事項の構成

①　航海計画：船名，コールサイン，出発日時，出発地，寄港地，予定航路，速力，到着予定日時

②　位置通報：船名，コールサイン，日時，位置，針路，速力

③ 最終通報：船名，コールサイン，到着日時（または制度の及ぶ区域を離れる日時）

現在各国では，SAR 条約に基づいて船位通報制度が実施されている。

⑵ 日本における船位通報制度

日本では海上保安庁が，SAR 条約への加入の準備のため1982年から船位通報制度の準備を始め，1985年10月1日から運用が開始された。

日本の船位通報制度は，JASREP（Japan Ship Reporting System）と呼ばれている。JASREP の概要は以下のとおりである。

(a) 通報区域：東経165度以西，北緯17度以北と陸岸に囲まれた海域

(b) 通報内容：短波，中短波，VHF 等で，次の4つのフォーマットにより船名，位置等を通報する。

① SAILING PLAN

② POSITION REPORT

③ DEVIATION REPORT

④ FINAL PLAN

⑶ 日本以外の国の船位通報制度

日本以外でも，アメリカをはじめ各国でも船位通報制度が運用されている。以下に，現在運用されている，代表的な国名と制度名を紹介する。

アメリカ（AMVER），オーストラリア（AUSREP／REEFREP），ブラジル（SISTRAM），チリ（CHILREP），デンマーク（SHIPPOS），グリーンランド（GREENPOS），インド（INSPIRES），イタリア（ARES），シンガポール（SINGREP），イギリス（MAREP），フランス（SURNAV）等である。そのほかにも，自国船のみを対象に運用している国もある。

## 5.9 GMDSS

### 5.9.1 GMDSS の概要

⑴ GMDSS の基本的な概念

GMDSS（Global Maritime Distress and Safety System：海上における遭難および安全に関する世界的な制度）とは，通信衛星や最先端のデジタル通信技術

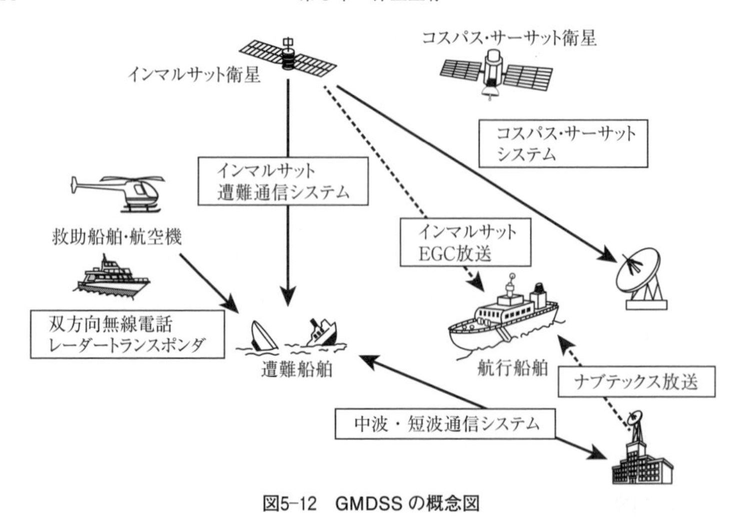


図5-12　GMDSSの概念図

を利用することで，世界的な通信ネットワークを構築し，広範囲な遭難・安全通信をより迅速・確実に行うシステムである。これにより，突然の海難に遭遇した場合でも，自動的もしくは簡単な操作でいつでもどこからでも，遭難警報の伝達が可能である。

(2)　GMDSSに適用される航行区域

GMDSSでは，船舶の航行区域をA1～A4の4つの区域に分けて，その航行区域について，船舶に搭載する無線通信システムが定めてある。

(a)　A1水域：陸上にあるVHF海岸局の通達範囲（約20海里）

(b)　A2水域：A1水域を除いた中波海岸局の通達範囲（約150海里）

(c)　A3水域：A1，A2水域を除いた静止型通信衛星の通達範囲
（概略北緯70度から南緯70度までの間）

(d)　A4水域：A1，A2，A3水域以外の海域

(3)　GMDSSの運用に必要な海技士・無線従事者

国際航海に従事する船舶においてGMDSSを運用するためには，船舶職員及び小型船舶操縦者法に定める海技士（電子通信）の資格が必要となる。この海技士（電子通信）の資格を得るためには，電波法に定める無線従事者資格が必要となる。

表5-4　船舶職員及び小型船舶操縦者法の海技士（電子通信）と電波法の無線従事者資格の対応

| 海技無線従事者 | 無線従事者資格 |
| --- | --- |
| 一級海技士（電子通信） | 第一級海上無線通信士 |
| 二級海技士（電子通信） | 第二級海上無線通信士 |
| 三級海技士（電子通信） | 第三級海上無線通信士 |
| 四級海技士（電子通信） | 第一級海上特殊無線技士 |

この対応は表5-4の通りである。

一～四海技士（電子通信）の配置については，航行区域，設備の保守方法，船舶の用途による基準が定められている。一般的な外航商船においては，海技士（航海）に加え，海技士（電子通信）の海技免状を保有する船長・航海士が通信士を兼任する場合がほとんどである。

## 5.9.2　GMDSSの構成

GMDSSの構成は，捜索・救助の通信と海上安全情報通報である。

(1)　捜索・救助の通信

船舶が遭難した場合には，遭難信号を発信しなければならない。船舶から，遭難信号を発信する方法が以下の3とおりであり，これは，航行区域に応じて定めてある。

EPIRB装備状態（保護カバー付き）

EPIRB本体（保護カバー解放状態）

図5-13　EPIRB

(a)　コスパス・サーサットシステム（COSPAS／SARSAT SYSTEM）

コスパス・サーサットシステムとは，コスパス（COSMOS Satellite for Program of Air and Sea Rescue：COSPAS）システムと，サーサット（Search and Rescue Satellite Aided Tracker：SARSAT）システムの衛星を利用して，遭難船舶のEPIRB（Emergency Position Indicated Radio Beacon）の遭難信号を，地上の救助機関に中継するシステムである。

(b)　中波・短波通信システム

中波・短波通信システムとは，DSCや，NBDPで遭難信号を送受信するシステムである。

①　DSC（Digital Selective Calling：デジタル選択呼出装置）

DSCはGMDSSの無線設備のひとつで，HF，MF，VHFの周波数を用いて，船舶および海岸局の呼出し，船舶からの遭難通報の送信，海岸局が遭難通報を確かに受信したことを遭難船に知らせる受信確認通報，船舶または海岸局からの遭難通報を他の船や海岸局への中継等に用いられる。

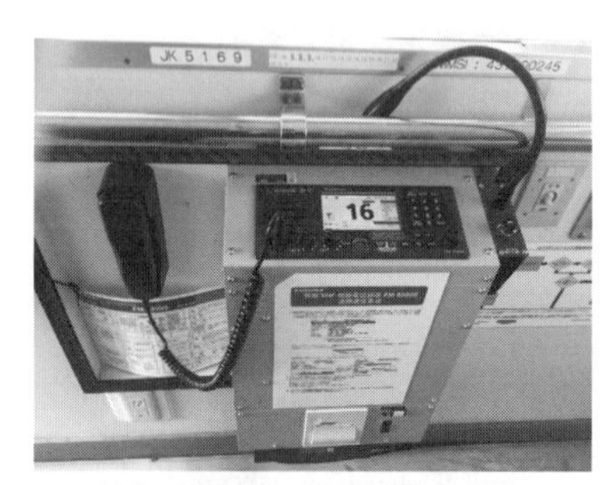

DSC対応の国際VHF送受信機

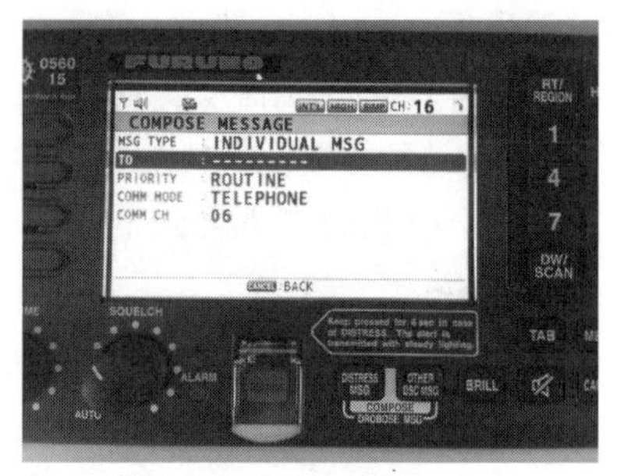

DSC送信メッセージ入力画面

図5-14　DSC

②　NBDP（Narrow Band Direct Printing：狭帯域直接印刷電信）

NBDPは，中波・短波の周波数を用いて，遭難・安全および一般のテレックス通信を目的とした，送受信装置である。

(c)　インマルサット遭難通信システム

インマルサット（International Maritime Satellite Organization：INMARSAT）遭難通信システムは，太平洋，インド洋，大西洋上にある静止衛星を使用して，地球上のすべての海域における遭難および人命の安全に関する通信を行

表5-5　GMDSSの構成

| | | |
|---|---|---|
| GMDSS | 捜索・救助の通信 | コスパス・サーサットシステム：衛星 EPIRB の遭難警報の中継 |
| | | 中波・短波通信システム：DSC の遭難警報の送受，遭難通信の実施 |
| | | インマルサット遭難通信システム：インマルサット遭難警報の送受，遭難警報の実施 |
| | 海上安全情報の放送 | ナブテックス放送：沿岸海域にいる船舶への海上安全情報の放送 |
| | | インマルサット EGC 放送：遠洋海域にいる船舶への海上安全情報の放送 |

うことができる。

(2)　海上安全情報の放送

(a)　ナブテックス放送

NAVTEX は，海岸から約400海里程度までの，沿海水域に関する航海と気象上の警報やその他の緊急海上安全情報を，沿岸海域にいる船舶に知らせるためのシステムである。

(b)　インマルサット EGC 放送

EGC（Enhanced Group Call：高機能グループ呼出し）は，陸上から特定の船，特定の海域の船舶，ある会社の船舶のような，特定の船隊やすべての船舶等に海上安全情報を放送するものである。

図5-15　NAVTEX

## 5.9.3　遭難した場合の GMDSS の運用

船舶が遭難して救助されるまでの，GMDSS の流れは以下のようになる。

(1)　遭難警報の発信

衛星 EPIRB，DSC 通信装置，インマルサット通信装置により遭難警報を発信する。

(2)　遭難警報の受信

衛星 EPIRB からの遭難警報は，コスパス・サーサット衛星を中継して地上

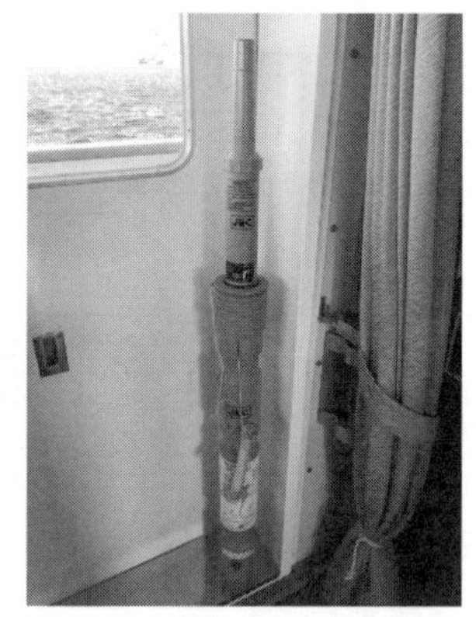

SART 格納状態　　SART 組立状態

図5-16 SART

局で受信し，その警報から遭難船舶と遭難位置を判定する。

DSC またはインマルサット通信装置からの，遭難警報を受信した場合は，無線電話や無線テレタイプにより，直接遭難船舶と通信を行う。

⑶ 遭難現場捜索活動

捜索現場では，遭難船舶または救命艇・救命筏から発信された，レーダートランスポンダ（Search And Rescue radar Transponder：SART）のレーダー電波信号を，捜索船舶や航空機が受信して，遭難者の位置を確定する。

⑷ 遭難者の救助

捜索船舶が遭難現場に到着して，遭難者を救助する場合に，双方向無線電話装置（150 MHz 帯のポータブル FM トランシーバー）を使用して，負傷者の有無やその状況および人数などを確認して，円滑に救助活動を行う。

（5. 1, 5. 7～5. 9 古藤泰美，5. 2～5. 6 本木久也）

# 第6章　船内労働災害

## 6.1　船員労働安全衛生規則

### 6.1.1　概　　説

(1)　船員労働安全衛生規則の制定経緯

船員労働安全衛生規則（昭和39（1964）年運輸省令第53号）は，昭和37（1962）年の船員法の改正により法律上の根拠が整備され，昭和39（1964）年に制定，翌年から施行された。それまで船員の労働安全衛生に関しては，その労働と生活の特殊性を考慮して，船内で供給される食糧に関しての規制と船内で船員が災害・疾病にかかった場合の対応に重点をおいた規制があったに過ぎず，船内作業の安全を確保するための規制はほとんどなかった。

陸上労働における安全衛生に関しては，労働基準法が昭和22（1947）年に制定されるとこれに基づいてすぐ労働安全衛生規則（昭和47年に労働安全衛生法になる）が整備されたが，船員労働に関して整備が遅れた理由としては，次のようなことが挙げられる。

(a)　船内での安全・衛生管理は，船舶職員法（当時）で規定された資格を受有している船長以下の船舶職員が行っており，彼らが安全衛生管理機構としての役割を果たしているという考え方が強かったこと。

(b)　船舶安全法が，設備の面から船内の安全・衛生に関して規制しており，この規制が一応船員にも適用されるようになっていたので，その必要性の認識が乏しかったこと。

しかし，船員の労働安全衛生に関して，労働基準や労働環境の整備という側面から規制されるべき課題が多く残されており，また船員の労働安全衛生関係の災害発生率の平均値が陸上労働のそれに比べて著しく高かったので，当時，運輸大臣（現在の国土交通大臣）から船員中央労働委員会に対して，「船員の労働安全衛生に関する所要の規制をする根拠規定の整備について」の諮問がなされ，その答申にしたがって昭和37（1962）年に船員法が改正された。この改正で，船員の労働安全衛生に関して，船内作業による危害の防止と船内衛生の保持をはかるために必要な事項を運輸省令（現在の国土交通省令）で定めることができるようになり，その後，公・労・使の3者を代表する委員で構成された船員中央労働委員会で慎重な審議・検討がなされ，昭和39（1964）年に船員労働安全衛生規則が誕生した。その後，昭和57（1982）年の船員法改正に伴う規則の改正等，幾度かの改正を経ている。最近では，平成18（2006）年2月にILO（国際労働機関）で採択された「2006年の海上の労働に関する条約（海上労働条約）」が平成25（2013）年8月20日に発効し，国際基準に合わせた船員の労働条件の改善と，条約に定められた労働条件に関する検査制度の導入のため，船員法及び関連規則の改正がなされている。

(2)　労働安全と衛生に関する船員法の規定

船員法（昭和22（1947）年法律第100号）第81条が主たる根拠となって，船員労働安全衛生規則が制定されているが，そこでは船員労働の安全と衛生に関して次のように規定している。

(a)　船舶所有者は，作業用具の整備，医薬品の備付け，安全および衛生に関する教育，その他の船内作業による危害の防止および船内衛生の保持に関し，船員労働安全衛生規則など関係規則の定める事項を遵守しなければならない。

(b)　船舶所有者は，船員労働安全衛生規則に定める危険な船内作業については，当該規則に定める経験または技能を有しない船員を従事させてはならない。

(c)　船舶所有者は，伝染病，精神病または船員労働安全衛生規則に定める労働のために病勢の増悪するおそれのある疾病にかかった船員を作業に従事させてはならない。

(d)　船員は，船内作業による危害の防止および船内衛生の保持に関し船員労働安全衛生規則に定める事項を遵守しなければならない。

上記以外にも，船員法には船員の労働や生活環境の特殊性を考慮して，一定の船舶に医師または資格のある衛生管理者を乗り組ませること（第82条，第82条の2）や健康証明書をもたない船員を使用してはならないこと（第83条）などが規定されている。

16歳未満の者を船員として使用してはならず（第85条），また18歳未満の船員に対する労働の安全と衛生については，特に船員法第85条第２項で次のように規定している。

船舶所有者は，年齢18歳未満の船員を船員労働安全衛生規則に定める危険な船内作業または当該規則に定める当該船員の安全及び衛生上有害な作業に従事させてはならない。

一方，女子船員に対する船員労働安全衛生規則に関連した船員法上の規定は第88条および第88条の６の２か条あり，内容は次のとおりである。

(a)　船舶所有者は，船員労働安全衛生規則で定めるところにより，妊娠中または出産後１年以内の女子（以下「妊産婦」という）の船員を当該規則で定める母性保護上有害な作業に従事させてはならない。

(b)　船舶所有者は，妊産婦以外の女子の船員を母性保護上有害な作業のうち，船員労働安全衛生規則で定める女子の妊娠または出産に係る機能に有害なものに従事させてはならない。

(3)　船員労働安全衛生規則の構成

船員労働安全衛生規則は，８章構成で96か条の条文からなっている。

各章の概要は，以下のとおりである。

(a)　第１章「総則」（第１条－第16条）

総則の内容は，船内作業による危害の防止および船内衛生の保持に関し，それぞれの安全基準・衛生基準を遵守させるための一般的な事項を規制しており，まず第１条でこの規則の趣旨を明らかにし，第２条から第14条までが船舶所有者に対する規制，第16条が船員に対する規制となっている。

船舶所有者に対する規制は次の６つに大別できる。

①　船内の安全・衛生に関する事項の包括責任についての船長の統括管理者としての地位を明示し，安全担当者，消火作業指揮者，衛生担当者等の直接管理責任者が船長の指揮監督下におかれ，この規定で船舶所有者に責任の分担を明確にすることを義務づけている（第１条の２）。

②　船員が常時５人以上である船舶に対して，船内における安全管理，火災予防，消火作業，衛生管理の基本対策，船内災害，ケガ，病気などの原因や再発防止対策，その他船内における安全及び衛生に関する事項につい

て，調査・審議させ，船舶所有者に対し意見を述べさせるために，船内衛生委員会の設置を義務づけている（第1条の3）。

③　船内作業の危害の防止に関して，安全担当者の選任（第2条および第4条），資格（第3条），業務の内容（第5条），改善意見の申し出等（第6条）を規定し，船舶所有者にとるべき措置を義務づけている。

④　船内の火災予防・消火作業に関して，消火作業指揮者の選任（第6条の2），業務の内容（第6条の3），改善意見の申し出等（第6条の4）を規定し，船舶所有者にとるべき措置を義務づけている。

⑤　船内衛生の保持に関して，衛生担当者の選任（第7条），業務の内容（第8条），改善意見の申し出等（第9条）を規定し，船舶所有者にとるべき措置を義務づけている。

⑥　船内作業の危害防止や船内衛生の保持に関する共通した事項として，安全担当者や消火作業指揮者，衛生担当者にその業務の補助者を指名できるようにすること（第10条）や安全衛生に関する教育・訓練の実施（第11条），船内における安全・衛生に関する事項の意見を船員に聞くための措置（第12条），本規則に定められた事項の実施状況や発生した災害や疾病に関する記録の作成・保存（第13条），一定の場合に安全管理・衛生管理に必要な規定の作成（第14条）を規定し，船舶所有者のとるべき措置を義務づけている。

船員に対する規制としては，一定の場合の禁止行為と一定の作業における保護具の使用義務を規定している（第16条）。

(b)　第2章「安全基準及び衛生基準等」（第17条－第45条）

本章は3つの節に分かれている。その概要は以下のとおり。

①　第1節（第17条－第28条）は，船内作業による危害の防止に関し，船舶所有者のとるべき措置および基準について一般的に規定したものである。

②　第2節（第29条－第43条）は，船内の衛生管理に関し，船舶所有者のとるべき措置および基準について一般的に規定したものである。

③　第3節（第44条・第45条）は，本規則の作業基準を満たすために使用する検知器具および保護具に関し，船舶所有者が備え付けなければならないものを一般的に規定したものである。

(c)　第3章「個別作業基準」(第46条－第70条)

本章は，船内で行われる典型的な作業（比較的事故が多く，危険，あるいは人体に有害な作業等）を列挙し，それぞれ作業の安全を確保するうえで船舶所有者がとるべき措置の基準を規定したものであり，次のような作業が具体的に列挙されている。

①　火薬類を取り扱う作業（第46条）
②　塗装作業および塗装剥離作業（第47条）
③　溶接作業，溶断作業および加熱作業（第48条）
④　危険物等の検知作業（第49条）
⑤　有害気体等が発生するおそれのある場所等で行う作業（第50条）
⑥　高所作業（第51条）
⑦　げん外作業（第52条）
⑧　高熱物の付近で行う作業（第53条）
⑨　重量物移動作業（第54条）
⑩　揚貨装置を使用する作業（第55条）
⑪　揚投びょう作業およびけい留作業（第56条）
⑫　漁ろう作業（第57条）
⑬　感電のおそれのある作業（第58条）
⑭　さび落とし作業および工作機械を使用する作業（第59条）
⑮　粉じんを発散する場所で行う作業（第60条）
⑯　高温状態で熱射または日射を受けて行う作業（第61条）
⑰　水または湿潤な空気にさらされて行う作業（第62条）
⑱　低温状態で行う作業（第63条）
⑲　騒音または振動の激しい作業（第64条）
⑳　倉口開閉作業（第65条）
㉑　船倉内作業（第66条）
㉒　機械類の修理作業（第67条）
㉓　着氷除去作業（第68条）
㉔　引火性液体類等に係る作業（第69条）

(d)　第4章「特殊危害防止基準」(第71条－第73条)

本章は，船内で行う作業の中で，個別作業に比べて極めて危険性の高い特殊な作業を指定列挙し，作業中の危害を防止するために，船舶所有者に対してとるべき措置をより詳細かつ厳しい基準で規定したものであり，具体的に次のような作業が挙げられている。

① 貨物の消毒のためのくん蒸（第71条）

② ねずみ族および虫類の駆除のためのくん蒸（第72条）

③ 四アルキル鉛を積載している場合の措置（第73条）

(e) 第5章「年少船員の就業制限」（第74条）

本章は，船舶所有者に対して18歳未満の船員（以下年少船員という）の就業を禁止すべき作業内容を指定列挙して，年少船員に特別な保護を与えている。具体的には次のような作業が挙げられている。

① 腐しょく性物質，毒物または有害性物質を収容した船倉またはタンク内の清掃作業（第1号）

② 有害性の塗料または溶剤を使用する塗装または塗装剥離の作業（第2号）

③ 推進機関用ボイラーに使用する石炭を運び，またはこれをたく作業（第3号）

④ 動力さび落とし機を使用する作業（第4号）

⑤ 炎天下において，直接日射をうけて長時間行う作業（第5号）

⑥ 寒冷な場所において，直接外気にさらされて長時間行う作業（第6号）

⑦ 冷凍庫内において長時間行う作業（第7号）

⑧ 水中において，船体または推進器を検査し，または修理する作業（第8号）

⑨ タンクまたはボイラーの内部において，身体の全部または相当の部分を水にさらされて行う水洗い作業（第9号）

⑩ じんあいまたは粉末の飛散する場所において長時間行う作業（第10号）

⑪ 1人につき30 kg以上の重量が負荷される運搬または持ち上げる作業（第11号）

⑫ アルファ線，ベータ線，中性子線，エックス線，その他の有害な放射線を受けるおそれがある作業（第12号）

(f)　第6章「女子船員の就業制限」(第75条・第76条)

本章では，船舶所有者に対して，妊産婦船員については母性保護上有害な作業を指定列挙し，また妊産婦以外の女子船員については妊娠または出産に係る機能に有害な作業を指定列挙して，それぞれの作業へ就業させることを制限している。

①　妊産婦船員の就業が制限される作業

(イ)　経験または技能を要する危険作業の中で，危険物の状態を検知する作業および電気工事作業を除くすべての作業（第28条）

(ロ)　年少船員の就業が制限される作業の中で，じんあいまたは粉末の飛散する場所において長時間行う作業および有害な放射線を受けるおそれがある作業を除くすべての作業（第74条）

②　出産後1年以内の女子船員の就業が制限される作業

(イ)　経験または技能を要する危険作業の中で，次の作業を除いたすべての作業（第28条）

1）高所作業（第10号）
2）危険物の状態や酸素量の検知作業（第12号）
3）酸欠原因物質のバラ積み船の船倉で行う作業（第13号）
4）電気工事作業（第14号）
5）冷凍ガスの圧縮あるいは液化高圧ガスの製造作業（第16号）

(ロ)　年少船員の就業が制限される作業の中で，次の作業を除いたすべての作業（第74条）

1）じんあいや粉末の飛散する場所で長時間行う作業（第10号）
2）有害な放射線を受けるおそれのある作業（第12号）

③　妊産婦以外の女子船員の就業が制限される作業

(イ)　有害気体の検知作業（第28条第1項第12号）

(ロ)　腐しょく性物質，毒物または有害性物質を収容した船倉またはタンク内の清掃作業（第74条第1項第1号）

(ハ)　有害性の塗料または溶剤を使用する塗装または塗装剝離の作業（第74条第1項第2号）

(ニ)　1人につき30 kg 以上の重量が負荷される運搬または持ち上げる作

業（第74条第1項第11号）

(g) 第7章「登録安全担当者講習実施機関」（第77条－第91条）

本章では，引火性液体類または引火性若しくは爆発性の蒸気を発する物質（以下「引火性液体類等」という。）を常時運送する船舶の甲板部の安全担当者の資格要件となっている国土交通大臣の登録を受けた講習を実施する機関（以下「登録安全担当者講習実施機関」という。）について，登録・更新・変更・休廃止等の手続き（第77条，第79条，第81条，第83条），登録の要件（第78条），講習の内容・実施義務（第80条），事務規程の制定（第82条），財務諸表等の備え付け・閲覧等（第84条，第85条），適合命令，改善命令，登録の取消等の行政監督（第86条，第87条，第88条，第90条），帳簿への記載・保存（第89条），官報への公示（第91条）が規定されている。

登録安全担当者講習実施機関として，（公財）日本船員雇用促進センター，（一財）海上災害防止センターなど5機関が登録されている。

(h) 第8章「登録危険作業講習実施機関」（第92条－第96条）

本章では，本規則に定める経験または技能を要する危険作業（第28条）の中で，フォークリフトの運転の作業（第28条第1項第3号），推進機関用の重油専焼罐（ボイラ）に点火する作業（同項第4号），揚貨装置または陸上のクレーン若しくはデリックの玉掛け作業（同項第7号），危険物の状態，酸素の量または人体に有害な気体を検知する作業（同項第12号），石炭，鉄鉱石，穀物，石油その他の船倉内の酸素の欠乏の原因となる性質を有する物質をばら積みで運送する船舶において，これらの物質を積載している船倉内で行う作業（同項第13号）については，国土交通大臣の登録を受けた講習（以下「登録危険作業講習」という。）の課程を修了した者に当該作業を行わせることができる（第28条2項）ことを受けて，「登録危険作業講習」を実施する「登録危険作業講習実施機関」に関して規定されている。

具体的な規定の内容としては，登録手続き（第92条），更新手続き（第94条），変更・休廃止等の手続きは「登録安全担当者講習実施機関」の規定を準用（第96条），登録の要件（第93条），講習の内容・実施義務（第95条），事務規程の制定，財務諸表等の備え付け・閲覧等，適合命令，改善命令，登録の取消等の行政監督，帳簿への記載・保存，官報への公示などについては

「登録安全担当者講習実施機関」の規定を準用（第96条）することとしている。

登録危険作業講習実施機関として，船員災害防止協会などが登録されている。

### 6.1.2　船内の安全・衛生管理

⑴　統括管理者

統括管理者とは，船内における安全および衛生に関する事項を統括的に管理する者のことで，安全担当者や衛生担当者，あるいはその他の関係者の間の調整役となる者をいい，船長がその任を負う（第１条の２）。

船長は船内作業の最高責任者として，航行の安全ばかりでなく，船員の安全・衛生面に関しても包括的な責任を有するのであるが，一方では船内における安全・衛生に関する業務を行わせることを目的に，船舶所有者に対して医師の乗り組みや，安全担当者・消火作業指揮者・衛生担当者などの選任を義務づけ，船内における安全・衛生の保持に関し責任を負わせているので，両者の関係を明確化するために本条が設けられている。

つまり，船長は船舶内の最高責任者として，船内作業による危害の防止および船内衛生の保持に関し船舶所有者がとるべき措置が適切かつ円滑に実施されるように安全担当者・消火作業指揮者・衛生担当者等を指揮監督しながら船内の安全・衛生に関し統括管理する，包括的な責任を有するのに対して，安全担当者・消火作業指揮者・衛生担当者等は船長の指揮監督のもと，これらの実施に係る事項を直接管理監督する，いわば現場監督的な責任を有することになり，その立場が明確となった。

⑵　船内安全衛生委員会

船内安全衛生委員会は，次に掲げる事項を船内において調査・審議し，船舶所有者に対して意見を述べるために，船員が常時５人以上である船舶に設置される組織である（第１条の３第１項）。

①　船内における安全管理，火災予防及び消火作業並びに衛生管理のための基本となるべき対策に関すること。

②　発生した火災その他の災害並びに負傷及び疾病の原因並びに再発防止対

策に関すること。

③　その他船内における安全及び衛生に関する事項。

船内安全衛生委員会を構成する委員は以下のとおり（同条第2項）。

①　船長

②　各部の安全担当者

③　消火作業指揮者

④　医師，衛生管理者又は衛生担当者

⑤　船内の安全に関し知識又は経験を有する海員のうちから船舶所有者が指名した者

⑥　船内の衛生に関し知識又は経験を有する海員のうちから船舶所有者が指名した者

船内安全衛生委員会は船長が委員長となり（同条第3項），船舶所有者が指名する委員の中で，船内の安全に関し知識・経験を有する海員もしくは船内の衛生に関し知識・経験を有する海員のいずれかは海員の過半数を代表するものが推薦する者でなければならない。

船舶所有者は，船内安全衛生委員会が上記の規定に基づいて船舶所有者に対して述べる意見を尊重しなければならない（同条第5項）。ここで，「尊重する」という意味は後述する。

船員災害の一層の減少を図るために，船内安全衛生委員会の活用する取組みとして，船内での危険要因の特定・評価（リスクアセスメント），安全衛生目標や安全衛生計画の作成・実施，当該計画の実施状況や効果の確認とさらなる改善措置の実施等を継続的に行う手法（船内労働安全衛生マネジメント）の導入が図られ，そのためのガイドラインが作成されている。また，当該マネジメントシステムの実施が難しい中小の内航事業者や漁船を対象に，比較的簡単に船内の安全衛生環境の向上や船員の意識の向上をはかれる取組みとして，ILO（International Labour Office）のWISE（Work Improvements Small Enterprises）制度の船内版として開発された自主改善活動WIB（Work Improvement on Board）などが具体的取組みとして挙げられる。

### (3)　安全担当者

#### (a)　安全担当者の選任

安全担当者とは，船内作業の危害防止に関する事項の実施についての責任者であり，船舶所有者にその選任が義務づけられている（第２条第１項)。安全担当者は，甲板部，機関部，事務部等，船内の職務分掌上の単位である部（Department）に所属している海員の中からそれぞれ選任され，原則的には複数の部の兼任はできない。しかし，部の構成員が極端に少ない場合（例えば１名しかいない場合）や部という区分けそのものが現実的でない場合，あるいは当該部に安全担当者になる資格のある者がいない場合等，船内の構成上やむを得ない場合は１つの部の安全担当者が他の部のそれを兼任することを認めている（同条第２項)。

ここで部とは形式的に部制がとられている場合の部だけではなく，客観的に独立した船内作業と認められうる作業を行うグループも部と考えるべきである。例えば第２条第２項ただし書に規定されている漁獲物冷凍作業，漁獲物加工作業，サルベージ作業，ケーブル敷設作業，浚渫作業等はその例といえるであろうし，これらの作業を行う部であって海員が20名を超える場合は他の部の安全担当者との兼任が制限されている（同条第２項但書)。

基本的には船長は安全担当者を兼務することはできない。これは次の理由による。つまり，船員法第２章「船長の職務及び権限」の規定は，航海の安全を維持するため船長に付与された公法上の職務・権限についてのそれであり，本規則の根拠となる船員法第８章「食料並びに安全及び衛生」の規定は，労働条件に関するもので，その性質が異なっていること。また，船内作業の危害防止のためには，作業内容に精通し細かい部分にまで気をつける必要性があること。仮に安全担当者の業務を船長に任せ得たとしてもそれは形式的・名目的なものにすぎず，実際には各部の現場責任者等がその業務を担当することになる。したがって，必ずしも船長に集中する必要のない船内の安全管理業務の現場責任者・直接管理者を船長以外の者として，船長の業務の範囲を軽減するようにはかったものである。ただし，前述したように船長は統括管理責任を負担することになる。

安全担当者は船舶所有者によって選任されるが，選任する場合，船舶所有者は船長から意見を聞かなければならない（第２条第１項)。ここで，「意見を聞く」とは，その意見を参考にするという意味で，船長に同意を求めるまでの意味はもっていない。

(b) 安全担当者の選任の特例

特例として，次のような船舶では船長を安全担当者とすることができる（第4条第1項）。

① 海員が常時20人以下である漁船

② 海員が常時10人以下の漁船以外の船舶

現状において，各種の船舶の乗組員数の実態を考慮して，1人の安全担当者で管理することができうる人数の限界的な目安になると考えられる。船長を安全担当者にする場合は，当該船舶では他に安全担当者を選任する必要はないが，必要とする部に安全担当者を選任しても何ら差し支えない。

(c) 安全担当者の資格

安全担当者は以下の資格要件をすべて満たす必要がある（第3条第1項）。

① 当該部の業務に2年以上従事した者

② 当該部の業務に精通する者

ただし，他の部の安全担当者を兼任する場合は，兼任する部の業務についてはこの限りではない（同条第1項但書）。船長が安全担当者である場合についても，資格要件は適用されない（第4条第2項）。概して，船長は乗船履歴や船内安全の知識など十分に有していると考えられるからである。

また，引火性液体類等を常時運送する船舶の甲板部の安全担当者については，「船員労働安全衛生規則第3条第2項の規定に基づき国土交通大臣が告示で定める講習」（昭和54年運輸省告示第312号）所定のタンカー講習課程修了者でなければならない（第3条第2項）。

① 第77条及び第78条の規定による登録安全担当者講習の課程を修了した者であること。

② STCW 条約の締約国が発給した条約に適合する危険物又は有害物の取扱いに関する業務の管理に関する資格証明書を受有しており，かつ，船員法，船舶職員及び小型船舶操縦者法，海洋汚染等及び海上災害の防止に関する法律及び船舶安全法並びにこれらに基づく命令についての講習の課程を修了した者であること。

これは，船長が安全担当者であっても同様の取り扱いとなる（第4条第1

項後段)。

(d)　安全担当者の業務

安全担当者の業務内容は次のとおりである(第5条)。

①　作業設備や作業用具の点検・整備に関すること

②　安全装置，検知器具，消火器具，保護具，その他の危害防止のための設備や用具の点検・整備に関すること

③　作業を行う際に危険・有害な状態が発生したり，発生するおそれのある場合の適当な応急措置や防止措置に関すること

④　発生した災害の原因調査に関すること

⑤　作業の安全に関する教育・訓練に関すること

⑥　安全管理に関する記録の作成・管理に関すること

(e)　安全担当者の権限および改善意見の申し出等

安全担当者は船内作業による危害防止に関し，船舶所有者が行うべきさまざまな義務の実施責任者であり，すなわち本規則に規定された船内の安全に関する義務の遂行を安全担当者は船舶所有者から委任されているといえ，その義務を遂行していく範囲においては船舶所有者と同等の権限を有するといえる。そしてその範囲はすでに述べた業務の範囲に一致している。

一方では安全担当者は，船長を経由して，船舶所有者に対して作業設備や作業方法等についての安全管理に関する改善意見を申し出ることができる(第6条1項前段)。船長を経由させている理由は，安全担当者が船内の安全管理に関する事項について船舶所有者に対して述べた意見について，当該船舶の最高責任者である船長がその内容をまったく知らないようでは船内の安全管理業務に種々の支障が生じるおそれがあるからである。「船長を経由する」とは船舶所有者に申し出る前に船長に対して改善意見等の内容を通知することを意味する。船長は安全担当者の改善意見の申し出を，自己の判断で船舶所有者に提出しないことは認められないが，必要があると認めるときは当該改善意見に対して自らの意見をつけることは可能である(同条第1項後段)。

船舶所有者は安全担当者からの改善意見を尊重しなければならない(第6条第2項)。ここで「尊重する」とは，少なくとも改善意見に対し誠意ある返

答をすることを意味している。具体的な返答の例としては，例えば改善意見の各内容について，改善意見どおり実施するものについてはその旨を，改善意見を修正して実施するものについてはその実施方法と修正理由を，改善意見を実施しないときはその理由をそれぞれ明示することなどが挙げられる。

(4)　消火作業指揮者

(a)　消火作業指揮者の選任

消火作業指揮者とは，船内における火災予防・消火作業に関する事項の実施についての責任者であり，船舶所有者にその選任が義務づけられている（第6条の2）。消火作業指揮者は次のいずれかの要件に適合する安全担当者の中から，船長の意見を聞いて船舶所有者が選任することとなる（第6条の2）。

①　船舶職員法に規定された海技士（航海，機関，通信，電子通信のいずれか）の免許を保有していること（第1号）

②　STCW条約締約国が発給した条約に適合する船舶の運航または機関の運転に関する資格証明書（締約国資格証明書）を受有する者であって国土交通大臣の承認を受けていること（第2号）

③　船舶職員法に規定された消火講習で，登録海技免許講習実施機関が実施するものの課程を修了していること（第3号）

ただし，総トン数20トン未満の船舶については，特に消火作業指揮者をおく必要はない（同条但し書）。

(b)　消火作業指揮者の業務

消火作業指揮者の業務内容は次のとおりである（第6条の3）。

①　消火設備及び消火器具の点検・整備に関すること

②　火災発生時の消火作業に関すること

③　発生した火災の原因調査に関すること

④　火災予防に関する教育や消火作業に関する教育・訓練に関すること

(c)　消火作業指揮者の権限および改善意見の申し出等

消火作業指揮者は船内における火災予防・消火作業に関し，船舶所有者が行うさまざまな義務の実施責任者であり，すなわち本規則に規定された船内の火災予防・消火作業に関する義務を遂行していく範囲においては船舶所有者と同等の権限を有していることは安全担当者と同様であり，その範囲は上記に述べた業務の範囲に一致している。

一方では消火作業指揮者は，船長を経由して，船舶所有者に対して消火設備や消火作業に関する訓練などについての火災予防・消火作業に関する改善意見を申し出ることができる（第6条の4第1項前段）。船長を経由させている理由は安全担当者の場合と同趣旨である。この場合，船長は必要と認めるときは，当該改善意見に自らの意見を付すことができる（同条第1項後段）。

船舶所有者は，消火作業指揮者から改善意見の申し出があったときは，これを尊重しなければならない（同条第2項）。ここで，「尊重する」ことの意味は安全担当者に関連して述べたことと同様である。

(5)　衛生担当者

(a)　衛生担当者の選任

衛生担当者とは，船内衛生の保持に関する事項の実施についての責任者であり，船舶所有者にその選任が義務づけられている（第7条第1項）。衛生担当者は当該船舶の海員の中から所定の要件を満たす者を，船長の意見を聞いて船舶所有者が選任することになる。また，基本的には船長は衛生担当者を兼務できないことは，安全担当者の場合と同様の理由による。

(b)　衛生担当者の選任の特例

〈衛生担当者を選任しなくてもよい場合〉（第7条第1項但書）

①　船員法第82条の規定により医師が乗り組んでいる場合

②　船員法第82条の2の規定により衛生管理者が選任されている場合

〈船長が衛生担当者を兼任できる場合〉（第7条第2項）

①　海員が常時20人以下である漁船

②　海員が常時10人以下である漁船以外の船舶

(c)　衛生担当者の資格

衛生担当者は，以下のいずれかの要件を満たす必要がある（第7条第1項）。小型船（総トン数20トン未満の船舶）の衛生担当者となるべき者の資格については特に規定はしていないが，船内の衛生管理に関する知識を有する海員であることを要する。

①　船舶職員及び小型船舶操縦者法に規定された海技士（航海，機関，通

信，電子通信のいずれか）の免許を保有していること（同条同項第1号）

② STCW条約締約国が発給した条約に適合する船舶の運航または機関の運転に関する資格証明書（締約国資格証明書）を受有する者であって国土交通大臣の承認を受けていること（同条同項第1号）

③ 船舶職員及び小型船舶操縦者法に規定された救命講習または機関救命講習で，登録海技免許講習実施機関が実施するものの課程を修了していること（同条同項第2号）

(d) 衛生担当者の業務

衛生担当者の業務内容は次のとおりである（第8条）。

① 居住環境衛生の保持に関すること

② 食料や用水の衛生保持に関すること

③ 医薬品やその他の衛生用品，医療書，衛生保護具等の点検・整備に関すること

④ 負傷または疾病が発生した場合における適当な救急措置に関すること（小型船は除く）

⑤ 発生した疾病の原因調査に関すること

⑥ 衛生管理に関する記録の作成・管理に関すること

(e) 衛生担当者の権限および改善意見の申し出等

衛生担当者は船内衛生の保持に関し，船舶所有者が行うべきさまざまな義務の実施責任者であり，つまり本規則に規定された船内衛生の保持に関する義務の遂行を船舶所有者から委任されているといえ，その義務を遂行していく範囲においては船舶所有者と同等の権限を有しているといえるのは，安全担当者と同様である。そして，その範囲はすでに述べた衛生担当者の業務内容に一致している。

一方では衛生担当者は，船長を経由して，船舶所有者に対して衛生設備や居住環境等についての衛生管理に関する改善意見を申し出ることができる（第9条第1項前段）。船長を経由させている趣旨は安全担当者の場合と同様である。この場合，船長は必要と認めるときは，当該改善意見に自らの意見を付すことかできる（同条第1項後段）。

船舶所有者は，衛生担当者から改善意見の申し出があったときは，これを

尊重しなければならない（第9条第2項）。ここで，「尊重する」ことの意味はすでに安全担当者に関連して述べたので省略する。

⑹　補 助 者

補助者とは，安全担当者，消火作業指揮者あるいは衛生担当者の業務を補助するために，必要に応じて安全担当者，消火作業指揮者あるいは衛生担当者に指名された者をいう（第10条）。

補助者は，安全担当者や消火作業指揮者，衛生担当者の委任のもとに，彼らに代わって独立して業務を行う代理人としての地位を持つ者ではなく，彼らが実際に行うべき行為を補助する者である。したがって，安全担当者，消火作業指揮者あるいは衛生担当者の責任を補助者に転嫁することはできない。補助者は，安全担当者，消火作業指揮者あるいは衛生担当者の指示に基づいて一定の事実行為をし，かつ，安全担当者，消火作業指揮者あるいは衛生担当者に対してその責任を負うにすぎない。

したがって，安全担当者，消火作業指揮者あるいは衛生担当者が災害や疾病等でその職務を遂行できなくなった場合，船舶所有者は補助者に安全管理や衛生管理業務を行わせるべきではなく，あらたに安全担当者，消火作業指揮者あるいは衛生担当者を選任する必要がある。

⑺　船内の安全・衛生に関する教育・訓練等

安全担当者や消火作業指揮者，衛生担当者をおくなど安全・衛生管理機構を整備していくことは大切なことであるが，一方では安全管理・衛生管理の対象となる船員自身が労働安全衛生に関する自覚を高めていくことも重要なことである。このために，船員に対して次のような安全・衛生教育を実施することが，船舶所有者に課せられている（第11条第1項）。

⒜　船内の安全・衛生に関する基礎的事項（第1号）

⒝　船内での危険・有害な作業についての作業方法（第2号）

⒞　保護具，命綱，安全ベルト，作業用救命衣の使用方法（第3号）

⒟　船内の安全・衛生に関する規定を定めた場合は当該規定の内容（第4号）

⒠　乗り組む船舶の設備・作業に関する具体的事項（第5号）

また，特に液体化学薬品タンカーや液化ガスタンカー等に乗り組む船員に対しては，貨物の取り扱い方法，保護具の使用方法並びに貨物の漏洩，流出，火災，その他の非常訓練の実施が義務づけられている（同条第2項）。

ここでは，特に安全・衛生教育の方法や程度を指定していないが，実施面では安全担当者や消火作業指揮者，衛生担当者制度の活用が考えられる。

⑻　船員の遵守事項

船内における安全・衛生はもちろん，人的・物的・制度的な環境を整えることも大切であるが，それにも増して船員自身がこれを積極的に実践していかなければまさに絵に描いた餅にすぎない。そこで，本規則では船内作業による危害の防止や船内衛生の保持を徹底させるために，船員自身が守るべき事項を次のように例示している（第16条）。

ⓐ　防火標識や禁止標識のあるところで当該標識に表示されている禁止行為を行ってはならない（第1項第1号）

ⓑ　火災・爆発の危険のある作業として火気の使用や喫煙を禁止されている場合には，それを行ってはならない（第1項第2号）

ⓒ　作業の種類ごとに所定の保護具の使用が定められているときは，当該保護具を使用しなければならない（第2項，第3項）

船員が本規則に規定された事項を遵守しない場合には，船員法第81条4項違反となり，30万円以下の罰金に処せられる（船員法第128条の2）という刑罰まで設けられているのは，船員自身に義務を課し，本規則を遵守させることが本規則の目的達成のために必要不可欠だからと考えられる。

⑼　その他の安全・衛生管理に関する措置等

ⓐ　船員からの意見を聞くための措置（第12条第1項）

船内の安全・衛生に関する問題は，船員の船内作業や生活と密接な関係があるので，日常から船員は身近な経験の蓄積から現実的な対応策を検討していることが多いので，これらの考えを船内安全衛生委員に提案し，船内安全衛生委員会で審議・検討するとか，投書箱を設けるとか船内委員会を開くとか，適当な方法で聴くことができるように措置することを船舶所有者に義務づけている。

ⓑ　記録の作成及び保存（第13条）

本規則に基づいて船舶所有者が行った措置等について，その実施状況を明確にするために，船舶所有者に対して次に掲げる事項の記録を作成し，その原本は主たる船員の労務管理の事務を行う事務所に，その写しは当該船舶の船内に，それぞれ３年間の保存を義務づけている。

① 第11条（安全衛生に関する教育及び訓練）の規定により行った教育および訓練に関する事項（第１号）

② 船内安全衛生委員会における議事概要（第２号）

③ 安全担当者，消火作業指揮者，医師，衛生管理者または衛生担当者からの改善の申出があった事項（第３号）

④ 船員の意見を聴くために講じた措置（第４号）

⑤ 発生した火災，その他の災害ならびに負傷及び疾病に関する事項（第５号）

⑥ 第40条の２の規定による飲用水の検査，改善措置，洗浄等に関する事項（第６号）

⑦ その他，安全または衛生に関して講じた重要な改善の措置（第７号）

(c) 安全管理・火災予防・消火作業・衛生管理に関する規定の作成（第14条）

本規則は，安全管理・衛生管理上の一般的な最低の基準を規定しているが，個々の船舶に適用する場合にはさらにきめの細かい，あるいは水準の高い作業基準等を定める必要がある。これらの基準が船舶所有者によって自主的に作成されるのが理想的ではあるが，例えば特定の海運会社で災害発生率が高いとか同一事故が頻発するなどの場合には，監督官庁（主たる船員の労務管理の事務を行う事務所の所在地を管轄する地方運輸局長（運輸監理部長を含む））からこれらを防止するために必要な規則の作成を船舶所有者に対して命ずることができ，これらの命令があった場合には船舶所有者は必要な規定を作成しなければならない。

### 6.1.3 安全基準

船内作業における危害の防止のために基本的に遵守されるべき事項を安全基準として列挙しているが，ここに規定されている事項を形式的に遵守すれば足りるのではなく，その実態に応じて合目的的に，かつ，弾力的に安全基準が運用されることで，実質的に船内労働の安全がはかられるということを常に念頭においておくべきである。

以下に安全基準として挙げられている事項を示す。

(a)　船内作業設備・機器等の整備・整頓と作業環境の維持（第17条）

(b)　接触等からの防護（第18条）

①　機械等の運動部分で通常の作業中に接触するおそれのある部分には囲い，手すり，覆いまたは踏切橋を設ける（第1項）。

②　通常作業を行う場所で墜落，転倒などで機械の運動部分に接触するおそれのあるときは，安全な足場を設ける（第2項）。

③　蒸気等，高温の気体・液体が通る管で，通常作業時に接触するおそれがあるものはその部分を被覆する（第3項）。

(c)　通行の安全確保等（第19条）

①　やむを得ない場合を除き，船外との通行は舷梯または手すり，踏みさんを施した幅40 cm以上の歩み板によらせる（第1項）。

②　船外との通行の安全を確保するために必要な夜間用照明を設置する（第2項）。

③　甲板上に荷物等を積載する場合，できる限り舷側から離れた場所に通路を確保する（第3項）。

(d)　器具等は固定，被覆し，または収納箱に入れて整頓する（第20条）。

(e)　密閉された区画で，かつ，通常作業する場所には内部から操作可能な開扉装置，呼び鈴，その他の信号装置を設ける（第21条）。

(f)　著しく燃えやすい廃棄物は防火性の蓋付き容器に納めるなどして安全に処理する（第22条）。

(g)　液化石油ガスの取り扱い上の注意（第22条の2）

①　これを燃料に調理作業等を行う場合は十分に喚起し，また無人にしないなどの危険防止措置をとる（第1項）。

②　このガスボンベの切り換え，取り換え作業をするときは事前の安全確認と船員への周知を行う（第2項）。

(h)　管系統の表示方法（第23条）

船内の管系統や電路系統は，その種別を規定の識別標識で表示しなければならないが，その表示方法は「船内の管系及び電路の系統の識別標識（昭和39（1964）年運輸省告示第490号）」に規定されている。

表6-1　管系の識別色

| 管　系 | 識別色 | 管　系 | 識別色 |
|---|---|---|---|
| 清水管系 | 青 | 蒸気管系 | 銀　色 |
| 海水管系 | 緑 | 圧縮空気管系 | ねずみ色 |
| 燃料油管系 | 赤 | ビルジ管系 | 黒 |
| 潤滑油管系 | 黄 | | |

表示方法：船内の安全上必要があると認められる箇所に，上に示した識別色で図6-1のようにリング上に表示する。

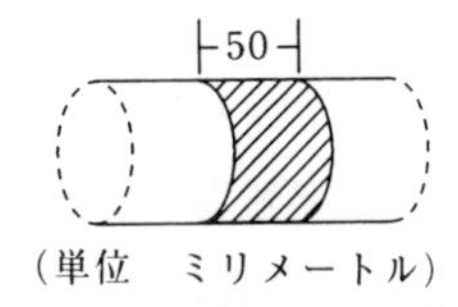


図6-1　管系の識別標識の表示方法

以下，その主な例を示す。

①　管系の識別標識の例

②　船内の消火の用に供することができる管系のバルブは本体を赤で塗装

③　船内の安全上必要がある箇所にある電路には，見やすい箇所に電圧を赤で表示

(i)　安全標識等の掲示（第24条）

次の場所には所定の安全標識の掲示が義務づけられている。

①　危険物（常用危険物を含む）の積載場所の見やすい箇所に防火標識，禁止標識，警告標識を掲示する（第１項）。

②　消火器具置場，墜落の危険のある開口，高圧電路の露出箇所，担架置場等，船内の必要な箇所に防火標識，禁止標識，警告標識，安全状態標識，指示標識を適宜掲示する（第２項）。

③　前２項の箇所のうち必要と認めるもの及び非常用脱出通路，昇降設備とその出入口，消火器具置場に夜光塗料を用いた方向標識または指示標識を掲示する。ただし，非常照明装置が設けられている箇所については夜光塗料を用いる必要はない（第３項）。

安全標識は「日本工業規格 JIS Z 9104：2005（安全標識）」に規定されたものを用いなければならない。

日本工業規格で規定されている安全標識の種類は以下のとおり。

①　禁止標識（危険な行動を禁止するために用いる）

②　指示標識（作業に関する指示または修理・故障の場合の表示に用いる）

③　警告標識（危険な箇所及び行為の警告，安全義務を怠る行動または不注意によって，危険が起こるおそれがあることに注意を促すために用い

る）

④　安全状態標識（安全・衛生意識の高揚，救護に関する情報提供，非常口，避難場所などの表示に用いる）

⑤　防火標識（火災の発生のおそれのある場所，引火または発火のおそれがあるもの，およびその所在位置ならびに防火・消火の設備があるのを示すのに用いる）

⑥　放射能標識（放射能による被爆のおそれがある場合に用いる）

⑦　補助標識（標識の主要な目的を更に明確にするために，補助情報を提供する標識。方向を示す矢印も含まれる）

(j)　油に関する文書の備置き（第24条の2）

油をばら積みで運送する場合または燃料油を搭載する場合には，当該油に関して所定の事項が記載された文書を船内に備え置かなければならない。

(k)　作業場所の十分な照明の確保（第25条）

(l)　床面等の安全の確保（第26条）

①　作業場所や通路の床面は，つまずき，すべり，踏み抜き等のおそれがないように必要な措置をする（第1項）。

②　作業場所や通路等の突出部分で接触等の危険のある部分には被覆等の適当な措置をする（第2項）。

(m)　足場等は，損傷，変形，腐食していない材料を用い，かつ，丈夫な構造とする（第27条）。

(n)　海中転落するおそれのある場所には，著しく作業の妨げとなる場合を除き，保護柵を使用させる等適当な措置をする（第27条の2）。

(o)　経験または技能を要する危険作業（第28条）。

いかに作業環境を良好な状態に整えたとしても，経験や資格のない者が行えば，相当な注意をしたとしてもなお重大な危害が発生するおそれのある作業について，船内の代表的な16種類の作業類型を挙げ，これらの作業に共通した経験や資格等について次のいずれかの条件を満足させるという人的な制限を課すことで作業危害の防止をはかっている（第1項）。

①　当該作業を所掌する部の業務に6か月以上従事した経験を有すること

②　国土交通大臣が当該作業について指定した講習課程を修了したこと

③　当該作業を所掌する部の海技従事者の免許を受けたこと

④　当該作業を所掌する部の船舶職員になることについて法に基づく承認を受けたこと

⑤　国土交通大臣が当該作業について認定した資格を有すること

ただし，当該作業の熟練者の指導・監督のもとで作業を行わせる場合には，当該作業を所掌する部の業務に３か月以上従事した経験があればよい（第１項但書）。

これらにかかわらず，本条に規定されている所定の作業については「登録危険作業講習」の課程を修了したものであれば，当該作業を行わせることができる（第２項）。また，潜水器を用いた所定の潜水作業等については，潜水士免許をもった者でなければ作業することができない（第３項）。

### 6.1.4　衛生基準

海上労働は作業環境と居住環境が同居し，かつ，船舶という孤立した社会の中で行われている。それだけにより組織的かつ強力に衛生管理が行われる必要がある。ここでは，その具体的な基準を船内の衛生管理に関する規定として集中して挙げているが，個別作業に関する衛生管理等についてはそれぞれの作業基準の中で規定してある。

以下に衛生基準として挙げられている事項を示す。

(a)　船内の清潔化，環境条件の整備，十分な休養の付与等を行い，船員の健康保持に努力する（第29条）。

(b)　次に掲げる疾病等にかかった船員の就業の禁止（第30条）

①　精神機能障害により，作業遂行上必要な認知，判断及び意思疎通を適切に行うことができないと医師が認めるもの（第１項）。

②　船員法で定める健康検査合格標準表第３号に掲げる疾病（各種結核性疾患，新生物，糖尿病，心臓病，脳出血，脳梗塞，肺炎，胃潰瘍，十二指腸潰瘍，肝硬変，慢性肝炎，じん臓炎，急性ひ尿生殖器疾患，てんかん，重症ぜんそくその他の疾患）で，医師が船内労働に適さないと認めるもの（第２項）。

(c)　伝染病，精神病，その他労働により病勢が悪化するおそれのある所定の

疾病にかかった疑いのある船員への受診義務（第31条）

(d) 次に挙げる特殊な作業に従事する船員に対する特殊健康検査の受検義務（第32条）

① 国土交通大臣が指定する衛生上有害な物（「船員労働安全衛生規則により国土交通大臣の指定する衛生上有害な物（昭和39年運輸省告示第364号)」参照）を常時運送する船舶の乗組員

② もっぱら石炭をたく作業に従事している者

③ もっぱら潜水作業に従事している者

(e) 機関室，調理室等，高温・多湿な作業場の通風，換気等の適切な湿温調整措置（第33条）

(f) 毎年1回以上の薬品によるねずみ族，虫類等の駆除措置（第34条）

なお，船員の上記駆除への使用を禁止する薬品については「船員労働安全衛生規則に基づく指定薬品（昭和46（1971）年運輸省告示第314号)」を参照のこと。

(g) 船内の適当な場所への手洗い設備の設置（第35条）

(h) 便所の常時使用できる状態の維持（第35条の2）

(i) 調理作業の衛生の確保（第36条）

調理作業の衛生を確保するための具体的な措置例として以下の事項が挙げられている。

① 調理作業を行う者への清潔な衣服の着用や手の洗浄等の衛生上必要な措置（第1項）

② 厨房器具，食器等を清潔に保つための措置（第2項）

③ 調理作業を行う者以外，みだりに調理場への立ち入りの禁止措置（第3項）

(j) 食料の種類に応じた保存方法と保存場所，調理方法等についての衛生管理上の必要な措置（第37条）

(k) 清水の積載・貯蔵上の衛生管理（第38条）

清水の積載・貯蔵については，次の具体的措置が挙げられている。

① 清水の積載前に元栓やホース等を洗浄する（第1号）。

② 清水用の元栓やホースは専用のものとする（第2号）。

③　清水用元栓には蓋をつけ，ホースは清潔に保管する（第3号）。

④　清水タンクに使用する計量器具は専用とし，かつ，清潔に保管する（第4号）。

⑤　セメント塗装の清水タンクは十分にあく抜きをする（第5号）。

⑥　その他清水を衛生的に保存するのに必要な措置をする（第6号）。

(l)　河川水・港内海水の調理用や浴用への使用禁止（第39条）

(m)　飲用水タンクおよび管系の専用化と飲用水設備の常設（第40条）

(n)　飲用水の水質検査の実施等（第40条の2）

船内の飲用水の衛生管理上の水質検査の実施等については，次のように規定されている。

①　船内の飲用水について，年1回以上公的機関の水質検査を受検する（第1項）。

②　水質検査結果，不良と判定された場合は当該飲料水交換等し，再度水質検査を受検，良好の判定が出るまでこれを繰り返す（第2項）。

③　船内の飲用水の遊離残留塩素含有率の検査を毎月1回以上実施し，含有率が0.1 ppm未満の場合には，すみやかに改善措置をする（第3項）。

④　飲料水タンクおよびその管系は2年に1回以上洗浄する（第4項）。

(o)　伝染病の予防措置等（第41条）

伝染病の予防のために，次のような措置が挙げられている。

①　コレラ，赤痢等，21種の別表に規定されている伝染病が発生し，またはそのおそれがある地域へ行く場合には，予防注射の実施や衛生用品の整備，伝染病予防教育等，感染防止に必要な措置をする（第1項）。

②　上記の地域では，食料・飲用水の購入制限，外来者の防疫措置，衛生状態などの情報収集等，感染防止に必要な措置をする（第2項）。

(p)　船内で伝染病患者が出た場合には，隔離，消毒，飲用・飲食制限等，伝染防止に必要な措置を行う（第42条）。

(q)　液体化学タンカー・液化ガスタンカーには貨物の性状に応じた解毒剤，つり上げ用担架，酸素吸入器を備える（第42条の2）。

(r)　船内で救急患者が発生した場合は，必要に応じ医療機関と連絡を取り合い，その指示にしたがい適当な措置を行う（第43条）。

### 6.1.5　検知器具および保護具

船内は多くの水密隔壁で区分されているため，密閉された空間に有害・危険なガスが停滞したり，酸素欠乏の状態が発生したりしやすい環境にある。また，海上作業は常に動揺がつきまとい，船舶の複雑な構造と相まって転倒や接触などによる危害を受ける可能性が極めて高い。このようなことから，船内作業においては検知器具や保護具の必要性は陸上作業の場合よりもはるかに大きいといえ，第44条および第45条で所定の検知器具および保護具について備え付けを義務づけている。

(a)　検知器具（第44条）

備え付けが義務づけられている検知器具は次の２種類である。

①　酸素の量を計るために必要な検知器具（第１項）

②　人体に有害なガスの量をはかるために必要な検知器具（第２項）

本規則では「人体に有害なガス」として12種類のガスを指定している（「船員労働安全衛生規則により国土交通大臣の指定する衛生上有害な物（昭和39（1964）年運輸省告示第364号）」参照）。

検知器具の備え付け数量等については特に規定がない。

また，その他の規則等で備え付けなければならない検知器具には次のようなものが挙げられる。

①　可燃性ガス検定器（船舶消防設備規則）

②　騒音計測器（昭和49（1974）年11月の外航二船主団体と全日本海員組合との労働協約確認書）

(b)　保護具（第45条）

保護具の備え付けについては以下の要件をすべて満たす必要がある。

①　保護具を必要とする作業に同時に従事する人数と同数以上の数量を，常時有効かつ清潔に保持すること（第１項）

②　保護具の中で呼吸具や空気圧縮機は毎月１回以上点検すること（第２項）

③　液体化学薬品タンカーでは，新品等の場合を除き，保護具や作業衣を居住区から隔離して保管すること（第３項）

本規則（個別作業基準及び特殊危害防止基準）で使用が規定されている

保護具には次のようなものが挙げられる（かっこ内に関連条数を示す）。

① マスク（第47条）

② 保護手袋

⑴ 通常のもの（第47条，第48条，第50条，第61条，第64条，第71条，第72条）

⑵ 耐酸・化学薬品用のもの（第49条）

⑶ 防熱性のもの（第53条）

⑷ 防水性のもの（第62条）

⑸ 絶縁性ゴムのもの（第58条）

⑹ 防寒性のもの（第63条）

⑺ 不浸透性のもの（第73条）

③ 保護眼鏡（第48条，第49条，第50条，第59条，第60条，第61条）

④ 呼吸具

⑴ 通常のもの（第50条，第71条，第72条）

⑵ 防塵性のもの（第60条）

⑶ 有毒ガス用のもの（第49条，第73条）

⑤ 保護衣

⑴ 通常のもの（第49条，第50条，第53条，第61条）

⑵ 防水性のもの（第62条）

⑶ 防寒性のもの（第63条）

⑷ 絶縁性のもの（第69条）

⑸ 不浸透性のもの（第73条）

⑥ 保護帽

⑴ 通常のもの（第51条，第54条，第55条，第56条，第57条，第61条，第62条，第65条，第66条，第67条，第68条，第69条）

⑵ 防寒性のもの（第63条）

⑶ 不浸透性のもの（第73条）

⑦ 命綱（第51条，第52条，第57条，第66条，第68条）

⑧ 安全ベルト（第51条，第66条，第68条）

⑨ 作業用救命衣（第52条，第57条）

⑩ 保護靴

(イ) 通常のもの（第54条，第67条）

(ロ) すべり止めのついたもの（第65条，第66条，第68条，第69条）

(ハ) 絶縁性のもの（第69条）

(ニ) 不浸透性のもの（第73条）

⑪ 保護面（第57条）

⑫ ゴム長靴

(イ) 通常のもの（第57条，第62条）

(ロ) 絶縁性のもの（第58条）

⑬ 耳栓（第64条）

⑭ 不浸透性保護前掛け（第73条）

⑮ 塗布剤（保護クリーム）（第61条，第63条）

保護具の具体的な形式，構造，材質，強度等については，特に規定はないが，労働省告示で定められた規格あるいはJIS規格（日本工業規格）の保護具の使用が望ましい。

## 6.2 船員災害

### 6.2.1 船員災害の定義等

船員災害の定義については，「船員災害防止活動の促進に関する法律」（昭和42（1967）年法律第61号）に，「船員の就業に係る船舶，船内設備，積荷などにより，または作業行動もしくは船内生活によって，船員が負傷し，疾病にかかり，または死亡することをいう」（第2条第1項）と規定されている。船員災害は職務上であるか職務外であるかは関係なく，また大別すると狭義の災害（死傷）と疾病に分けられる。

一方，労働災害の定義については，「労働安全衛生法」（昭和47（1967）年法律第57号）に，「労働者の就業に係る建設物，設備，原材料，ガス，蒸気，粉じんなどにより，または作業行動，その他業務に起因して，労働者が負傷し，疾病にかかり，または死亡することをいう」（第2条第1項第1号）と規定され，労働災害であるためには，職務内容（労働内容）と密接な因果関係を必要としている点で船員災害とは大きく異なっているといえる。

ここで，「労働者」とは「労働基準法」（昭和22（1947）年法律第49条）に規定されている労働者で，職業の種類を問わず，一定の事業や事務所で使用されている者を指し，当然「船員」も含まれる。しかし，船員の行う海上労働の特殊性を鑑みて，船員の労働災害防止のための危害防止措置や責任体制などは「船員法」の規定にしたがうことになるので，「労働安全衛生法」の規定は船員には直接の適用はない（労働基準法第116条，船員法第６条など参照）。

したがって，唯一根拠になるのは上記に述べた船員災害の定義である。この定義を見ると，船員に対する労働災害の範囲は陸上のそれより広く，船員の負傷，疾病，死亡等が乗船期間中に発生したものであれば足り，職務中・職務外のすべての期間を包含したものとなっている。ただし，有給休暇中や自宅待機中等，下船中に発生したものは一般には船員災害に含めていない。また，乗船期間中であっても上陸中の暴力，傷害等や職務と関係ない交通事故等は同様に除外されている。

### 6.2.2　船員災害の特徴

(1)　船員災害の実態把握等

船員法第111条では，船舶所有者は災害補償の実施状況やその他所定の関連事項について，国土交通大臣（実務的には所轄地方運輸局長）に毎年１回報告することが義務づけられている。そして，この報告された資料に基づいて，国土交通省海事局船員政策課では，船員の災害・疾病発生状況を年度ごとにとりまとめた形で毎年１回「船員災害疾病発生状況報告（船員法第111条）集計書」を作成して公表している。

ちなみに，この報告書の対象となっている災害および疾病は，当該年度中に船内および船内作業に関連した場所で発生した休業３日以上の災害および疾病（死亡および行方不明を含む）である。したがって，３日未満の災害・疾病はこの報告書では把握できないことになるが，船員保険では日数に関係なく傷病手当金等が支給されるので，船舶所有者は船員保険給付のための「船員保険現認書」等からも船内での災害・疾病の発生状況を把握することができる。しかし，これでも保険給付の対象とならない船員災害は漏れることになるので，当該船舶の安全担当者や衛生担当者に作成・保管が義務づけられている記録簿等が最も詳細かつ貴重なデータとなることを十分に理解しておかなければならない。

⑵　船員災害統計の表現方法

すでに述べた「船員災害疾病発生状況報告集計書」等の船員災害統計で使用されている災害発生率等の表現方法には次のようなものが挙げられる。

(a)　年千人率

在籍船員千人あたりの年間の災害・疾病の発生率を示したもので，(6.1)式で表現される。

$$年千人率 = \frac{年間における船員災害（疾病）発生数}{年間における平均船員数} \times 1000 \qquad (6.1)$$

ここで，平均船員数とは，年度当初および年度末の雇用船員数の平均であり，より精度を上げるのであれば，毎月の船員数を平均することも考えられる。

(b)　度 数 率

労働時間100万時間あたりの災害・疾病の発生率を示したもので，(6.2)式で表現される。

$$度数率 = \frac{災害（疾病）発生数}{延べ労働時間} \times 1000000 \qquad (6.2)$$

陸上の事業所などではこの表現方法は一般化しているが，海上労働の場合，船員の延べ労働時間数の把握が困難なことや乗船中は24時間拘束されていることなどから，必ずしもこの表現方法でその実態把握ができるとはいいがたいが，災害（疾病）発生率を求める場合は，労働時間との対比は必要なことである。

(c)　強 度 率

発生した船員災害の程度（軽重）を把握するため，災害の程度を労働損失日数に置き換えたもので，(6.3)式で表現される。

$$強度率 = \frac{労働損失日数}{延べ労働時間} \times 1000 \qquad (6.3)$$

ここで，労働損失日数は，死亡については7500日，身体障害を伴うものについては障害等級表にしたがって一定の損失日数を設け，身体障害を伴わないものについては，休業日数×300／365によって損失日数を計算している。

⑶　船員災害の特徴

図6−2に災害発生率の推移を示す。また，図6−3には疾病発生率の推移を示す。

図6−2および図6−3から災害発生率・疾病発生率ともに漸減傾向がみられ，平成30年度の船員千人あたりの災害発生率は8.8，同じく疾病発生率は8.3であることが分かる。平成30（2018）年度に３日以上休業した船員数は延べ1128人で，船員千人あたりの船員災害（災害・疾病）発生率は17.1となり，災害発生率と疾病発生率の和と一致する。

表6−2は，船員と陸上労働者の災害発生率の比較を示す。

平成30年度における休業４日以上の災害発生率をみてみると陸上産業災害多発業種である林業に比べると低率であるが，陸上の全産業とでは全船種で約４倍弱となっており，一般船舶でも２倍強と高くなっている。また，死亡災害発生状況では陸上の林業，鉱業よりは低いが，全産業との比較ではまだまだ高率となっていることが分かる。船員災害発生率そのものは年々減少傾向にあることはすでに述べたとおりであるが，陸上産業のそれも同様に年々減少し，海上労働と陸上労働との災害発生率の格差はほとんど変化していないのが現状であり，常に海上労働の方が陸上労働に比べ，災害発生率，死亡災害発生率ともに高いといえる。

表6−3には，平成30（2018）年度の死亡災害の発生状況を示す。

陸上労働に比べ，死亡発生率が高いことが船員災害の大きな特徴であるが，その死亡災害原因をこの表より見てみると，海中転落が21件中15件（71％）と高率である。海難はある面では不可抗力的な要素もあるが，海中転落はそのほとんどが人的・物的原因によるものであり，海上労働の特殊性とばかりはいっていられない面もあることに十分注意を払っておく必要がある。

⑷　海上労働の特殊性

海上労働は陸上労働に比べて，次のような特殊性が挙げられる。

(a)　海上労働は，少人数で船舶を運航し，かつ，数か月にわたる長期の乗船勤務を行うために，社会的に孤立した閉鎖社会で，家族から離れた生活を強

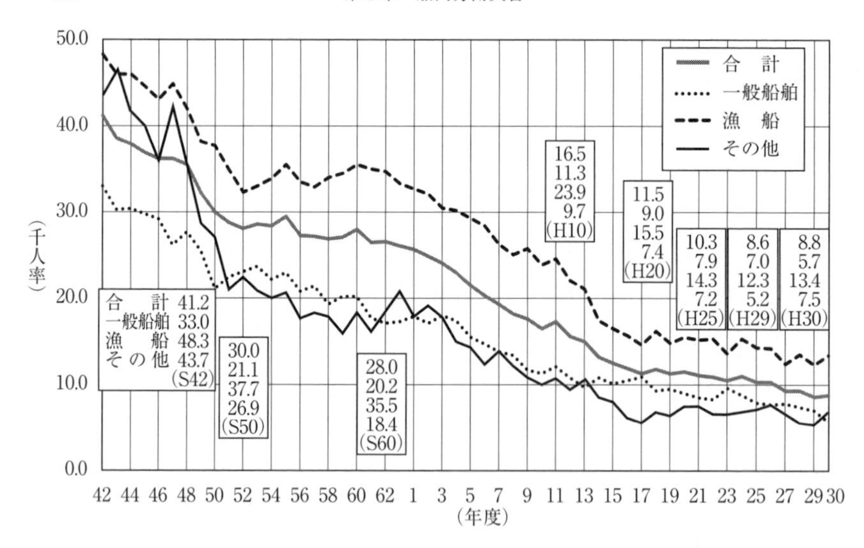


資料：平成30年度船員災害疾病発生状況報告

**図6-2 災害発生率の推移**

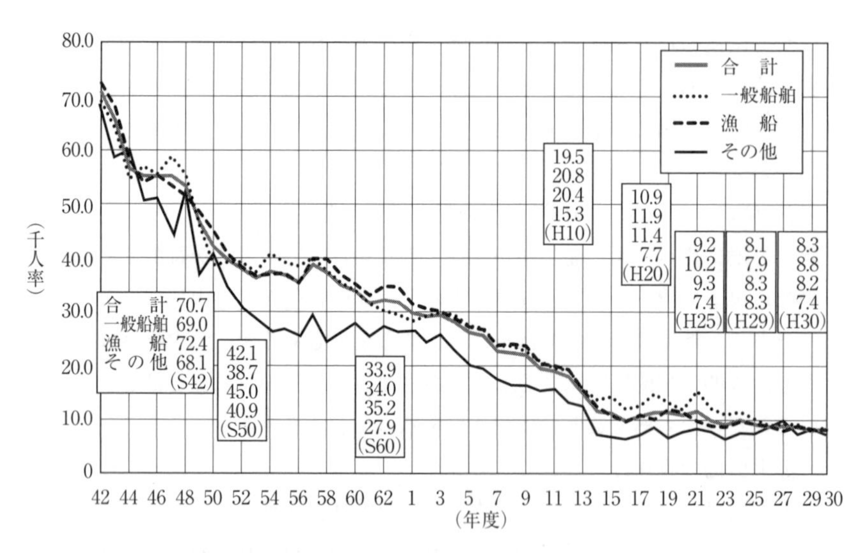


資料：平成30年度船員災害疾病発生状況報告

**図6-3 疾病発生率の推移**

### 表6-2　船員と陸上労働者の災害発生率の比較

単位：千人率

| 業種別 ＼ 年度別・死傷別 | | 平成29年(度) 職務上休業4日以上 | 平成29年(度) 職務上死亡 | 平成30年(度) 職務上休業4日以上 | 平成30年(度) 職務上死亡 |
|---|---|---|---|---|---|
| 船員 | 全船種 | 7.9 | 0.3 | 8.4 | 0.2 |
| | 一般船舶 | 6.2 | 0.1 | 5.6 | 0.1 |
| | 漁船 | 11.6 | 0.3 | 12.7 | 0.3 |
| | その他 | 4.8 | 0.6 | 6.9 | 0.1 |
| 陸上労働者 | 全産業 | 2.2 | 0.0 | 2.3 | 0.1 |
| | 鉱業 | 7.0 | 0.4 | 10.7 | 0.1 |
| | 建設業 | 4.5 | 0.1 | 4.5 | 0.1 |
| | 運輸業 | 6.5 | 0.1 | 6.8 | 0.0 |
| | 陸上貨物運輸事業 | 8.4 | 0.1 | 8.9 | 0.1 |
| | 林業 | 32.9 | 1.0 | 22.4 | 0.5 |

(注) 1．船員の災害発生率（年度）は，船員災害疾病発生状況報告書（船員法第111条）による。
2．陸上労働者の災害発生率（暦年）は，厚生労働省の「職場のあんぜんサイト」で公表されている統計値から算出。

### 表6-3　死亡災害発生状況

| | 合計 | 一般船舶 | | | | | | | | | | 漁船 | | | | | | | | | | その他 | | | | | | |
|---|---|---|---|---|---|---|---|---|---|---|---|---|---|---|---|---|---|---|---|---|---|---|---|---|---|---|---|---|
| | | 計 | 貨物 | 油送 | LPG | セメント | 自動車 | コンテナ | その他の専用船 | 旅客 | フェリー | 計 | 鰹 | 鮪 | 遠底 | 沖底 | 以西底 | まき網 | いか | 鮭・鱒 | その他の漁船 | 計 | 官公庁 | 曳船 | はしけ | 起重機 | ガット | その他 |
| 合計 | 21 | 8 | 3 | 2 | 0 | 1 | 0 | 0 | 1 | 0 | 1 | 11 | 0 | 0 | 0 | 1 | 0 | 4 | 0 | 1 | 5 | 2 | 0 | 1 | 0 | 0 | 0 | 1 |
| 転落・墜落 | 0 | 0 | 0 | 0 | 0 | 0 | 0 | 0 | 0 | 0 | 0 | 0 | 0 | 0 | 0 | 0 | 0 | 0 | 0 | 0 | 0 | 0 | 0 | 0 | 0 | 0 | 0 | 0 |
| 転倒 | 0 | 0 | 0 | 0 | 0 | 0 | 0 | 0 | 0 | 0 | 0 | 0 | 0 | 0 | 0 | 0 | 0 | 0 | 0 | 0 | 0 | 0 | 0 | 0 | 0 | 0 | 0 | 0 |
| 激突 | 0 | 0 | 0 | 0 | 0 | 0 | 0 | 0 | 0 | 0 | 0 | 0 | 0 | 0 | 0 | 0 | 0 | 0 | 0 | 0 | 0 | 0 | 0 | 0 | 0 | 0 | 0 | 0 |
| 飛来・落下 | 0 | 0 | 0 | 0 | 0 | 0 | 0 | 0 | 0 | 0 | 0 | 0 | 0 | 0 | 0 | 0 | 0 | 0 | 0 | 0 | 0 | 0 | 0 | 0 | 0 | 0 | 0 | 0 |
| 崩壊・倒壊 | 0 | 0 | 0 | 0 | 0 | 0 | 0 | 0 | 0 | 0 | 0 | 0 | 0 | 0 | 0 | 0 | 0 | 0 | 0 | 0 | 0 | 0 | 0 | 0 | 0 | 0 | 0 | 0 |
| 激突され | 1 | 0 | 0 | 0 | 0 | 0 | 0 | 0 | 0 | 0 | 0 | 1 | 0 | 0 | 0 | 0 | 0 | 1 | 0 | 0 | 0 | 0 | 0 | 0 | 0 | 0 | 0 | 0 |
| はさまれ | 1 | 1 | 0 | 0 | 0 | 1 | 0 | 0 | 0 | 0 | 0 | 0 | 0 | 0 | 0 | 0 | 0 | 0 | 0 | 0 | 0 | 0 | 0 | 0 | 0 | 0 | 0 | 0 |
| まき込まれ | 2 | 1 | 0 | 0 | 0 | 0 | 0 | 0 | 1 | 0 | 0 | 1 | 0 | 0 | 0 | 0 | 0 | 0 | 0 | 0 | 1 | 0 | 0 | 0 | 0 | 0 | 0 | 0 |
| 切れこすれ | 0 | 0 | 0 | 0 | 0 | 0 | 0 | 0 | 0 | 0 | 0 | 0 | 0 | 0 | 0 | 0 | 0 | 0 | 0 | 0 | 0 | 0 | 0 | 0 | 0 | 0 | 0 | 0 |
| 踏みぬき | 0 | 0 | 0 | 0 | 0 | 0 | 0 | 0 | 0 | 0 | 0 | 0 | 0 | 0 | 0 | 0 | 0 | 0 | 0 | 0 | 0 | 0 | 0 | 0 | 0 | 0 | 0 | 0 |
| 海中転落 | 15 | 4 | 2 | 2 | 0 | 0 | 0 | 0 | 0 | 0 | 0 | 9 | 0 | 0 | 0 | 1 | 0 | 3 | 0 | 1 | 4 | 2 | 0 | 1 | 0 | 0 | 0 | 1 |
| 爆発 | 0 | 0 | 0 | 0 | 0 | 0 | 0 | 0 | 0 | 0 | 0 | 0 | 0 | 0 | 0 | 0 | 0 | 0 | 0 | 0 | 0 | 0 | 0 | 0 | 0 | 0 | 0 | 0 |
| 火災 | 0 | 0 | 0 | 0 | 0 | 0 | 0 | 0 | 0 | 0 | 0 | 0 | 0 | 0 | 0 | 0 | 0 | 0 | 0 | 0 | 0 | 0 | 0 | 0 | 0 | 0 | 0 | 0 |
| 海難 | 0 | 0 | 0 | 0 | 0 | 0 | 0 | 0 | 0 | 0 | 0 | 0 | 0 | 0 | 0 | 0 | 0 | 0 | 0 | 0 | 0 | 0 | 0 | 0 | 0 | 0 | 0 | 0 |
| 酸欠 | 0 | 0 | 0 | 0 | 0 | 0 | 0 | 0 | 0 | 0 | 0 | 0 | 0 | 0 | 0 | 0 | 0 | 0 | 0 | 0 | 0 | 0 | 0 | 0 | 0 | 0 | 0 | 0 |
| 中毒 | 0 | 0 | 0 | 0 | 0 | 0 | 0 | 0 | 0 | 0 | 0 | 0 | 0 | 0 | 0 | 0 | 0 | 0 | 0 | 0 | 0 | 0 | 0 | 0 | 0 | 0 | 0 | 0 |
| 高温低温の物との接触 | 0 | 0 | 0 | 0 | 0 | 0 | 0 | 0 | 0 | 0 | 0 | 0 | 0 | 0 | 0 | 0 | 0 | 0 | 0 | 0 | 0 | 0 | 0 | 0 | 0 | 0 | 0 | 0 |
| 感電 | 0 | 0 | 0 | 0 | 0 | 0 | 0 | 0 | 0 | 0 | 0 | 0 | 0 | 0 | 0 | 0 | 0 | 0 | 0 | 0 | 0 | 0 | 0 | 0 | 0 | 0 | 0 | 0 |
| 動作の反動無理な動作 | 0 | 0 | 0 | 0 | 0 | 0 | 0 | 0 | 0 | 0 | 0 | 0 | 0 | 0 | 0 | 0 | 0 | 0 | 0 | 0 | 0 | 0 | 0 | 0 | 0 | 0 | 0 | 0 |
| その他 | 1 | 1 | 1 | 0 | 0 | 0 | 0 | 0 | 0 | 0 | 0 | 0 | 0 | 0 | 0 | 0 | 0 | 0 | 0 | 0 | 0 | 0 | 0 | 0 | 0 | 0 | 0 | 0 |
| 不明 | 1 | 1 | 0 | 0 | 0 | 0 | 0 | 0 | 0 | 0 | 1 | 0 | 0 | 0 | 0 | 0 | 0 | 0 | 0 | 0 | 0 | 0 | 0 | 0 | 0 | 0 | 0 | 0 |

いられること。

(b)　海上労働では，気象・海象の激変，動揺，騒音，振動等がつきものであり，職場環境や生活環境がよくないこと。

(c)　船舶は運命共同体であるとともに，船内では職場と生活の場が近接しているため，公生活と私生活の区別がつきにくいこと。

(d)　乗下船による乗組員の交替が頻繁で，職場集団としての凝集性が相対的に低くなりやすいこと。

### 6.2.3　船員災害の原因

船員の災害原因は大別すると，物的原因と人的原因に分けられ，それぞれ次のように分類することができる。また，ここでは特に安全面に関して例示しているが衛生面に関しても同様にあてはめることが可能である。

(1)　物的原因

(a)　作業場の整理・整頓の不良

作業場の器具，用具，移動物，吊下物等の整理・整頓が悪かったり，作業空間の確保が不十分であったり，足下の状態や通路の確保が悪いことなどによる。

(b)　機器，設備，用具等の整備不良

動力機器等の可動部分の十分な防護措置の不備や機器・用具等の構造的欠陥，材質不良，強度不足，不備，設置場所等の不良などによる。

(c)　作業環境の整備不良

火災・爆発のおそれのある作業や人体に有害な物質を扱う作業等の危険作業，あるいは感電，高温，低温，騒音，酸素欠乏，高所，舷外等さまざまな危険を伴う作業環境での適切な災害防止措置がとられていないことによる。

(d)　保護具等の整備不良

保護具等の材質劣化，強度不足，検知器具等の検知能力の劣化や欠陥，構造的要因等による。

(e)　その他の環境整備の不良

安全標識等の表示方法，塗色，表示場所等の不適切等による。

(2)　人的原因

(a)　教育的原因

安全に対する知識・経験の不足，作業の未熟練，あるいは新人教育や再教育，技能教育等，職場内の安全教育・訓練の不徹底等による。

(b)　身体的原因

体調不良（疲労や二日酔い等）や病気，あるいは身体的欠陥（近視，難聴等），無理な姿勢等による。

(c)　精神的原因

態度不良（怠慢，反抗，不満，保護具の不使用等）や精神的動揺（焦燥，緊張，恐怖，不和，上調子等），あるいは不注意や錯誤等によるもの。

(d)　管理的原因

作業上の指揮命令の不適切，作業基準の不明確，点検保全制度の欠陥，人事配置の不適正，勤労意欲の沈滞等による。

### 6.2.4　船舶医療制度

船員として船舶に乗り組むためには，国土交通大臣の指定する医師が船内労働に適することを証明した健康証明書を持たなければならない（船員法第83条）。しかし，乗船後，病気や負傷をしないという保証はない。しかも，多くの船舶には医師は乗船していない。

医師を乗り組ませなければならない船舶は限定的で，以下のとおり（船員法第82条）。

①　遠洋区域又は近海区域を航行区域とする総トン数3000トン以上の船舶で最大とう載人員100人以上のもの

②　前号に掲げる船舶以外の遠洋区域を航行区域とする国土交通省令の定める船舶で国土交通大臣の指定する航路に就航するもの

③　国土交通省令の定める母船式漁業に従事する漁船

ただし，国内各港間を航海するとき，国土交通省令の定める区域のみを航海するとき，または国土交通省令の定める短期間の航海を行う場合若しくはやむを得ない事由がある場合において国土交通大臣の許可を受けたときは，この限りでない。

船舶には衛生担当者が配置されているが，医療行為を行う医師ではないので，航海中乗組員に疾病や負傷が発生した場合，衛生担当者等が陸上の指定された病院等に対して，無線で必要な情報を提示し，専門の医師から適切な救急措置等の指示や医療助言を受けられる制度として「無線医療制度」が整備されている。

現在，この制度の運営は（独）地域医療機能推進機構が行い，具体的な医療助言は横浜保土ケ谷中央病院及び東京高輪病院が24時間体制で実施している。

### 6.2.5　船員の災害補償制度

船員の職務上の負傷・疾病等についてはその完治まで，また，職務外のそれについても一定期間（3か月）は船舶所有者にその療養補償の負担を船員法で義務づけている（第89条）。そして，この義務の履行を担保する制度として船員保険制度がある。この船員保険制度は「船員保険法（昭和14年法律第73号）」によって制定され，以後改正を繰り返しながら公的船員災害補償制度として確たる地位を占めている。

船員保険制度の特徴は次のとおり。

(a)　船員という特定の労働者のみを対象としている。

(b)　職務上の事由や通勤による疾病，負傷，傷害，死亡に関して，労働者災害補償保険（労災保険）と併せて保険給付がなされると共に，船員又はその被扶養者の職務外の事由による疾病，負傷もしくは死亡または出産に関して保険給付が行われる。

(c)　制定当時は政府管掌で，年金，医療，失業，労災を包括する総合的な社会保険であったが，年金・失業・労災の部分はそれぞれ一般の厚生年金・雇用保険・労災保険に移行したため，それらの規定は削除され，現在は医療部門と船員保険独自の給付のみが残っている。また管掌も政府から全国健康保険協会に移っている。

一方では，船主団体と海員組合との間で取り交わされている労働協約書も船員災害の補償を取り決めており，死亡給付，療養補償，傷病・予後手当，障害手当，行方不明手当，葬祭料等に関し，会社が災害補償義務を負うことになっている。そして，療養補償，傷病・予後手当は船員保険法による給付となっているが，その他についてはそれぞれ補償金額を設定し，船員保険法上の給付金額との差額を補塡している。なお，就業規則等にも災害補償に関する事項が規定されているが，ほとんど労働協約と同じであるので省略する。

**（多田光男）**

# 参考文献

## まえがき

⑴　山岡正美「商船高専の新教科「船舶安全工学」の構想について」（日本航海学会誌航海45(0)，pp. 69-72，1975年）
⑵　船舶安全学研究会著「船舶安全学概論」（成山堂書店，1998年）
⑶　船舶安全学研究会著「船舶安全学概論（改訂増補版）」（成山堂書店，2003年）
⑷　船舶安全学研究会著「新訂 船舶安全学概論」（成山堂書店，2018年）

## 第１章

1.1〜1.8

⑴　安全工学協会編「新安全工学便覧」（コロナ社，1999年）
⑵　青島賢司著「安全管理者のための安全工学」（オーム社，1974年）
⑶　福島弘著「新海難論」（成山堂書店，1991年）
⑷　西島茂一著「これからの安全管理」（中央労働災害防止協会，1991年）
⑸　山岡正美著「船舶安全工学」（SK印刷，1987年）
⑹　雨倉孝之著「海軍ダメージ・コントロール物語」（潮見書房光人社，2015年）
⑺　F・H・ホーキンズ著・石川好美監訳「ヒューマンファクター」（成山堂書店，1992年）
⑻　全日本空輸株式会社総合安全推進委員会事務局編「ヒューマンファクターズへの実践的アプローチ」（1993年）
⑼　橋本邦衛著「安全人間工学」（中央労働災害防止協会，1994年）
⑽　狩野広之著「不注意物語」（労働科学研究所出版部，1949年）
⑾　川柳田邦男著「事故調査」（新潮社，1994年）
⑿　黒田勲著「ヒューマンファクターを探る」（中央労働災害防止協会，1994年）
⒀　芳賀茂著「うっかりミスは何故起きる―ヒューマンエラーの人間科学―」（中央労働災害防止協会，1994年）
⒁　井上紘一他著「ヒューマンエラーとその定量化」（システムと制御第32巻３号，1988年）
⒂　山崎祐介著「今後の商船学は如何にあるべきか―短期的視点からの商船学のあり方―」（船長第１号，日本船長協会，1997年）

1.9

⑴　浅居喜代治編「現代人間工学概論」（オーム社，1980年）
⑵　馬場快彦・神代雅晴共著「OA機器の健康対策」（日本経営協会，1984年）
⑶　コブ著・崎川範行訳「錯覚のはなし」（東京図書，1989年）
⑷　クールマン著・清水久二他訳「クールマン安全工学」（海文堂出版，1985年）
⑸　EYアドバイザリー・アンド・コンサルティング株式会社著「VR・AR・MRビジネ

ス最前線」(日 BP 社, 2017年)
(6) フロイド他著・久保田競監訳「脳の探険上, 下」(講談社, 1990年)
(7) 藤嶋昭・相澤益男共著「光のはなしⅠ, Ⅱ」(技報堂出版, 1988年)
(8) 林健太郎他編「天災と人災」(東京大学出版会, 1975年)
(9) 林喜男編「人間工学」(日本規格協会, 1981年)
(10) 樋渡涓二著「人間情報工学」(コロナ社, 1979年)
(11) 堀田源治他著「職場における安全工学」(朝倉書店, 2014年)
(12) I/O 編集部著「「VR」「AR」技術ガイドブック」(工学社, 2016年)
(13) 色のはなし編集委員会編「色のはなしⅠ, Ⅱ」(技報堂出版, 1988年)
(14) 伊藤正男他編「脳と心」(東京大学出版会, 1989年)
(15) 狩野広之著「不注意とミスのはなし」(労働科学研究所出版部, 1978年)
(16) 菊池安行著「おはなし人間工学」(日本規格協会, 1996年)
(17) 真辺春蔵他著「人間工学概論」(朝倉書店, 1968年)
(18) 真島英信著「生理学」(文光堂, 1981年)
(19) 宮城音弥著「心理学小辞典」(岩波書店, 1993年)
(20) 長町三生著「安全管理の科学的知識」(日刊工業新聞社, 1984年)
(21) 長町三生他著「現代の人間工学」(朝倉書店, 1997年)
(22) 内藤勝次著「ヒューマンエラー・ゼロへの挑戦」(オーム社, 1997年)
(23) 中村希明著「心理学おもしろ入門」(講談社, 1996年)
(24) 中野昭一編「図解生理学」(医学書院, 1981年)
(25) 人間工学用語研究会編「人間工学事典」(日刊工業新聞社, 1983年)
(26) 西川善司他著「VR コンテンツ開発ガイド2017」(エムディエヌコーポレーション, 2017年)
(27) 小原二郎著「人間工学からの発想」(講談社, 1982年)
(28) 大島正光著「人間工学」(コロナ社, 1970年)
(29) リーソン著・林喜男訳「ヒューマンエラー」(海文堂出版, 1994年)
(30) 労働科学研究所編「産業衛生ハンドブック」(労働科学研究所出版部, 1968年)
(31) 佐藤方彦著「人間工学概論」(光生館, 1971年)
(32) 佐藤方彦他著「人間の生物学」(朝倉書店, 1985年)
(33) 佐藤方彦他著「環境人間工学」(朝倉書店, 1993年)
(34) 関邦博他編「人間の許容限界ハンドブック」(朝倉書店, 1990年)
(35) 椎名健著「錯覚の心理学」(講談社, 1995年)
(36) 照明学会編「照明ハンドブック」(オーム社, 1978年)
(37) 舘暲他著「バーチャルリアリティ学」(コロナ社, 2010年)
(38) 田中正敏他編「近未来の人間科学事典」(朝倉書店, 1988年)
(39) 谷村冨男著「ヒューマンエラーの分析と防止」(日科技連出版社, 1995年)
(40) 富野康日己著「ポケット医学用語集」(同成社, 1996年)
(41) 豊原恒男著「安全管理の心理学」(誠信書房, 1970年)
(42) 山岡俊樹「デザイン人間工学の基本」(武蔵野美術大学出版局, 2015年)

(43) 山田常雄他編「岩波生物学辞典」(岩波書店，1983年)
(44) 横溝克己他著「エンジニアのための人間工学」(日本出版サービス，2013年)
(45) 養成読本編集部著「VR エンジニア養成読本」(技術評論社，2017年)
(46) 吉田義之他著「基礎人間工学」(コロナ社，1977年)
(47) 吉竹博著「産業疲労」(労働科学研究所出版部，1973年)

1.10

(1) 斉藤善三郎著「おはなし信頼性」(日本規格協会，2004年)
(2) 大村平著「信頼性工学のはなし」(日科技連出版社，2011年)
(3) 信頼性研究委員会編「初等信頼性テキスト」(日科技連出版社，1980年)
(4) 小畑秀之著「船舶システム概論」(成山堂書店，1975年)
(5) 塩見弘著「故障解析と診断」(日科技連出版社，1979年)
(6) 林喜男著「人間信頼性工学」(海文堂出版，1984年)
(7) JIS Z 8115:2000 ディペンダビリティ（信頼性）用語（http://kikakurui.com/z8/Z8115-2000-01.html）

## 第2章

(1) 敷田麻実「流出油海難から学んだのは「冷静な対応が基本」だということ」(日本海難防止協会：「あれから10年ナ号海難の教訓は」，海と安全532, 2007年)
(2) 海難審判所ホームページ：http://www.mlit.go.jp/jmat/(2017年)
(3) 平成28～令和２年版レポート海難審判（2015～2019年）
(4) 海上保安庁「海難の現況と対策～大切な命を守るために～（令和元年版）」(2020年)
(5) 運輸安全委員会について：http://www.mlit.go.jp/jtsb/about.html（2017年）
(6) 野原威男原著，庄司邦昭著「航海造船学」(海文堂出版，2017年)
(7) 海上交通システム会編「船・人・環境」(山海堂，1992年)
(8) 久々宮久抄訳「National Transportation Safety Board Marine Accident Report Grounding of The U. S. Tankership EXXON VALDEZ on Bligh Reef, Prince William Sound Near Valdez, ALASKA March 24. 1989」
(9) 安全工学協会編「新安全工学便覧」(コロナ社，1999年)
(10) 山岡正美著「船舶安全工学」(SK 印刷，1987年)
(11) 海難審判庁編「海難審判の現況」(1992年～1997年)
(12) 総務庁編「交通安全白書」(1995年～1997年)
(13) 柳田邦男著「事故調査」(新潮社，1994年)
(14) F・H・ホーキンズ著・石川好美監訳「ヒューマンファクター」(成山堂書店，1992年)
(15) 全日本空輸株式会社総合安全推進委員会事務局編「ヒューマンファクターズへの実践的アプローチ」(1993年)
(16) 西島茂一著「これからの安全管理」(中央労働災害防止協会，1996年)
(17) 村山義夫，山崎祐介著「The Relationship between a number of casualties and a Reduction of a Physicological」(Function International Symposium on Human Factors

On Board Nov. 1995 Germany IMLA）
⒅ 山崎祐介著「見張り不十分に因る船舶間衝突の実態について―海難構造の分析―」（日本航海学会論文集第90号，1994年）
⒆ 山崎祐介著「見張り不十分に因る船舶間衝突―防止対策―」（海難と審判120号，1997年）
⒇ 村山義夫，山崎祐介他著「居眠り海難の分析―Ⅰ―居眠り要因分析―」（日本航海学会論文集第87号，1993年）
(21) 高橋勝，山崎祐介他著「居眠り海難の分析―Ⅱ―居眠り要因の構造分析―」（日本航海学会論文集第90号，1994年）
(22) 遠藤真，山崎祐介他著「居眠り海難の分析―Ⅲ―海上居眠り事故の特性―」（日本航海学会論文集第90号，1994年）
(23) 山崎祐介著「今後の商船学は如何にあるべきか―短期的視点からの商船学のあり方―」（船長第11号，日本船長協会，1997年）
(24) 山崎祐介著「内航船の海難発生確率とその内容・原因」（海難と審判第123号，海難審判協会，1997年）
(25) 山崎祐介著「タンカー運航事故確率―日本沿岸で予想される海洋汚染―」（公開シンポジウム「ナホトカ号油流出事故に関連して」講演集，富山商船高等専門学校，1997年）
(26) 村山義夫，山崎祐介他著「未然事故調査試行結果について」（日本航海学会論文集，第97号，1998年）
(27) 山崎祐介，村山義夫他著「未然事故調査試行結果と事故との比較」（日本航海学会論文集，第10号，1999年）
(28) 山崎祐介，村山義夫他著「海難に関係する要因の関連について」（日本航海学会論文集，第101号，1999年）
(29) 村山義夫，山崎祐介他著「操船事故の人的要因調査についての考察」（日本航海学会論文集，第102号，2000年）
(30) 山崎祐介，村山義夫著「未然事故調査法の開発と応用―Ⅰ」（日本航海学会論文集，第104号，2001年）
(31) 村山義夫，山崎祐介著「未然事故調査法の開発と応用―Ⅱ」（日本航海学会論文集，第106号，2002年）
(32) 山崎祐介，村山義夫他著「Incident Reporting System for Safety Management on Watch-keeping」Proc. 1th Cogress of Int. Maritime Lectures' Association（Sweden）, 2000
(33) 村山義夫，山崎祐介他著「Performance Measurements to Motivate System Operator」Proc. 3rd Int. Conf. Building People and Organizational Excellence（Denmark）, 2000
(34) IMO 著「Code for the Investigation of Marine Casualties and Incidents, Resolution A. 849(20), 1997」
(35) 海上労働科学研究所著「平成12年度衝突・乗り揚げの人的要因に関するインシデン

トレポートの開発と応用に関する調査研究（第1年度）」，(2001年)
(36) 海上労働科学研究所著「平成13年度衝突・乗り揚げの人的要因に関するインシデントレポートの開発と応用に関する調査研究（第2年度）」，(2002年)
(37) 日本海難防止協会著「海上インシデント・データバンクに関する調査研究報告書」，(2001年)
(38) 村山義夫，山崎祐介著「Investigation system for safety management applying multivariate contingency analysis on human errors of maritime casualties, Proc. Int, Conf. on TQM and Human Factors, vol. 2, 259. 264, (Sweden), 1999」
(39) 村山義夫，山崎祐介著「Incident investigation method for cooperative safety management, Proc. Investigation and Reporting of Incidents and Accidents (IRIA 2002) (England), pp 107-114」
(40) 村山義夫，山崎祐介著「未然事故調査法の開発と応用―Ⅲ」(日本航海学会論文集，第107号，2002年)
(41) MAIB: http://maib.detr.gov.uk/, 2002
(42) International Maritime Information Safety System: http://www.uscg.mil/hq/gm/moa/xnearm.htm, 2002
(43) Transportation Safety Board of Canada: http://www.tsb.gc.ca/ENG/about/securitas/securitase.html, 2002

## 第3章

(1) 航海便覧編集委員会編「航海便覧（三訂版）」(海文堂出版，1991年)
(2) 岩井聰著「新訂操船論」(海文堂出版，1978年)
(3) 本田啓之輔著「基本運用術」(海文堂出版，1992年)
(4) 本田啓之輔著「操船通論（増補三訂版）」(成山堂書店，1992年)
(5) 寺島博愛著「海難の処置と処理」(成山堂書店，1975年)
(6) 横田利雄著「新訂船舶運用学（操船編）」(海文堂出版，1980年)
(7) 今野宗郎著「油濁防除マニュアル」(海上防災センター，1976年)
(8) 矢野健爾著「非常措置」(「海技と受験」，海文堂出版)
(9) 松本・市瀬・本田著「新訂航海科提要（下巻）」(海文堂出版，1973年)
(10) 航海訓練所運航技術研究会編「新航海科実務」(海文堂出版，1979年)
(11) 高城勇造著「甲種船長の運用術」(成山堂書店，1975年)
(12) 運輸省海上技術安全局船員部編「消火講習用教本」(日本船舶職員養成協会，1992年)
(13) 日本海技協会編「海難の処置と応急救難」(成山堂書店，1982年)
(14) 今城健次著「タンカーの火災爆発と静電気」(日本船長協会，1971年)
(15) 鳥羽商船高専ナビゲーション技術研究会「航海学概論（2訂版）」(成山堂書店，2017年)
(16) 国土交通省海難審判所「平成28年版レポート　海難審判」
(17) 横河電子機器株式会社「User's Manual PT500A シリーズ」

⒅ 大阪時事新報　昭和５年３月３日
⒆ 鳥羽商船卒業証書割印簿
⒇ 一般財団法人日本海事協会「船舶バラスト水及び沈殿物の管理のための交際条約案（仮訳）」
(21) 海と安全　No. 571「バラスト水管理条約の発効に備えて」（2016年12月15日　日本海難防止協会）

## 第４章

⑴ 沖山博通著「図解危険物施設の消火設備」（オーム社，1987年）
⑵ 安全工学協会編「安全工学講座１　火災」（海文堂出版，1983年）
⑶ （社）日本造船学会編「船舶消火設備設計指針」（海文堂出版，1981年）
⑷ 運輸省船員局監修「消火講習用教本」（（財）日本船舶職員養成協会，1992年）
⑸ 東京消防庁監修「危険物取扱必携（実務編）」（（財）全国危険物安全協会，1997年）
⑹ 中田金市編「火災」（共立出版，1969年）
⑺ 北川徹三著「基本安全工学」（海文堂出版，1983年）

## 第５章

⑴ 及川清著「船舶遭難時の生存技術と救命設備」（成山堂書店，1984年）
⑵ 庄司和民・飯島幸人共著「GMDSS 実務マニュアル―全世界的な海上遭難・安全システム―」（成山堂書店，1996年）
⑶ ロバート・D・バラード著・柴田和雄訳「タイタニック号の遭難」（リブリオ出版，1993年）
⑷ 海上保安庁警備救難部救難課監修「商船捜索救助便覧」（海文堂出版，1988年）
⑸ 運輸省船員局監修「救命講習用教本」（日本船舶職員養成協会，1984年）
⑹ 運輸省海上技術安全局監修「1991年海上人命安全条約（正訳）」（海文堂出版，1994年）
⑺ 高等海難審判庁編「令和２年版海難審判」（海難審判庁，2020年）
⑻ 海上保安庁編「海上保安統計年報」（海上保安庁，2016～2020年）
⑼ 藤井弥平著「電子航法のはなし」（成山堂書店，1995年）
⑽ 野間寅美著「生きるための海―海のサバイバル―」（成山堂書店，1996年）
⑾ 桑野浩・中村祐三共著「海上のサバイバル技術」（海文堂出版，1984年）
⑿ 吉沢清志著「重大海難とその問題点・第98回船長実務講座」（（社）日本船長協会，1995年）
⒀ 池田勝著「新訂船体各部名称図」（海文堂出版，1975年）
⒁ 日本海運集会所編「海運（第842号）」（（社）日本海運集会所，1997年）
⒂ 国土交通省大臣官房総務課監修「実用海事六法（2020年版）」（成山堂書店，2020年）
⒃ 海技教育機構編「読んでわかる三級航海 運用編」（成山堂書店，2013年）
⒄ 日本船長協会 DVD

## 第6章

⑴ 船員法規研究会編「船員労働安全衛生規則の解説」(成山堂書店，1967年)
⑵ 日本海技協会編「船長の安全衛生管理」(成山堂書店，1984年)
⑶ 山岡正美著「船舶安全工学」(SK 印刷，1988年)
⑷ 運輸省船員法研究会編「改正船員法の解説」(成山堂書店，1984年)
⑸ 海事法研究会編「海事法」(海文堂出版，1996年)
⑹ 藤崎道好著「海事法規要説（下巻)」(成山堂書店，1976年)

# 索　引

〈あ行〉



〈か行〉

## 〈さ行〉

〈た行〉

〈な行〉



〈は行〉

〈ま行〉



〈や・ら行〉

**新訂 船舶安全学概論 改訂版**

定価はカバーに表示してあります

1998年 9 月18日　初版発行
2018年 3 月28日　新訂初版発行
2021年 3 月 8 日　改訂初版発行

著　者　船舶安全学研究会
発行者　小 川　典 子
印　刷　三和印刷株式会社
製　本　東京美術紙工協業組合

**発行所** 株式会社 **成山堂書店**

〒160-0012　東京都新宿区南元町 4 番51　成山堂ビル
TEL：03(3357)5861　　FAX：03(3357)5867
URL　http://www.seizando.co.jp

落丁・乱丁本はお取り換えいたしますので，小社営業チーム宛にお送りください。



ISBN978-4-425-35255-5

## ※海運・港湾・流通※

### ✣海運実務✣

|  |  |  |
|---|---|---|
| 新訂 外航海運概論 | 森編著 | 3,800円 |
| 内航海運概論 | 畑本・古荘共著 | 3,000円 |
| 設問式 定期傭船契約の解説(新訂版) | 松井著 | 5,400円 |
| 傭船契約の実務的解説(2訂版) | 谷本・宮脇共著 | 6,600円 |
| 設問式 船荷証券の実務的解説 | 松井・黒澤編著 | 4,500円 |
| 設問式 シップファイナンス入門 | 秋葉編著 | 2,800円 |
| 設問式 船舶衝突の実務的解説 | 田川監修・藤沢著 | 2,600円 |
| 海損精算人が解説する共同海損実務ガイダンス | 重松監修 | 3,600円 |
| LNG船がわかる本(新訂版) | 糸山著 | 4,400円 |
| LNG船運航のABC(2訂版) | 日本郵船LNG船運航研究会 著 | 3,800円 |
| LNG船・荷役用語集(改訂版) | ダイアモンド・ガス・オペレーション(株)編著 | 6,200円 |
| 内航タンカー安全指針〔加除式〕 | 内タン組合編 | 12,000円 |
| コンテナ物流の理論と実際―日本のコンテナ輸送の史的展開― | 石原合田共著 | 3,400円 |
| 載貨と海上輸送(改訂版) | 運航技術研編 | 4,400円 |
| 海上貨物輸送論 | 久保著 | 2,800円 |
| 危険物運送のABC | 山口・新日本検定協会・三井住友海上火災保険共著 | 3,500円 |
| 国際物流のクレーム実務―NVOCCはいかに対処するか― | 佐藤著 | 6,400円 |
| 船会社の経営破綻と実務対応 | 佐藤雨宮共著 | 3,800円 |
| 海事仲裁がわかる本 | 谷本著 | 2,800円 |
| 船舶売買契約書の解説(改訂版) | 吉丸著 | 8,400円 |

### ✣海難・防災✣

|  |  |  |
|---|---|---|
| 新訂 船舶安全学概論(改訂版) | 船舶安全学研究会著 | 2,800円 |
| 海の安全管理学 | 井上著 | 2,400円 |

### ✣海上保険✣

|  |  |  |
|---|---|---|
| 漁船保険の解説 | 三宅・浅田 菅原 共著 | 3,000円 |
| 海上リスクマネジメント(2訂版) | 藤沢・横山 小林 共著 | 5,600円 |
| 貨物海上保険・貨物賠償クレームのQ&A(改訂版) | 小路丸著 | 2,600円 |
| 貿易と保険実務マニュアル | 石原・土屋 水落・吉永共著 | 3,800円 |

### ✣液体貨物✣

|  |  |  |
|---|---|---|
| 液体貨物ハンドブック(2訂版) | 日本海事検定協会監修 | 4,000円 |

| ■油濁防止規程　内航総連合編 | |
|---|---|
| 150トン以上200トン未満タンカー用 | 1,000円 |
| 200トン以上タンカー用 | 1,000円 |
| 400トン以上ノンタンカー用 | 1,600円 |

| ■有害液体汚染・海洋汚染防止規程　内航総連合編 | |
|---|---|
| 有害液体汚染防止規程(150トン以上200トン未満) | 1,200円 |
| 〃　(200トン以上) | 2,000円 |
| 海洋汚染防止規程(400トン以上) | 3,000円 |

### ✣港　湾✣

|  |  |  |
|---|---|---|
| 港湾倉庫マネジメント―戦略的思考と黒字化のポイント― | 春山著 | 3,800円 |
| 港湾知識のABC(12訂版) | 池田著 | 3,400円 |
| 港運実務の解説(6訂版) | 田村著 | 3,800円 |
| 新訂 港運がわかる本 | 天田・恩田共著 | 3,800円 |
| 港湾荷役のQ&A(改訂増補版) | 港湾荷役機械システム協会編 | 4,400円 |
| 港湾政策の新たなパラダイム | 篠原著 | 2,700円 |
| コンテナ港湾の運営と競争 | 川崎・寺田 手塚 編著 | 3,400円 |
| 日本のコンテナ港湾政策 | 津守著 | 3,600円 |
| クルーズポート読本 | みなと総研監修 | 2,600円 |

### ✣物流・流通✣

|  |  |  |
|---|---|---|
| 国際物流の理論と実務(6訂版) | 鈴木著 | 2,600円 |
| すぐ使える実戦物流コスト計算 | 河西著 | 2,000円 |
| 高崎商科大学叢書 新流通・経営概論 | 高崎商科大学 編 | 2,000円 |
| 新流通・マーケティング入門 | 金他共著 | 2,800円 |
| 激動する日本経済と物流 | ジェイアール貨物リサーチセンター著 | 2,000円 |
| ビジュアルでわかる国際物流(2訂版) | 汪　著 | 2,800円 |
| グローバル・ロジスティクス・ネットワーク | 柴崎編 | 2,800円 |
| 増補改訂 貿易物流実務マニュアル | 石原著 | 8,800円 |
| 輸出入通関実務マニュアル | 石原松岡共著 | 3,300円 |
| 新・中国税関実務マニュアル | 岩見著 | 3,500円 |
| ヒューマン・ファクター―航空の分野を中心として― | 黒田監修 石川監訳 | 4,800円 |
| ヒューマン・ファクター―安全な社会づくりをめざして― | 日本ヒューマンファクター研究所編 | 2,500円 |
| 航空の経営とマーケティング | スティーブン・ショー/山内・田村著 | 2,800円 |
| シニア社会の交通政策―高齢化時代のモビリティを考える― | 高田著 | 2,600円 |
| 安全運転は「気づき」から | 春日著 | 1,400円 |
| 交通インフラ・ファイナンス | 加藤手塚共著 | 3,200円 |